平成３１年

畜　産　統　計

大臣官房統計部

令　和　２　年　１　月

農林水産省

目　　　次

Ⅲ　累年統計表

［付］調査票

利　用　者　の　た　め　に

1　調査の目的

畜産統計調査（以下単に「調査」という。）は、主要家畜（乳用牛、肉用牛、豚、採卵鶏及びブロイラー）に関する規模別・経営タイプ別飼養戸数及び飼養頭（羽）数等を把握し、我が国の畜産生産の現況を明らかにするとともに、畜産行政推進のための基礎資料を整備することを目的とする。

2　調査の根拠

調査は、統計法（平成19年法律第53号）第19条第１項の規定に基づく総務大臣の承認を受けて実施した一般統計調査である。

3　調査機構

調査は、農林水産省大臣官房統計部及び地方組織を通じて実施した。

4　調査の体系

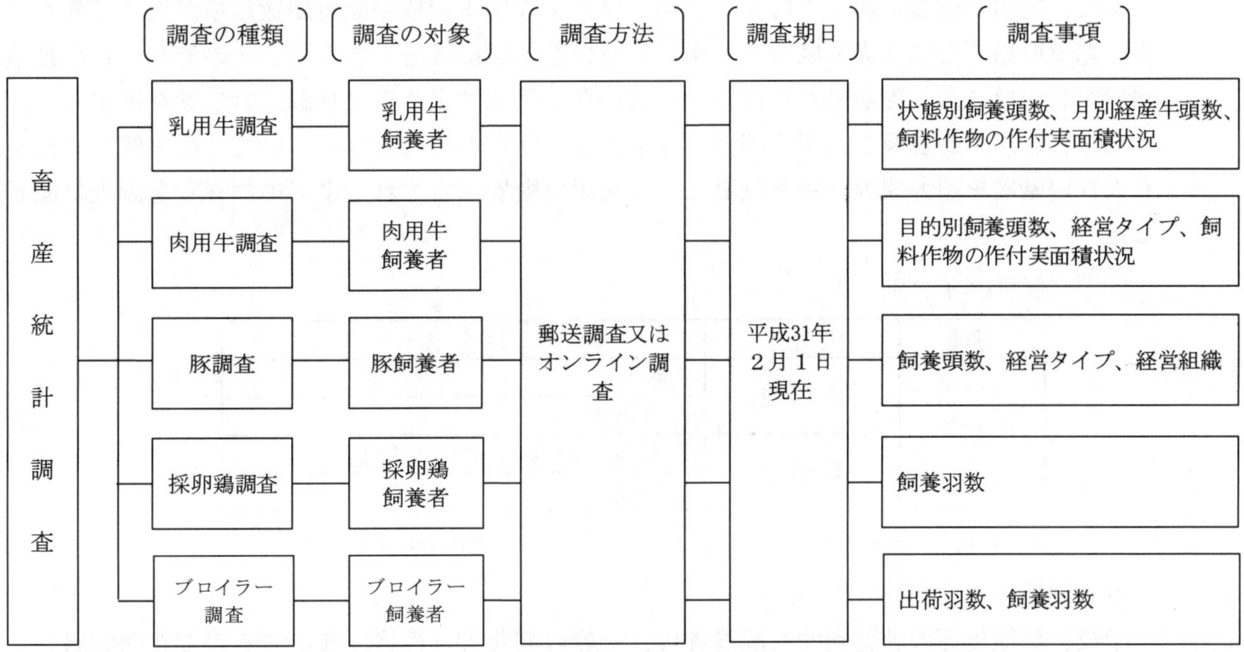

注：ブロイラー調査については、平成25年２月１日現在調査から調査を開始した。

5　調査の対象

全国の乳用牛飼養者（おすのみを飼養している場合を除く。）、肉用牛飼養者、豚飼養者、採卵鶏飼養者（成鶏めすの飼養羽数が1,000羽以上の者（ひなのみ及び種鶏のみで、それぞれ1,000羽以上飼養する者を含む。）に限る。）及びブロイラーの飼養者（ブロイラーの年間出荷羽数が3,000羽以上の者に限る。）を対象とした。

なお、飼養者が複数の畜種を飼養している場合は、それぞれの畜種別に調査の対象とした。

また、複数の飼養地（畜舎）を持ち、個々に要員を配置して飼養を行っている場合、それぞれの飼養地（畜舎）を１飼養者とした。

ここでいう飼養者とは、家畜を飼養する全ての者（個人又は法人）のことであり、学校、試験場等の非営利的な飼養者を含む。

6　調査対象者の選定

(1)　乳用牛調査及び肉用牛調査

飼養者をその性格により一般階層（営利）と特殊階層（非営利）に区分し、一般階層では標本調査、特殊階層では全数調査により調査を行った。

調査に用いる飼養者の母集団リスト（以下単に「母集団リスト」という。）は、2015年に実施された農林業センサス結果から都道府県別・畜種別に飼養者をリストアップしたものを、毎年、牛個体識別全国データベース（牛の個体識別のための情報の管理及び伝達に関する特別措置法（平成15年法律第72号）第３条第１項の規定により作成される牛個体識別台帳に記録された事項その他関連する事項をデータベースとしたもの）に登録された飼養者ごとの種別・年齢別頭数データ及び情報収集により補正・補完して、作成した。

ア　一般階層（営利）

乳用牛調査にあっては、都道府県ごとに飼養頭数規模による階層分けを行い、各階層別に系統抽出法により調査対象者を選定した。

また、肉用牛調査にあっては、経営タイプにより飼養形態や飼養頭数規模が大きく異なるため、都道府県ごとに次表の区分２に掲げる経営タイプに区分した上で、そのそれぞれに最適な飼養頭数規模により階層分けを行い、各階層別に系統抽出法により調査対象者を選定した。

なお、乳用牛調査及び肉用牛調査（経営タイプ別）のそれぞれについて、飼養頭数規模が最も大きい階層を超大規模階層と設定し、超大規模階層に含まれる全ての飼養者を調査対象者とした。

経営タイプ別一覧

畜種	区分１	区分２
肉用牛	肉用種	子取り
		肉用種肥育
	乳用種	乳用種（ホルスタイン種他）
		交雑種

注：肉用牛については、最大で区分２に示すまでの階層分けを行った。

イ　特殊階層（非営利）

学校、試験場等の非営利的な飼養者は、一般の飼養者と性格を異にするので特殊階層として区分した。

また、乳用牛飼養者にみられる子畜のみを飼養（育成）する公共団体、農協等の牧場は、営利的な飼養者であっても飼養規模がかなり大きく、一般階層に分類すると推定上問題を生ずる場合があることから、便宜的にこの階層に含めた。

(2)　豚調査、採卵鶏調査及びブロイラー調査

飼養者をその性格により一般階層（営利）と特殊階層（非営利）に区分し、一般階層では標本調査、特殊階層では全数調査により調査を行った。

ア　一般階層（営利）

豚調査にあっては、経営タイプにより飼養形態や飼養頭数規模が大きく異なるため、都道府県ごとに次表の区分に掲げる経営タイプに区分した上で、そのそれぞれに最適な飼養頭数規模により階層分けを行い、各階層別に系統抽出法により調査対象者を選定した。

また、採卵鶏調査にあっては飼養羽数規模、ブロイラー調査にあっては出荷羽数規模による階層分けを都道府県ごとに行い、各階層別に系統抽出法により調査対象者を選定した。

なお、豚調査（経営タイプ別）、採卵鶏調査及びブロイラー調査のそれぞれについて、飼養頭数規模等が最も大きい階層を超大規模階層と設定し、超大規模階層に含まれる全ての飼養者を調査対象者とした。

経営タイプ別一覧

畜種	区分
豚	子取り
	肥育・一貫

イ　特殊階層（非営利）

学校、試験場等の非営利的な飼養者は、一般の飼養者と性格を異にするので特殊階層として区分した。

(3)　調査対象者数等

畜種別の調査対象者数等は、次のとおりである。

	母集団の大きさ ①	調査対象者数 ②	有効回収数 ③	有効回収率 ④=③/②
	戸	戸	戸	%
乳　用　牛	22,322	5,416	3,571	65.9
肉　用　牛	66,024	5,340	4,103	76.8
豚	6,108	2,818	2,013	71.4
採　卵　鶏	3,334	1,764	1,328	75.3
ブロイラー	2,693	1,203	911	75.7

注：1　「母集団の大きさ」欄の戸数は、2015年農林業センサス結果（平成27年２月１日現在）、牛個体識別全国データベース及び情報収集に基づく2015年時点の飼養者数である。

2　有効回収数とは集計に用いた調査対象者の数であり、回収はされたが調査対象としての要件を満たさなかった者は含まれていない。

7　調査期日及び調査実施時期

(1)　調査期日

平成31年２月１日現在で調査した。

(2)　調査実施時期

調査票の配布：平成31年１月中旬

調査票の回収：平成31年２月１日から２月末日まで

8　調査事項

(1)　乳用牛調査：状態別飼養頭数、月別経産牛頭数及び飼料作物の作付実面積状況

(2)　肉用牛調査：目的別飼養頭数、経営タイプ及び飼料作物の作付実面積状況

(3)　豚　調　査：飼養頭数、経営タイプ及び経営組織

(4)　採卵鶏調査：飼養羽数

(5)　ブロイラー調査：出荷羽数及び飼養羽数

9　調査方法

地方農政局等の長が、調査票を郵送により配布・回収する自計調査の方法により行った。

なお、報告者の協力が得られる場合は、オンラインにより回収する自計調査の方法も可能とした。

（注）「地方農政局等」とは、地方農政局、北海道農政事務所及び内閣府沖縄総合事務局の農林水産センターをいう。

10　集計方法

本調査の集計は、大臣官房統計部生産流通消費統計課において行った。

(1)　乳用牛調査及び肉用牛調査

集計は、都道府県ごとに次の方法により行った。

なお、全国結果は、都道府県の積算により算出した。

ア　飼養戸数及び作付面積

飼養戸数は、母集団リストを用いてウの(ア)の推定式により算出した一般階層の飼養戸数に特殊階層の飼養戸数を加えて算出した。作付面積は、ウの(ア)の推定式により一般階層について算出した（特殊階層の算出なし）。

イ　飼養頭数

飼養頭数のうち、牛の総頭数並びに牛の種類別及びめす・おす別の頭数（次の図に示すＡからＨまで）は、牛個体識別全国データベースのデータにより算出した。乳用牛調査（次の図に示す①から⑥まで）及び肉用牛調査（次の図に示す⑦から⑩まで）の調査項目については、それぞれの調査結果による推定値（ウの(イ)の推定式により算出した一般階層の飼養頭数に特殊階層の飼養頭数を加えて算出したもの）が牛個体識別全国データベースにより得られた集計値の内訳となるように、次の(ア)から(ウ)までの方法により補正を行った。

＜飼養頭数の算出項目＞

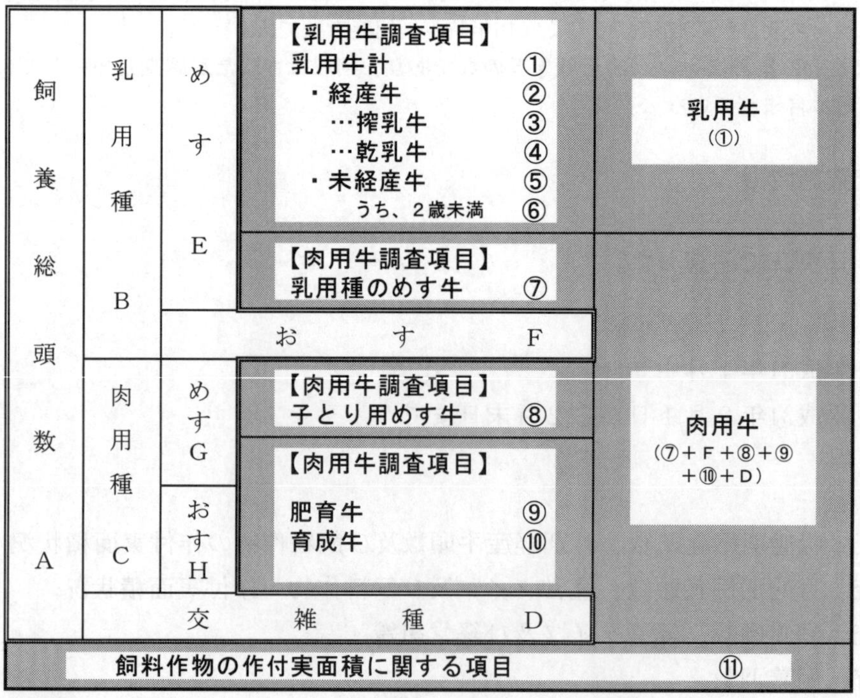

：　調査結果の推定により算出した項目　①　～　⑪

：　牛個体識別全国データベースのデータにより算出した項目　Ａ　～　Ｈ

推定値の補正方法は、次のとおりである（C、E、G及びH並びに①から⑩までは、上記図中の各項目を示す。）。

(ｱ)　乳用牛調査及び肉用牛調査結果の乳用種のめす牛に関する推定値（①から⑦までの各項目）に、補正比率M（M＝E÷（①＋⑦））を乗じた。

(ｲ)　肉用牛調査結果の肉用種に関する推定値（⑧から⑩までの各項目）に、補正比率R_1（R_1＝C÷（⑧＋⑨＋⑩））を乗じた。

ただし、次の場合には、それぞれ次に示す補正を行った。

a　推定値（⑧）の補正について

補正後の推定値（⑧×R_1）　＞　G　のとき、Gと同数とした。

b　推定値（⑨及び⑩）の補正について

補正後の推定値の計（⑨×R_1　＋　⑩×R_1）　＜　H　のとき、補正比率R_1の代わりにR_2（R_2＝H÷（⑨＋⑩））をそれぞれ乗じた。

(ｳ)　階層区分別については、(ｱ)及び(ｲ)により算出した推定値をウにより算出した階層区分別の推定値に比例して配分した。

ウ　統計表章に用いる階層別の推定式

(ｱ)　戸数及び作付面積

$$\hat{M}k = \sum_{i=1}^{L} \frac{Ni}{ni} nik + Mok$$

$\hat{M}k$　・・・　k階層（統計表章に用いる階層）に属する飼養者の戸数又は作付面積の推定値

L　・・・　抽出階層の階層数

Ni　・・・　i抽出階層の母集団リストの飼養戸数

ni　・・・　i抽出階層の標本の大きさ（飼養戸数）

nik　・・・　母集団リスト上i抽出階層に属する調査対象者のうち調査結果において統計表章上のk階層に属する飼養者の戸数又は作付面積

Mok　・・・　一般階層の中の超大規模階層に属する調査対象者のうち、調査結果において統計表章上のk階層に属する飼養者の戸数又は作付面積

(ｲ)　頭数

$$\hat{X}k = \sum_{i=1}^{L} \hat{X}ik + \sum_{j=1}^{Mok} xokj$$

$\hat{X}ik$は次のいずれかの方法により推定する（比推定で推定することを原則とするが、母集団リスト値と調査値の相関が著しく低い等の場合は、単純推定により推定する。）。

比推定の場合　$$\hat{X}ik = \frac{\sum_{j=1}^{nik} xikj}{\sum_{j=1}^{ni} yij} Yi$$

単純推定の場合　$$\hat{X}ik = \frac{Ni}{ni} \sum_{j=1}^{nik} xikj$$

$\hat{X}k$　・・・　k階層の飼養頭数合計の推定値

$\hat{X}ik$　・・・　i抽出階層のうちk階層に属する飼養者の飼養頭数合計の推定値

Ｙｉ　・・・　ｉ抽出階層の母集団リスト上の飼養頭数合計
ｙｉｊ　・・・　ｉ抽出階層のｊ番目の調査対象者の母集団リスト上の飼養頭数
ｘｉｋｊ・・・　母集団リスト上ｉ抽出階層に属する調査対象者のうち調査結果において統計表章上のｋ階層に属するｊ番目の調査対象者の飼養頭数
ｘｏｋｊ・・・　一般階層の中の超大規模階層に属する調査対象者のうち、調査結果において統計表章上のｋ階層に属するｊ番目の調査対象者の飼養頭数
（Ｌ、Ｎｉ、ｎｉ、ｎｉｋ及びＭｏｋは、戸数及び作付面積の推定式に同じ。）

(2)　豚調査、採卵鶏調査及びブロイラー調査

集計は、都道府県ごとに行った。飼養戸数（ブロイラー調査にあっては、出荷戸数を含む。）は、母集団リストの飼養戸数を用いた一般階層に係る飼養戸数の推定値に特殊階層の飼養戸数を加えて算出した。飼養頭（羽）数（ブロイラー調査にあっては、出荷羽数を含む。）は、母集団リストの総頭（羽）数及び調査対象者の総頭（羽）数を用いた一般階層に係る飼養頭（羽）数の推定値に特殊階層の飼養頭（羽）数を加えて算出した。

なお、全国結果は、都道府県の積算により算出した。

また、統計表章に用いる階層別の推定式は、(1)に準ずる。

11　目標精度及び実績精度（標準誤差率）

乳用牛調査及び肉用牛調査については、牛個体識別全国データベースのデータにより全国の牛の飼養頭数を把握していることから、目標精度を設定していない。

また、豚調査、採卵鶏調査及びブロイラー調査についての実績精度を標準誤差率（標準誤差の推定値÷総頭数又は総羽数の推定値×100）により示すと、次のとおりである。

調　査　名	項　　　目	標準誤差率
豚　調　査	総飼養頭数	0.9 %
採卵鶏調査	総飼養羽数	7.6 %
ブロイラー調査	総出荷羽数	13.3 %

12　用語の定義・約束

(1)　乳用牛調査

乳　用　牛	搾乳を目的として飼養している牛（将来搾乳する目的で飼養している子牛を含む。）をいう。 乳用牛調査における乳用牛と肉用牛の別は、品種区分ではなく利用目的によって区分するため、調査対象となる牛はめすのみとし、交配するためのおすは除く。 なお、めすの未経産牛を肉用目的に肥育しているものは肉用牛とし、搾乳の経験のある牛を肉用目的に肥育中のもの（老廃牛の肥育等）は肉用牛とせず乳用牛に含めた。
成　　　畜	満２歳以上の牛をいう。ただし、２歳未満であっても既に分べんの経験があるものは、成畜に含めた。
子　　　畜	２歳未満の牛で、分べん経験のないものをいう。
経　産　牛	分べん経験のある牛をいい、搾乳牛と乾乳牛とに分けた。
搾　乳　牛	経産牛のうち搾乳中のものをいう。
乾　乳　牛	経産牛のうち搾乳していないものをいう。 なお、搾乳経験のある牛であって肉用に肥育中のもの（乳廃牛）は、これに含めた。

未経産牛	出生してから、初めて分べんするまでの牛をいう。
出生頭数	生きて生まれた子牛の頭数をいう。
乳用種めす	出生した子牛のうち乳用種のめすをいう。
乳用種おす	出生した子牛のうち乳用種のおすをいう。
交雑種	出生した子牛のうち乳用種のめすに和牛等の肉用種のおすを交配して生産された、いわゆるＦ１牛をいう。Ｆ１めす牛に肉用種のおすを交配し生産されたＦ１クロス牛も含めた。

(2)　肉用牛調査

肉用牛	肉用を目的として飼養している牛をいう。 肉用牛調査における肉用牛と乳用牛の別は、品種区分ではなく利用目的によって区分するため、乳用種のおすばかりでなく、めすの未経産牛も肥育を目的として飼養している場合には肉用牛とした。 ただし、搾乳経験のある牛を肉用目的に肥育しても肉用牛に含めない。
肉用種	乳用種以外の肉用牛をいう。黒毛和種、褐毛（あか毛）和種及びその他に分類した。
黒毛和種	毛色・角・ひづめは黒色。肉質は他の品種より優れている。
褐毛和種	毛色は黄褐色から赤褐色。角・ひづめはべっこう色や黒色である。
その他	黒毛和種又は褐毛和種以外の肉用種。無角和種、日本短角種等の和牛のほか、外国牛の肉専用種（ヘレフォード、アバディーンアンガス等）及び肉用種の雑種も含めた。
肥育用牛	肉用として販売することを目的に飼養している肉用種の牛をいう。したがって、ほ乳・育成中の牛でも引き続き自家で肥育する予定のものは、肥育用牛とした。
育成牛	もと牛として出荷する予定の肉専用種の牛をいう。
子取り用めす牛	子牛を生産することを目的として飼養している肉用種のめす牛をいう。過去に種付けしたことのあるめす牛及び将来種付けすることが確定しているめす牛である。
乳用種	ホルスタイン種等の乳用種のうち肉用を目的として飼育している牛をいう。
ﾎﾙｽﾀｲﾝ種他	交雑種を除く乳用種において肉用を目的として肥育している牛のうち、おす牛及び未経産のめす牛をいう。
交雑種	乳用種のめすに和牛等の肉用種のおすを交配して生産された、いわゆるＦ１牛をいう。Ｆ１めす牛に肉用種のおすを交配して生産されたＦ１クロス牛も含めた。
経営タイプ	調査時点における肉用牛飼養者（学校、試験場等の非営利的な飼養者を除く。）の主な経営形態によって、次の経営タイプのいずれかに分類した。
肉用種経営	肉用種の子取り、育成又は肥育を目的とする経営をいう。
子取り経営	子牛の生産を目的とする経営をいう。
肥育経営	もと牛を肉用に肥育することを目的とする経営をいう。
その他経営	子牛の育成（育成経営）又は子牛の生産から育成・肥育まで行うもの（一貫経営）等の経営をいう。
乳用種経営	乳用種のほ育、育成又は肥育を目的とする経営をいう。
育成経営	ほ育から育成までを目的とする経営をいい、ほ育のみ又は育成のみを目的とする経営を含む。

	なお、ほ育とは、生後１～２週間程度の子牛（出生子牛を含む。）を導入し、３か月程度飼育するものをいう。 また、育成とは、３か月程度の子牛を更に３～４か月程度飼養するものをいう。
肥育経営	育成から肥育までを目的とする経営をいう。 肥育は、６～７か月程度の子牛を出荷時まで飼養する経営をいう。
一貫経営	ほ育・育成から肥育まで一貫して行う経営をいう。
肉用種の出生頭数	肉用種で生まれてきた子牛の頭数をいう。

(3)　乳用牛調査及び肉用牛調査

飼料作物の作付面積	乳用牛又は肉用牛飼養者（学校、試験場等の非営利的な飼養者を除く。）が、家畜の飼料にする目的で、飼料作物（牧草を含む。）を作付けした田と畑の作付実面積をいう。 なお、同一ほ場に２度作付けした場合は、そのほ場の面積とし、表作と裏作の作付面積が異なる場合には広い方の作付面積とした。

(4)　豚調査

豚	肉用を目的として飼養している豚をいう。
肥育豚	自家で肥育して肉豚として販売することを目的として飼養している豚をいい、肥育用のもと豚として販売するものは含めない。
子取り用めす豚	生後６か月以上で子豚を生産することを目的として飼養しているめす豚をいい、過去に種付けしたことのある豚及び近い将来種付けすることが確定している豚をいう。
種おす豚	生後６か月以上で種付けに供することを目的として飼養しているおす豚をいい、過去に種付けに供したことのある豚及び近い将来種付けに供することが確定している豚をいう。
その他	肥育豚、子取り用めす豚及び種おす豚以外の豚をいう。また、肥育用のもと豚として販売する場合にはここに含めた。
経営タイプ	調査時点における豚飼養者（学校、試験場等の非営利的な飼養者を除く。以下(4)において同じ。）の主な経営形態によって、次の経営タイプのいずれかに分類した。
子取り経営	過去１年間に養豚による販売額の７割以上が子豚の販売によるものである経営をいう。
肥育経営	子取り経営以外のもので、肥育用もと豚に占める自家生産子豚の割合が７割未満の経営をいう。
一貫経営	子取り経営以外のもので、肥育用もと豚に占める自家生産子豚の割合が７割以上の経営をいう。
経営組織	調査時点における豚飼養者の主な組織形態によって、次のいずれかに分類した。
農家	調査日現在の経営耕地面積が10ａ以上ある世帯又は経営耕地面積がこの規模に達しないか全くないものでも調査期日前の１年間における農業生産物の総販売額が15万円以上あった世帯をいう。
会社	会社法（平成17年法律第86号）に定める株式会社（会社法の施行に伴う関係法律の整備等に関する法律（平成17年法律第87号）に定める特例有限会社を含む。）、合資会社、合名会社又は合同会社をいう。 ただし、１戸１法人（農家とみなす。）及び協業経営を除く。
その他	協業経営の場合又は農協が経営している場合をいう（学校、試験場等の非営利的な飼養者を除く。）。

(5)　採卵鶏調査

採　卵　鶏	鶏卵を生産することを目的として飼養している鶏をいう。
成鶏めす	ふ化後６か月齢以上のめすの鶏をいう。ただし、種鶏の成鶏めすは除く。
ひ　な	ふ化後６か月齢未満のめすの鶏をいい、産卵をしても６か月齢未満の鶏はここに含めた。ただし、種鶏のひなは除く。
種　鶏	採卵用のひなの生産を目的として、種卵採取を行うための鶏をいい、おすを含めた。

(6)　ブロイラー調査

ブロイラー	当初から「食用」に供する目的で飼養し、ふ化後３か月未満で肉用として出荷する鶏をいう。肉用目的で飼養している鶏であれば、「肉用種」、「卵用種」の種類を問わないが、採卵鶏の廃鶏は含めない。 なお、ふ化後３か月未満で肉用として出荷する鶏であれば、地鶏又は銘柄鶏もここに含めた。 この場合の「地鶏」とは特定ＪＡＳ規格の認定を受けた鶏（ふ化後75日以上で出荷）を、「銘柄鶏」とは一般社団法人日本食鳥協会の定義により出荷時に「銘柄鶏」の表示がされる鶏をいう。
出荷羽数	前年の２月２日から本年２月１日までの１年間に出荷した羽数をいう。２月１日現在で飼養を休止し、又は中止している場合でも年間3,000羽以上出荷した場合は、その飼養者の出荷羽数を含めた。
飼養羽数	２月１日現在で飼養している鶏のうち、ふ化後３か月未満で出荷予定の鶏の飼養羽数をいう。

13　利用上の注意

(1)　統計表に掲載した全国農業地域・地方農政局の区分は、次のとおりである。

ア　全国農業地域

全国農業地域名	所属都道府県名
北海道	北海道
東北	青森、岩手、宮城、秋田、山形、福島
北陸	新潟、富山、石川、福井
関東・東山	茨城、栃木、群馬、埼玉、千葉、東京、神奈川、山梨、長野
東海	岐阜、静岡、愛知、三重
近畿	滋賀、京都、大阪、兵庫、奈良、和歌山
中国	鳥取、島根、岡山、広島、山口
四国	徳島、香川、愛媛、高知
九州	福岡、佐賀、長崎、熊本、大分、宮崎、鹿児島
沖縄	沖縄

イ　地方農政局

地方農政局名	所属都道府県名
東北農政局	アの東北の所属都道府県と同じ。
北陸農政局	アの北陸の所属都道府県と同じ。
関東農政局	茨城、栃木、群馬、埼玉、千葉、東京、神奈川、山梨、長野、静岡
東海農政局	岐阜、愛知、三重
近畿農政局	アの近畿の所属都道府県と同じ。
中国四国農政局	鳥取、島根、岡山、広島、山口、徳島、香川、愛媛、高知
九州農政局	アの九州の所属都道府県と同じ。

注：　東北農政局、北陸農政局、近畿農政局及び九州農政局の結果については、全国農業地域区分における各地域の結果と同じであることから、表章はしていない。

(2)　統計表に用いた記号は、次のとおりである。

「０」：単位に満たないもの（例：0.4ha→0ha）

なお、頭（羽）数及び面積については、(4)の「数値の四捨五入について」による。

「－」：事実のないもの

「…」：事実不詳又は調査を欠くもの

「‥」：未発表のもの

「ｘ」：個人又は法人その他の団体に関する秘密を保護するため、統計数値を公表しないもの

「nc」：計算不能

(3)　秘匿措置について

統計調査結果について、調査対象者数が２以下の場合には、個人又は法人その他の団体に関する調査結果の秘密保護の観点から、該当結果を「ｘ」表示とする秘匿措置を施している。

なお、全体「計」からの差引きにより、秘匿措置を講じた当該結果が推定できる場合には、本来秘匿措置を施す必要のない箇所についても「ｘ」表示としている。

また、(4)により四捨五入されている場合は、差引きによっても推定できないため、秘匿箇所のみ「ｘ」表示としている場合もある。

(4)　数値の四捨五入について

統計数値は、次の方法により四捨五入している。したがって、合計値と内訳の計は必ずしも一致しない場合がある。

ア　戸数

平成16年２月１日現在調査から、３桁以下の数値を原数表示することとし、４桁以上の数値については次の方法により四捨五入を行った。

原数		７桁以上 （100万）	６桁 （10万）	５桁 （１万）	４桁 （1,000）	３桁 （100）	２桁 （10）	１桁 （１）
四捨五入する桁 （下から）		３桁	２桁		１桁	四捨五入しない		
例	四捨五入する前 （原数）	1,234,567	123,456	12,345	1,234	123	12	1
	四捨五入した数値 （統計数値）	1,235,000	123,500	12,300	1,230	123	12	1

イ　頭（羽）数及び面積

次の方法により四捨五入を行った。

原数		７桁以上 （100万）	６桁 （10万）	５桁 （１万）	４桁 （1,000）	３桁 （100）	２桁 （10）	１桁 （１）
四捨五入する桁 （下から）		３桁	２桁		１桁			
例	四捨五入する前 （原数）	1,234,567	123,456	12,345	1,234	123	12	1
	四捨五入した数値 （統計数値）	1,235,000	123,500	12,300	1,230	120	10	0

(5)　統計表の規模別、経営タイプ別、経営組織別戸数及び頭（羽）数については、学校、試験場等の非営利的な飼養者を除いた。

(6)　平成31年の乳用牛調査票から乳用向けめす出生頭数の調査項目を廃止し、新しく牛個体識別全国データベースのデータにより乳用種めす出生頭数を把握した。このため、平成30年１月までの乳用向けめす出生頭数と、平成30年２月以降の乳用種めす出生頭数の数値は接続しないので、利用に当たっては十分留意されたい。

(7)　本統計の累年データは、農林水産省ホームページ「統計情報」の分野別分類「作付面積・生産量、被害、家畜の頭数など」、品目別分類「畜産」の「畜産統計調査」で御覧いただけます。
【 http://www.maff.go.jp/j/tokei/kouhyou/tikusan/index.html#y 】

(8)　この統計表に掲載された数値を他に転載する場合は、「畜産統計」（農林水産省）による旨を記載してください。

14　お問合せ先

農林水産省　大臣官房統計部　生産流通消費統計課　畜産・木材統計班
電話：（代表）03-3502-8111（内線3686）
　　　（直通）03-3502-5665
F A X　：　　03-5511-8771

※　当調査に関するご意見・ご要望は、上記問合せ先のほか、当省ホームページで受け付けております。
【 https://www.contactus.maff.go.jp/j/form/tokei/kikaku/160815.html 】

I　調査結果の概要

1　乳用牛

(1)　飼養戸数・頭数

平成31年２月１日現在（以下「平成31年」という。）の全国の乳用牛の飼養戸数は１万5,000戸で、廃業等により前年に比べ700戸（4.5%）減少した。

飼養頭数は133万2,000頭で、前年に比べ4,000頭（0.3%）増加した。飼養頭数の内訳をみると、経産牛は83万9,200頭で、前年に比べ8,000頭（0.9%）減少した。また、未経産牛は49万2,400頭で、前年に比べ１万1,500頭（2.4%）増加した。

なお、１戸当たり飼養頭数は88.8頭で、前年に比べ4.2頭増加した。

図１　乳用牛の飼養戸数・頭数の推移

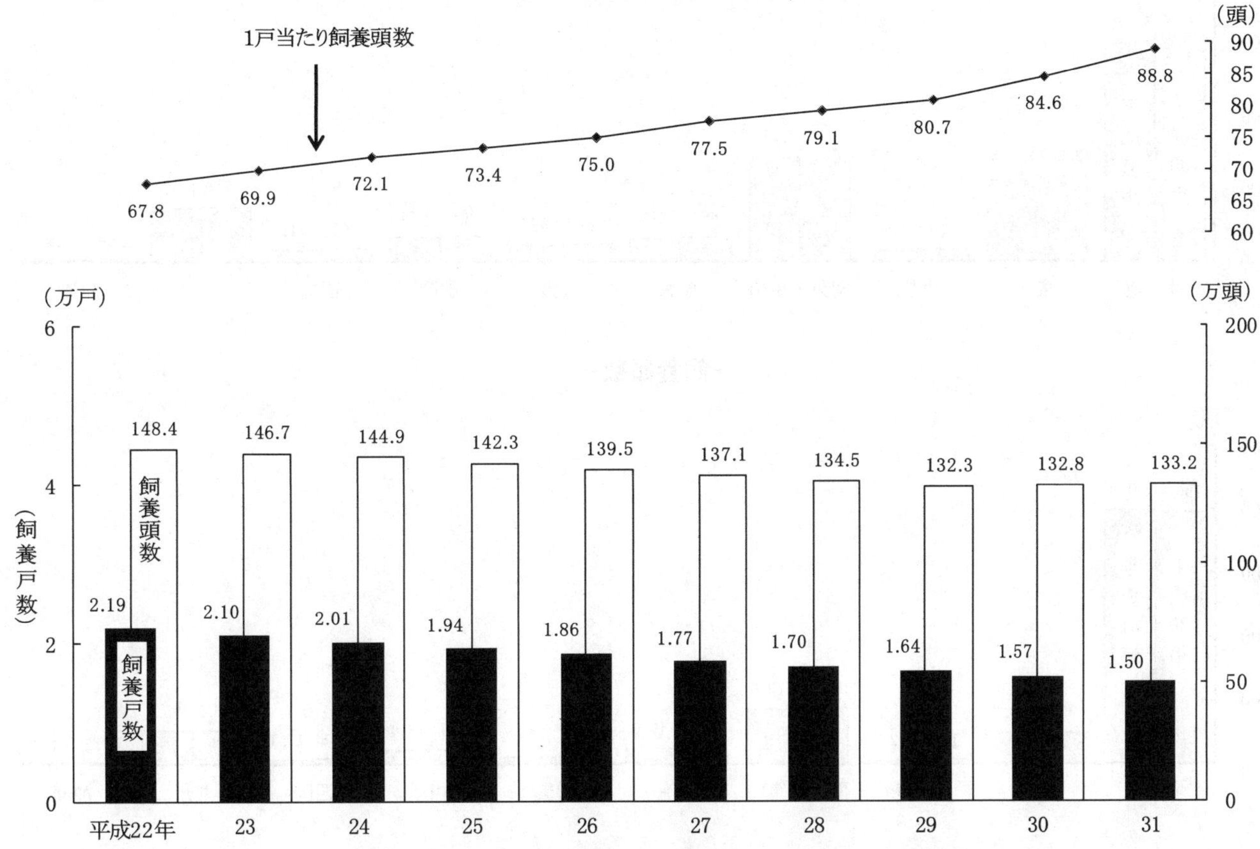

表１　乳用牛の飼養戸数・頭数

区分	飼養戸数	飼養頭数					1戸当たり飼養頭数
		計	経産牛			未経産牛	
			小計	搾乳牛	乾乳牛		
	戸	千頭	千頭	千頭	千頭	千頭	頭
実数							
平成29年	16,400	1,323.0	852.1	735.2	116.9	471.0	80.7
30	15,700	1,328.0	847.2	731.1	116.1	480.9	84.6
31	**15,000**	**1,332.0**	**839.2**	**729.5**	**109.7**	**492.4**	**88.8**
対前年比							
31／30（%）	95.5	100.3	99.1	99.8	94.5	102.4	−
構成比							
平成29年（%）	−	100.0	64.4	55.6	8.8	35.6	−
30	−	100.0	63.8	55.1	8.7	36.2	−
31	**−**	**100.0**	**63.0**	**54.8**	**8.2**	**37.0**	**−**

注：　数値については、四捨五入のため合計と内訳の計が一致しないことがある（四捨五入の方法については10ページを参照。以下表18まで同じ。）。

(2)　全国農業地域別飼養戸数・頭数

全国農業地域別にみると、乳用牛の飼養戸数は、前年に比べ全ての地域で減少した。

飼養頭数は、前年に比べ北海道、中国及び沖縄で増加したが、これ以外の地域では減少した。

なお、地域別の飼養頭数割合は、北海道が全国の約６割を占めている。

図２　乳用牛の全国農業地域別飼養戸数・頭数の前年比較

－飼養戸数－

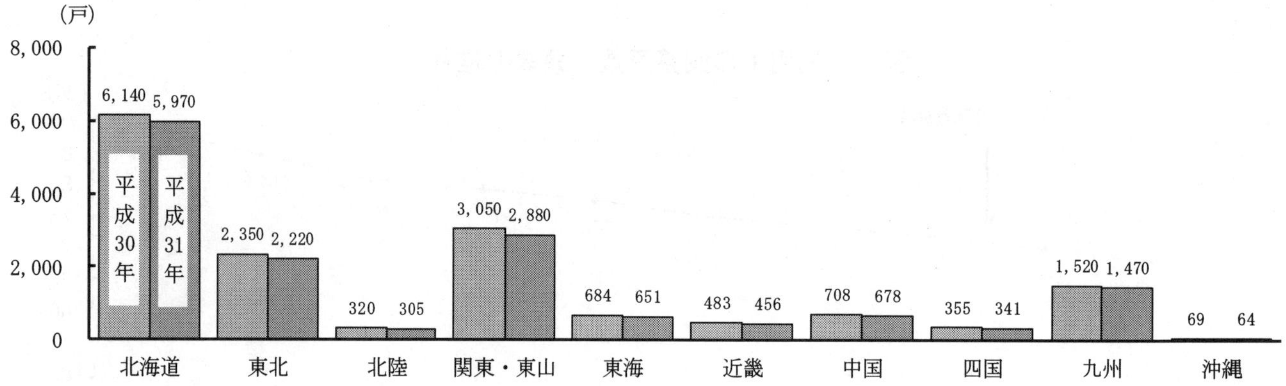

－飼養頭数－

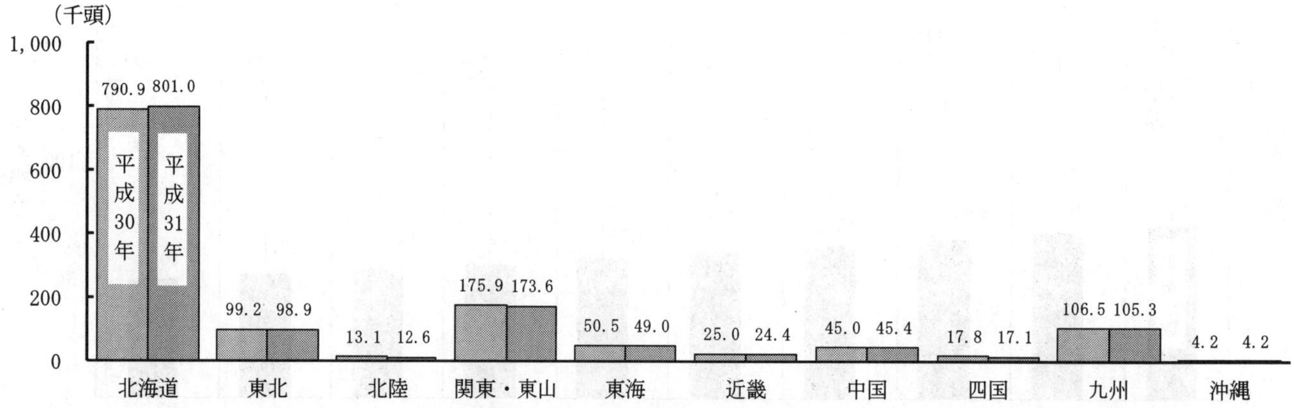

表２　乳用牛の全国農業地域別飼養戸数・頭数

区　分		単位	全国	北海道	東北	北陸	関東・東山	東海	近畿	中国	四国	九州	沖縄
飼養戸数													
実数	平成30年	戸	15,700	6,140	2,350	320	3,050	684	483	708	355	1,520	69
	31	〃	**15,000**	**5,970**	**2,220**	**305**	**2,880**	**651**	**456**	**678**	**341**	**1,470**	**64**
対前年比	31／30	%	95.5	97.2	94.5	95.3	94.4	95.2	94.4	95.8	96.1	96.7	92.8
全国割合	平成30年	〃	100.0	39.1	15.0	2.0	19.4	4.4	3.1	4.5	2.3	9.7	0.4
	31	〃	**100.0**	**39.8**	**14.8**	**2.0**	**19.2**	**4.3**	**3.0**	**4.5**	**2.3**	**9.8**	**0.4**
飼養頭数													
実数	平成30年	千頭	1,328.0	790.9	99.2	13.1	175.9	50.5	25.0	45.0	17.8	106.5	4.2
	31	〃	**1,332.0**	**801.0**	**98.9**	**12.6**	**173.6**	**49.0**	**24.4**	**45.4**	**17.1**	**105.3**	**4.2**
対前年比	31／30	%	100.3	101.3	99.7	96.2	98.7	97.0	97.6	100.9	96.1	98.9	101.0
全国割合	平成30年	〃	100.0	59.6	7.5	1.0	13.2	3.8	1.9	3.4	1.3	8.0	0.3
	31	〃	**100.0**	**60.1**	**7.4**	**0.9**	**13.0**	**3.7**	**1.8**	**3.4**	**1.3**	**7.9**	**0.3**

注：沖縄の飼養頭数の対前年比は、小数第２位までの実数をもとに算出している。

(3) 成畜（満２歳以上の牛）飼養頭数規模別飼養戸数・頭数

成畜（満２歳以上の牛）飼養頭数規模別（学校、試験場等の非営利的な飼養者を含まない。）にみると、乳用牛の飼養戸数は前年に比べ１～19頭及び100頭以上の階層で増加したが、これ以外の階層では減少した。

飼養頭数は前年に比べ１～19頭、50～79頭及び100頭以上の階層で増加したが、これ以外の階層では減少した。

なお、成畜飼養頭数規模別の飼養頭数割合は、100頭以上の階層が約４割を占めている。

図３　乳用牛の成畜飼養頭数規模別飼養戸数・頭数の前年比較

－飼養戸数－

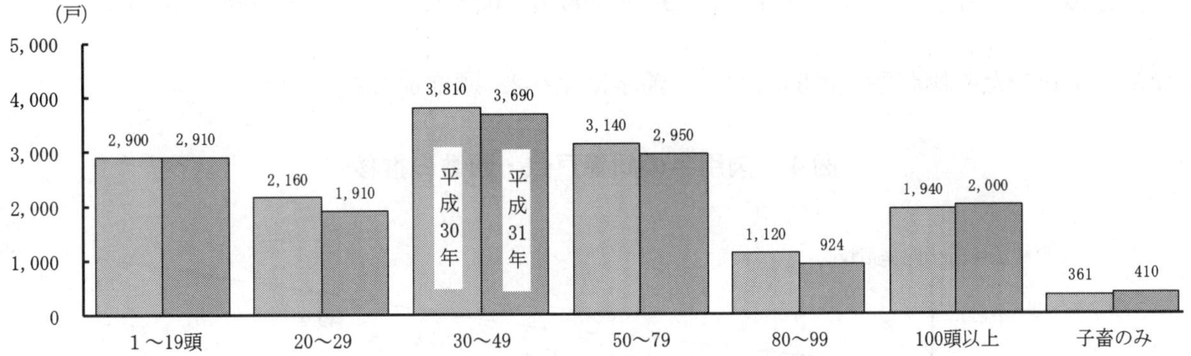

－飼養頭数－

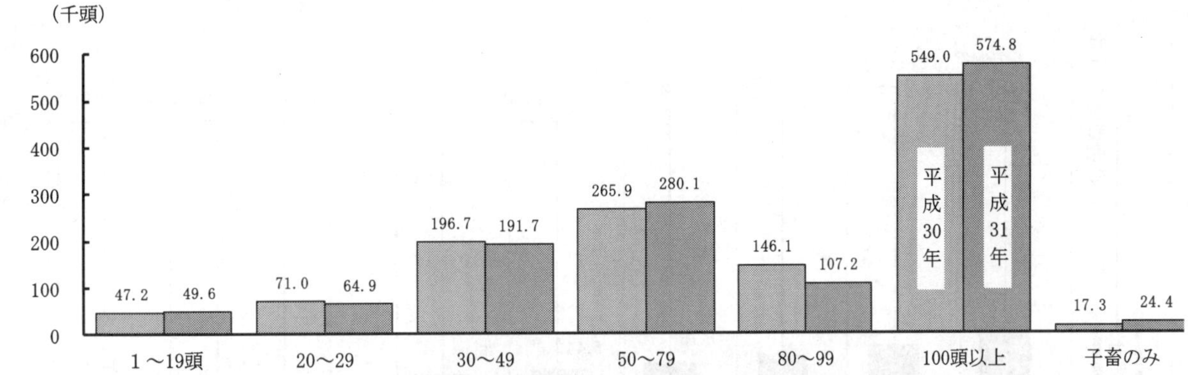

表３　乳用牛の成畜飼養頭数規模別飼養戸数・頭数

区分	単位	計	成畜飼養頭数規模								子畜のみ
			小計	１～19頭	20～29	30～49	50～79	80～99	100頭以上	300頭以上	
飼養戸数											
実数 平成30年	戸	15,400	15,100	2,900	2,160	3,810	3,140	1,120	1,940	260	361
31	〃	**14,800**	**14,400**	**2,910**	**1,910**	**3,690**	**2,950**	**924**	**2,000**	**261**	**410**
対前年比 31／30	%	96.1	95.4	100.3	88.4	96.9	93.9	82.5	103.1	100.4	113.6
構成比 平成30年	〃	100.0	98.1	18.8	14.0	24.7	20.4	7.3	12.6	1.7	2.3
31	〃	**100.0**	**97.3**	**19.7**	**12.9**	**24.9**	**19.9**	**6.2**	**13.5**	**1.8**	**2.8**
飼養頭数											
実数 平成30年	千頭	1,293.0	1,276.0	47.2	71.0	196.7	265.9	146.1	549.0	186.4	17.3
31	〃	**1,293.0**	**1,268.0**	**49.6**	**64.9**	**191.7**	**280.1**	**107.2**	**574.8**	**207.1**	**24.4**
対前年比 31／30	%	100.0	99.4	105.1	91.4	97.5	105.3	73.4	104.7	111.1	141.0
構成比 平成30年	〃	100.0	98.7	3.7	5.5	15.2	20.6	11.3	42.5	14.4	1.3
31	〃	**100.0**	**98.1**	**3.8**	**5.0**	**14.8**	**21.7**	**8.3**	**44.5**	**16.0**	**1.9**

注：１　成畜飼養頭数規模別飼養戸数・頭数には、学校、試験場等の非営利的な飼養者は含まない。
　　２　成畜飼養頭数規模別飼養頭数は、各階層の飼養者が飼っている全ての乳用牛（成畜及び子畜）の頭数である。

2　肉用牛

(1)　飼養戸数・頭数

平成31年の全国の肉用牛の飼養戸数は４万6,300戸で、廃業等により前年に比べ2,000戸（4.1％）減少した。

飼養頭数は250万3,000頭で、前年に比べ１万1,000頭（0.4％）減少した。飼養頭数の内訳をみると、肉用種は173万4,000頭で前年に比べ３万3,000頭（1.9％）増加した。

このうち、子取り用めす牛は62万5,900頭、肥育用牛は75万3,400頭で、前年に比べそれぞれ１万5,500頭（2.5％）、１万6,800頭（2.3％）増加した。

乳用種（乳廃牛は除く。）は76万8,600頭で前年に比べ４万4,400頭（5.5％）減少した。

また、乳用種のうち、ホルスタイン種他は27万4,400頭で前年に比べ２万700頭（7.0％）減少し、交雑種（Ｆ１牛、Ｆ１クロス牛）は49万4,200頭で前年に比べ２万3,700頭（4.6％）減少した。

なお、１戸当たり飼養頭数は54.1頭で、前年に比べ2.1頭増加した。

図４　肉用牛の飼養戸数・頭数の推移

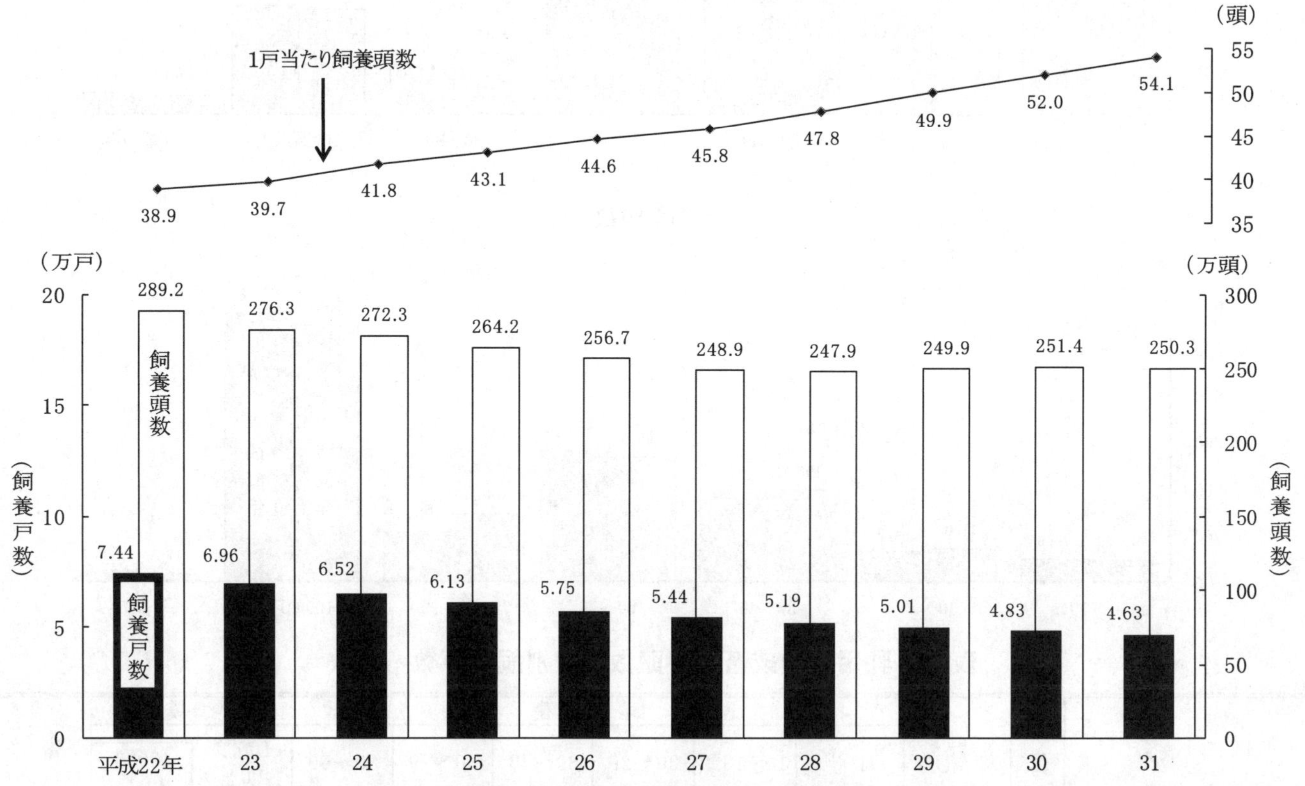

表４　肉用牛の飼養戸数・頭数

区　分	飼養戸数	飼養頭数 計	肉用種	子取り用めす牛	肥育用牛	乳用種 小計	ホルスタイン種他	交雑種	１戸当たり飼養頭数
	戸	千頭	千頭	千頭	千頭	千頭	千頭	千頭	頭
実　数									
平成29年	50,100	2,499.0	1,664.0	597.3	722.3	834.7	313.1	521.6	49.9
30	48,300	2,514.0	1,701.0	610.4	736.6	813.0	295.1	517.9	52.0
31	**46,300**	**2,503.0**	**1,734.0**	**625.9**	**753.4**	**768.6**	**274.4**	**494.2**	**54.1**
対前年比									
31／30（％）	95.9	99.6	101.9	102.5	102.3	94.5	93.0	95.4	−
構成比									
平成29年（％）	−	100.0	66.6	23.9	28.9	33.4	12.5	20.9	−
30	−	100.0	67.7	24.3	29.3	32.3	11.7	20.6	−
31	**−**	**100.0**	**69.3**	**25.0**	**30.1**	**30.7**	**11.0**	**19.7**	**−**

(2) 全国農業地域別飼養戸数・頭数

全国農業地域別にみると、肉用牛の飼養戸数は、前年に比べ全ての地域で減少した。

飼養頭数は、前年に比べ北陸、近畿、中国、九州及び沖縄で増加したが、これ以外の地域では減少した。

なお、地域別の飼養頭数割合は、九州が全国の約４割を占めている。

図５　肉用牛の全国農業地域別飼養戸数・頭数の前年比較

－飼養戸数－

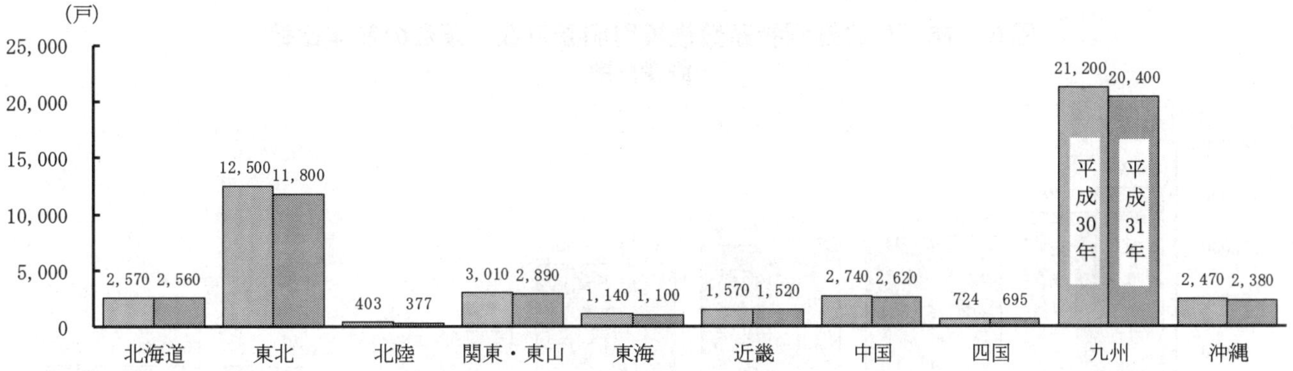

－飼養頭数－

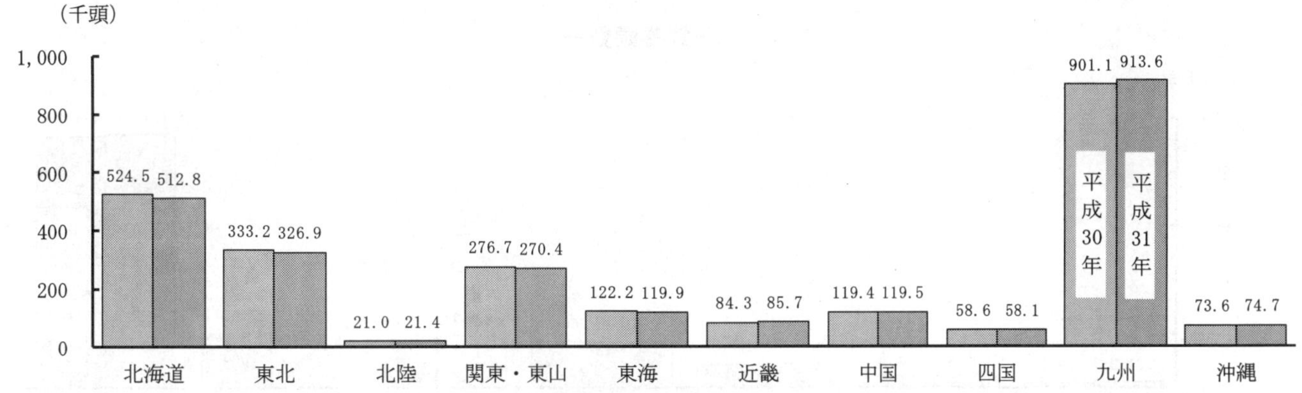

表５　肉用牛の全国農業地域別飼養戸数・頭数

区分	単位	全国	北海道	東北	北陸	関東・東山	東海	近畿	中国	四国	九州	沖縄
飼養戸数												
実数 平成30年	戸	48,300	2,570	12,500	403	3,010	1,140	1,570	2,740	724	21,200	2,470
31	〃	**46,300**	**2,560**	**11,800**	**377**	**2,890**	**1,100**	**1,520**	**2,620**	**695**	**20,400**	**2,380**
対前年比 31／30	%	95.9	99.6	94.4	93.5	96.0	96.5	96.8	95.6	96.0	96.2	96.4
全国割合 平成30年	〃	100.0	5.3	25.9	0.8	6.2	2.4	3.3	5.7	1.5	43.9	5.1
31	〃	**100.0**	**5.5**	**25.5**	**0.8**	**6.2**	**2.4**	**3.3**	**5.7**	**1.5**	**44.1**	**5.1**
飼養頭数												
実数 平成30年	千頭	2,514.0	524.5	333.2	21.0	276.7	122.2	84.3	119.4	58.6	901.1	73.6
31	〃	**2,503.0**	**512.8**	**326.9**	**21.4**	**270.4**	**119.9**	**85.7**	**119.5**	**58.1**	**913.6**	**74.7**
対前年比 31／30	%	99.6	97.8	98.1	101.9	97.7	98.1	101.7	100.1	99.1	101.4	101.5
全国割合 平成30年	〃	100.0	20.9	13.3	0.8	11.0	4.9	3.4	4.7	2.3	35.8	2.9
31	〃	**100.0**	**20.5**	**13.1**	**0.9**	**10.8**	**4.8**	**3.4**	**4.8**	**2.3**	**36.5**	**3.0**

(3) 総飼養頭数規模別飼養戸数・頭数

ア　総飼養頭数規模別飼養戸数・頭数

総飼養頭数規模別（学校、試験場等の非営利的な飼養者を含まない。以下イ及びウにおいて同じ。）にみると、肉用牛の飼養戸数は、前年に比べ100～199頭及び200頭以上の階層で増加したが、これ以外の階層では減少した。

飼養頭数は、前年に比べ20～49頭及び100～199頭の階層で増加したが、これ以外の階層では減少した。

なお、総飼養頭数規模別の飼養頭数割合は、200頭以上の階層が約６割を占めている。

図６　肉用牛の総飼養頭数規模別飼養戸数・頭数の前年比較

－飼養戸数－

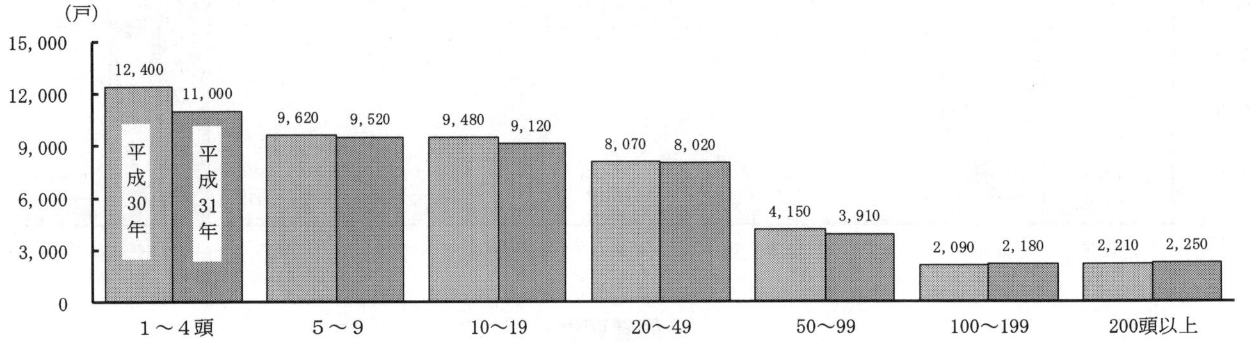

－飼養頭数－

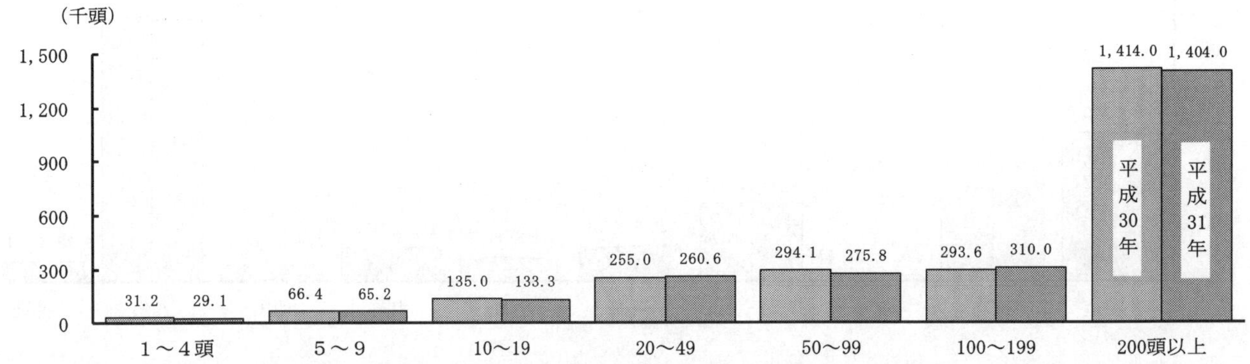

表６　肉用牛の総飼養頭数規模別飼養戸数・頭数

区分	単位	総飼養頭数規模 計	1～4頭	5～9	10～19	20～49	50～99	100～199	200頭以上	500頭以上
飼養戸数										
実数 平成30年	戸	48,000	12,400	9,620	9,480	8,070	4,150	2,090	2,210	769
31	〃	**46,000**	**11,000**	**9,520**	**9,120**	**8,020**	**3,910**	**2,180**	**2,250**	**759**
対前年比 31／30	%	95.8	88.7	99.0	96.2	99.4	94.2	104.3	101.8	98.7
構成比 平成30年	〃	100.0	25.8	20.0	19.8	16.8	8.6	4.4	4.6	1.6
31	〃	**100.0**	**23.9**	**20.7**	**19.8**	**17.4**	**8.5**	**4.7**	**4.9**	**1.7**
飼養頭数										
実数 平成30年	千頭	2,490.0	31.2	66.4	135.0	255.0	294.1	293.6	1,414.0	977.2
31	〃	**2,478.0**	**29.1**	**65.2**	**133.3**	**260.6**	**275.8**	**310.0**	**1,404.0**	**968.5**
対前年比 31／30	%	99.5	93.3	98.2	98.7	102.2	93.8	105.6	99.3	99.1
構成比 平成30年	〃	100.0	1.3	2.7	5.4	10.2	11.8	11.8	56.8	39.2
31	〃	**100.0**	**1.2**	**2.6**	**5.4**	**10.5**	**11.1**	**12.5**	**56.7**	**39.1**

注：総飼養頭数規模別飼養戸数・頭数には、学校、試験場等の非営利的な飼養者は含まない。

イ　肉用種の目的別飼養頭数別飼養戸数

(ア)　子取り用めす牛

肉用種の子取り用めす牛を飼養している戸数は４万200戸で、肉用牛飼養戸数の87.4%となっている。

飼養頭数規模別にみると、前年に比べて50～99頭及び100頭以上の階層で増加したが、これ以外の階層では減少した。

表７　子取り用めす牛の飼養頭数規模別飼養戸数

単位：戸

区　分		肉用牛の飼養戸数	子取り用めす牛飼養頭数規模							子取り用めす牛なし
			計	1～4頭	5～9	10～19	20～49	50～99	100頭以上	
実　数	平成30年	48,000	41,800	16,600	10,000	7,780	5,350	1,570	539	6,190
	31	**46,000**	**40,200**	**15,800**	**9,530**	**7,360**	**5,310**	**1,650**	**589**	**5,810**
対前年比	31／30（%）	95.8	96.2	95.2	95.3	94.6	99.3	105.1	109.3	93.9
構成比	平成30年（%）	100.0	87.1	34.6	20.8	16.2	11.1	3.3	1.1	12.9
	31	**100.0**	**87.4**	**34.3**	**20.7**	**16.0**	**11.5**	**3.6**	**1.3**	**12.6**

注：飼養頭数規模別飼養戸数には、学校、試験場等の非営利的な飼養者は含まない。

(イ)　肥育用牛

肉用種の肥育用牛を飼養している戸数は7,100戸で、肉用牛飼養戸数の15.4%となっている。

飼養頭数規模別にみると、前年に比べて30～49頭及び100～199頭の階層で増加したが、これ以外の階層では減少した。

表８　肥育用牛の飼養頭数規模別飼養戸数

単位：戸

区　分		肉用牛の飼養戸数	肥育用牛飼養頭数規模									肥育用牛なし
			計	1～9頭	10～19	20～29	30～49	50～99	100～199	200頭以上	500頭以上	
実　数	平成30年	48,000	7,620	2,640	733	514	781	1,100	884	969	304	40,400
	31	**46,000**	**7,100**	**2,240**	**692**	**451**	**813**	**1,060**	**927**	**919**	**257**	**38,900**
対前年比	31／30（%）	95.8	93.2	84.8	94.4	87.7	104.1	96.4	104.9	94.8	84.5	96.3
構成比	平成30年（%）	100.0	15.9	5.5	1.5	1.1	1.6	2.3	1.8	2.0	0.6	84.2
	31	**100.0**	**15.4**	**4.9**	**1.5**	**1.0**	**1.8**	**2.3**	**2.0**	**2.0**	**0.6**	**84.6**

注：飼養頭数規模別飼養戸数には、学校、試験場等の非営利的な飼養者は含まない。

ウ　乳用種の飼養頭数規模別飼養戸数

肉用の乳用種を飼養している戸数は4,440戸で、肉用牛飼養戸数の9.7%となっている。

飼養頭数規模別にみると、前年に比べて200頭以上の階層で増加したが、これ以外の階層では減少した。

表９　乳用種の飼養頭数規模別飼養戸数

単位：戸

区　分		肉用牛の飼養戸数	乳用種飼養頭数規模								乳用種なし
			計	1～4頭	5～19	20～49	50～99	100～199	200頭以上	500頭以上	
実　数	平成30年	48,000	4,650	1,440	888	486	427	491	914	408	43,300
	31	**46,000**	**4,440**	**1,430**	**747**	**485**	**385**	**455**	**943**	**409**	**41,600**
対前年比	31／30（%）	95.8	95.5	99.3	84.1	99.8	90.2	92.7	103.2	100.2	96.1
構成比	平成30年（%）	100.0	9.7	3.0	1.9	1.0	0.9	1.0	1.9	0.9	90.2
	31	**100.0**	**9.7**	**3.1**	**1.6**	**1.1**	**0.8**	**1.0**	**2.1**	**0.9**	**90.4**

注：飼養頭数規模別飼養戸数には、学校、試験場等の非営利的な飼養者は含まない。

3　豚

(1)　飼養戸数・頭数

平成31年の全国の豚の飼養戸数は4,320戸で、廃業等により前年に比べ150戸（3.4%）減少した。

飼養頭数は915万6,000頭で、前年に比べ３万3,000頭（0.4%）減少した。飼養頭数の内訳をみると、子取り用めす豚は85万3,100頭で、前年に比べ２万9,400頭（3.6%）増加し、肥育豚は759万4,000頭で、前年に比べ８万3,000頭（1.1%）減少した。

なお、１戸当たり飼養頭数は2,119.4頭で、前年に比べ63.7頭増加した。

図７　豚の飼養戸数・頭数の推移

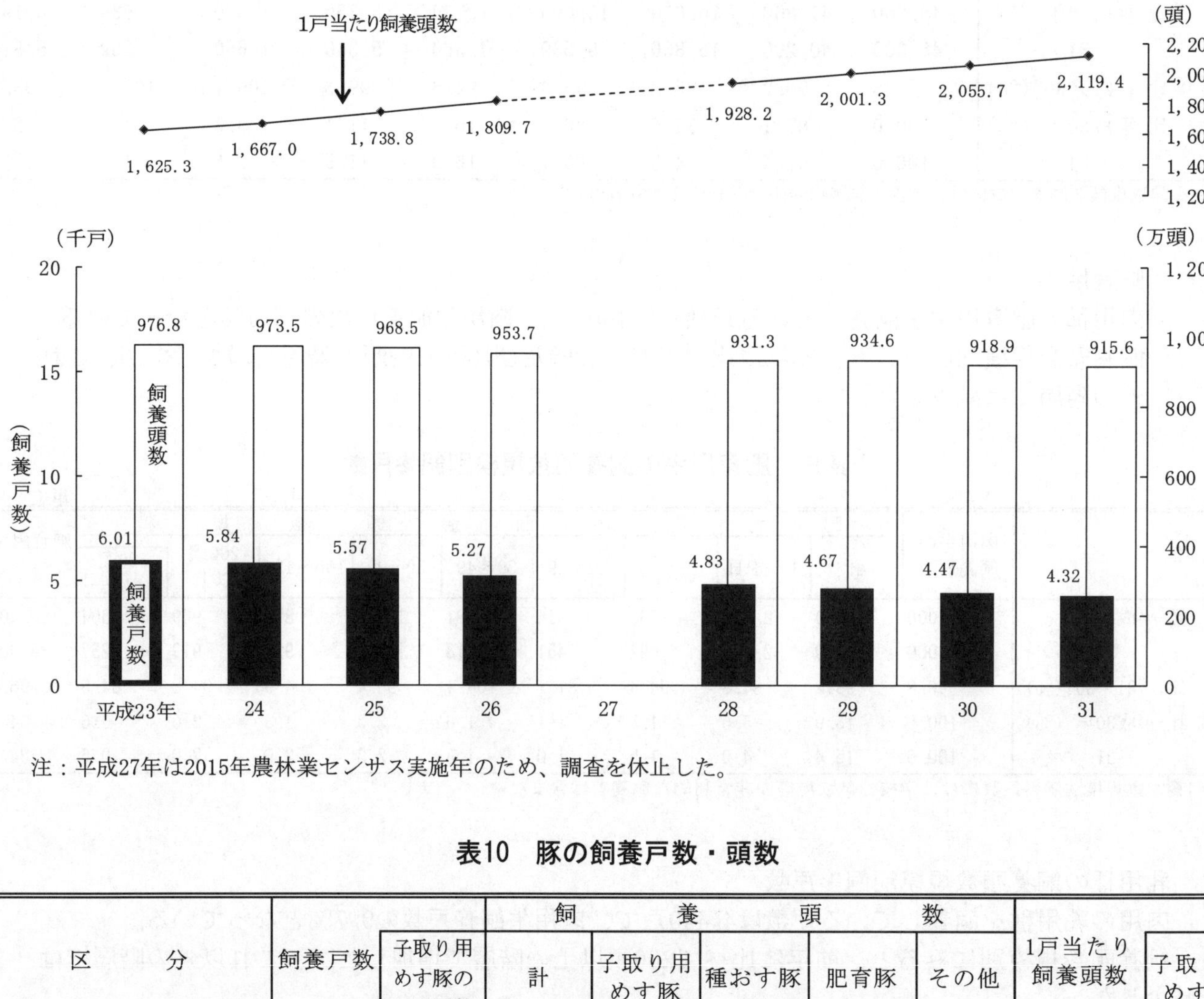

注：平成27年は2015年農林業センサス実施年のため、調査を休止した。

表10　豚の飼養戸数・頭数

区　分	飼養戸数	子取り用めす豚のいる戸数	飼養頭数 計	子取り用めす豚	種おす豚	肥育豚	その他	1戸当たり飼養頭数	子取り用めす豚
	戸	戸	千頭	千頭	千頭	千頭	千頭	頭	頭
実　数									
平成29年	4,670	3,800	9,346.0	839.3	43.5	7,797.0	666.1	2,001.3	220.9
30	4,470	3,640	9,189.0	823.7	39.4	7,677.0	649.6	2,055.7	226.3
31	**4,320**	**3,460**	**9,156.0**	**853.1**	**36.3**	**7,594.0**	**673.2**	**2,119.4**	**246.6**
対前年比									
31 ／30（%）	96.6	95.1	99.6	103.6	92.1	98.9	103.6	－	－
構 成 比									
平成29年（%）	100.0	81.4	100.0	9.0	0.5	83.4	7.1	－	－
30	100.0	81.4	100.0	9.0	0.4	83.5	7.1	－	－
31	**100.0**	**80.1**	**100.0**	**9.3**	**0.4**	**82.9**	**7.4**	－	－

(2)　全国農業地域別飼養戸数・頭数

全国農業地域別にみると、豚の飼養戸数は、前年に比べ近畿では増加したが、これ以外の地域では減少した。

飼養頭数は、前年に比べ北海道、東海、四国及び九州で増加したが、これ以外の地域では減少した。

なお、地域別の飼養頭数割合は、関東・東山及び九州が、それぞれ全国の約３割を占めている。

図８　豚の全国農業地域別飼養戸数・頭数の前年比較

－飼養戸数－

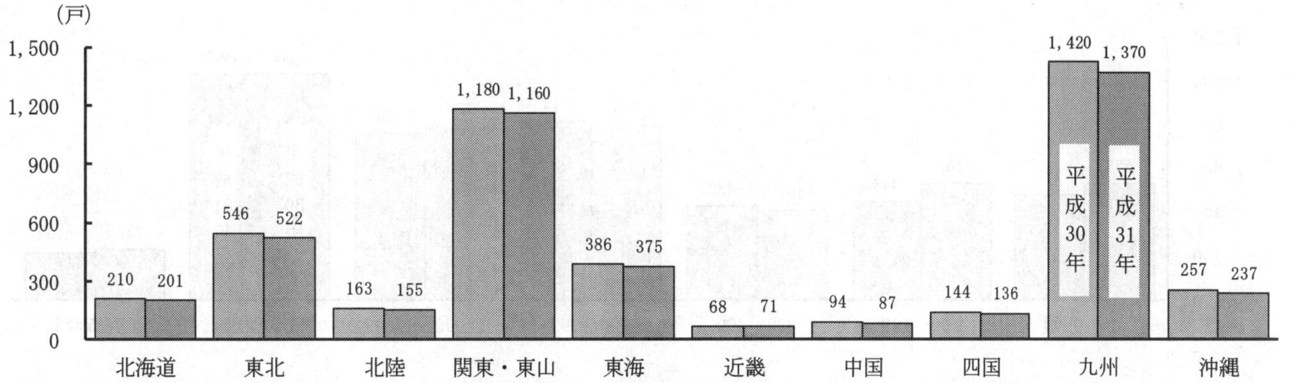

－飼養頭数－

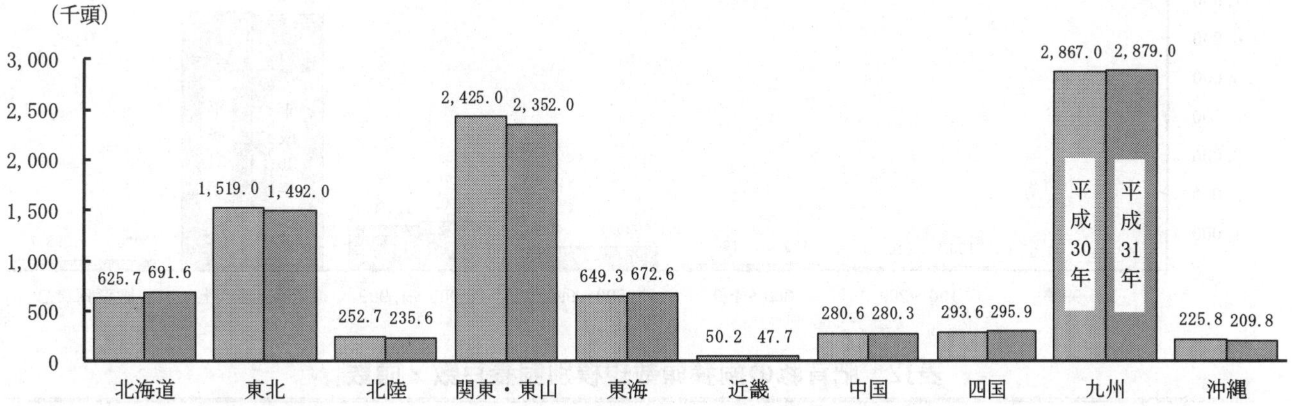

表11　豚の全国農業地域別飼養戸数・頭数

区　　分	単位	全 国	北海道	東 北	北 陸	関東・東山	東 海	近 畿	中 国	四 国	九 州	沖 縄
飼 養 戸 数												
実　　数 平成 30年	戸	4,470	210	546	163	1,180	386	68	94	144	1,420	257
31	〃	**4,320**	**201**	**522**	**155**	**1,160**	**375**	**71**	**87**	**136**	**1,370**	**237**
対前年比　31／30	%	96.6	95.7	95.6	95.1	98.3	97.2	104.4	92.6	94.4	96.5	92.2
全国割合 平成 30年	〃	100.0	4.7	12.2	3.6	26.4	8.6	1.5	2.1	3.2	31.8	5.7
31	〃	**100.0**	**4.7**	**12.1**	**3.6**	**26.9**	**8.7**	**1.6**	**2.0**	**3.1**	**31.7**	**5.5**
飼 養 頭 数												
実　　数 平成 30年	千頭	9,189.0	625.7	1,519.0	252.7	2,425.0	649.3	50.2	280.6	293.6	2,867.0	225.8
31	〃	**9,156.0**	**691.6**	**1,492.0**	**235.6**	**2,352.0**	**672.6**	**47.7**	**280.3**	**295.9**	**2,879.0**	**209.8**
対前年比　31／30	%	99.6	110.5	98.2	93.2	97.0	103.6	95.0	99.9	100.8	100.4	92.9
全国割合 平成 30年	〃	100.0	6.8	16.5	2.8	26.4	7.1	0.5	3.1	3.2	31.2	2.5
31	〃	**100.0**	**7.6**	**16.3**	**2.6**	**25.7**	**7.3**	**0.5**	**3.1**	**3.2**	**31.4**	**2.3**

(3) 肥育豚の飼養頭数規模別飼養戸数・頭数

肥育豚の飼養頭数規模別（学校、試験場等の非営利的な飼養者を含まない。）にみると、豚の飼養戸数は、前年に比べ300～499頭及び500～999頭の階層で増加し、2,000頭以上の階層で前年並みとなり、これ以外の階層では減少した。

飼養頭数は、前年に比べ300～499頭、500～999頭及び2,000頭以上の階層で増加したが、これ以外の階層では減少した。

なお、肥育豚の飼養頭数規模別の飼養頭数割合は、2,000頭以上の階層が約７割を占めている。

図９　肥育豚の飼養頭数規模別飼養戸数・頭数の前年比較

―飼養戸数―

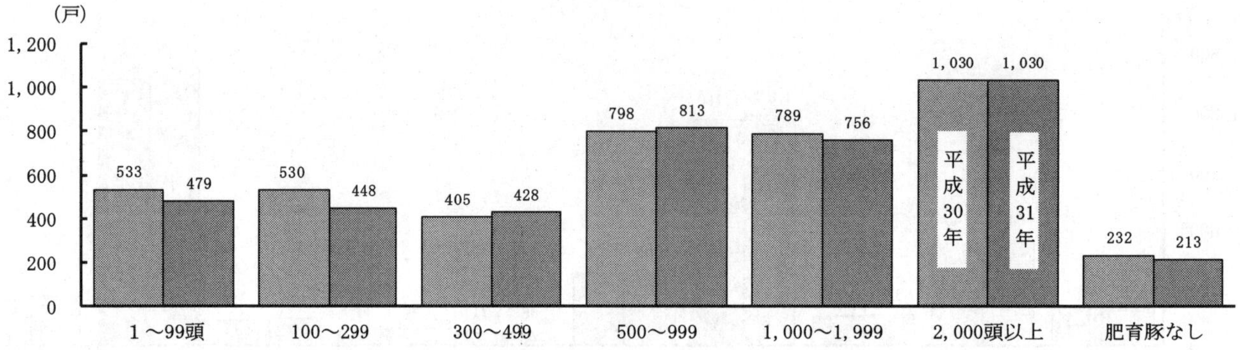

―飼養頭数―

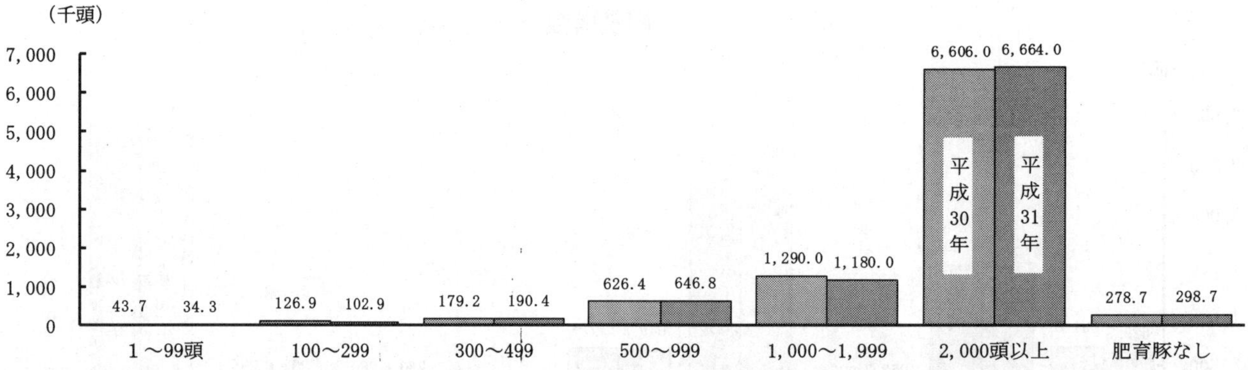

表12　肥育豚の飼養頭数規模別飼養戸数・頭数

区分	単位	計	肥育豚飼養頭数規模 小計	１～99頭	100～299	300～499	500～999	1,000～1,999	2,000頭以上	3,000頭以上	肥育豚なし
飼養戸数											
実数 平成30年	戸	4,310	4,080	533	530	405	798	789	1,030	667	232
31	〃	**4,170**	**3,950**	**479**	**448**	**428**	**813**	**756**	**1,030**	**701**	**213**
対前年比 31／30	%	96.8	96.8	89.9	84.5	105.7	101.9	95.8	100.0	105.1	91.8
構成比 平成30年	〃	100.0	94.7	12.4	12.3	9.4	18.5	18.3	23.9	15.5	5.4
31	〃	**100.0**	**94.7**	**11.5**	**10.7**	**10.3**	**19.5**	**18.1**	**24.7**	**16.8**	**5.1**
飼養頭数											
実数 平成30年	千頭	9,151.0	8,872.0	43.7	126.9	179.2	626.4	1,290.0	6,606.0	5,684.0	278.7
31	〃	**9,118.0**	**8,819.0**	**34.3**	**102.9**	**190.4**	**646.8**	**1,180.0**	**6,664.0**	**5,821.0**	**298.7**
対前年比 31／30	%	99.6	99.4	78.5	81.1	106.3	103.3	91.5	100.9	102.4	107.2
構成比 平成30年	〃	100.0	97.0	0.5	1.4	2.0	6.8	14.1	72.2	62.1	3.0
31	〃	**100.0**	**96.7**	**0.4**	**1.1**	**2.1**	**7.1**	**12.9**	**73.1**	**63.8**	**3.3**

注：１　飼養頭数規模別飼養戸数・頭数には、学校、試験場等の非営利的な飼養者は含まない。
　　２　飼養頭数規模別飼養頭数は、各階層の飼養者が飼っている全ての豚（子取り用めす豚、種おす豚、肥育豚、その他（肥育用のもと豚等）を含む。）の頭数である。

4　採卵鶏

(1)　飼養戸数・羽数

平成31年の全国の採卵鶏の飼養戸数は2,120戸で、廃業等により前年に比べ80戸（3.6%）減少した。

採卵鶏（種鶏を除く。）の飼養羽数は１億8,236万8,000羽で、前年に比べ41万8,000羽（0.2%）増加した。

このうち、成鶏めす（６か月以上）の飼養羽数は１億4,179万2,000羽で、前年に比べ275万6,000羽（2.0%）増加した。

なお、１戸当たり成鶏めす飼養羽数は６万6,900羽で、前年に比べ3,700羽増加した。

図10　採卵鶏の飼養戸数及び成鶏めすの飼養羽数の推移

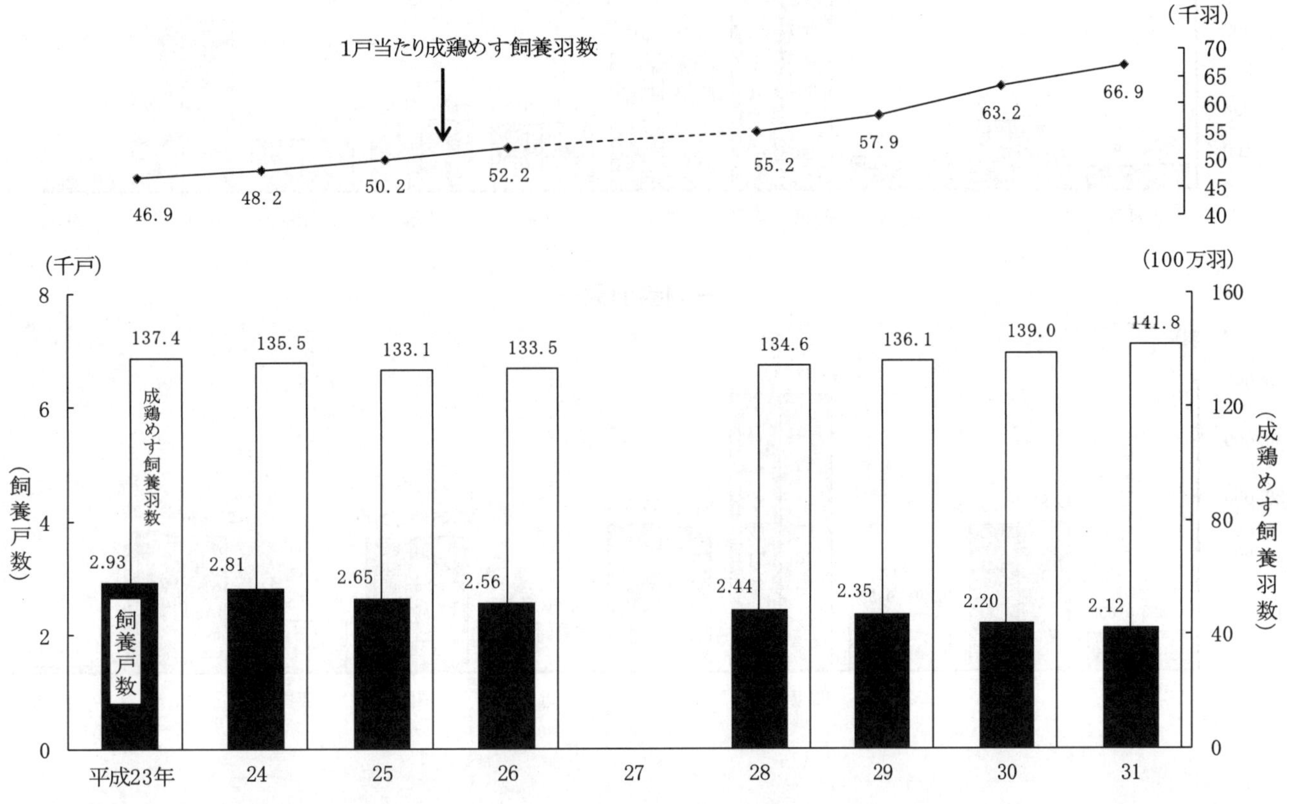

注：平成27年は2015年農林業センサス実施年のため、調査を休止した。

表13　採卵鶏の飼養戸数・羽数

区　　分	採卵鶏の飼養戸数	飼養羽数 計	採卵鶏（種鶏を除く。）	成鶏めす（６か月以上）	種鶏	１戸当たり成鶏めす飼養羽数
	戸	千羽	千羽	千羽	千羽	千羽
実　　数						
平成29年	2,350	178,900	176,366	136,101	2,534	57.9
30	2,200	184,350	181,950	139,036	2,400	63.2
31	**2,120**	**184,917**	**182,368**	**141,792**	**2,549**	**66.9**
対前年比						
31／30（%）	96.4	100.3	100.2	102.0	106.2	－
構成比						
平成29年（%）	－	100.0	98.6	76.1	1.4	－
30	－	100.0	98.7	75.4	1.3	－
31	**－**	**100.0**	**98.6**	**76.7**	**1.4**	**－**

注：採卵鶏の飼養戸数には、種鶏のみの飼養者及び成鶏めす1,000羽未満の飼養者を含まない。

(2) 採卵鶏の全国農業地域別飼養戸数・羽数

全国農業地域別にみると、採卵鶏の飼養戸数は、前年に比べ沖縄では増加したが、これ以外の地域では減少した。

飼養羽数は、前年に比べ東海、近畿及び九州で増加したが、これ以外の地域では減少した。

なお、地域別の飼養羽数割合は、関東・東山が全国の約３割を占めている。

図11 採卵鶏の全国農業地域別飼養戸数・羽数の前年比較

－飼養戸数－

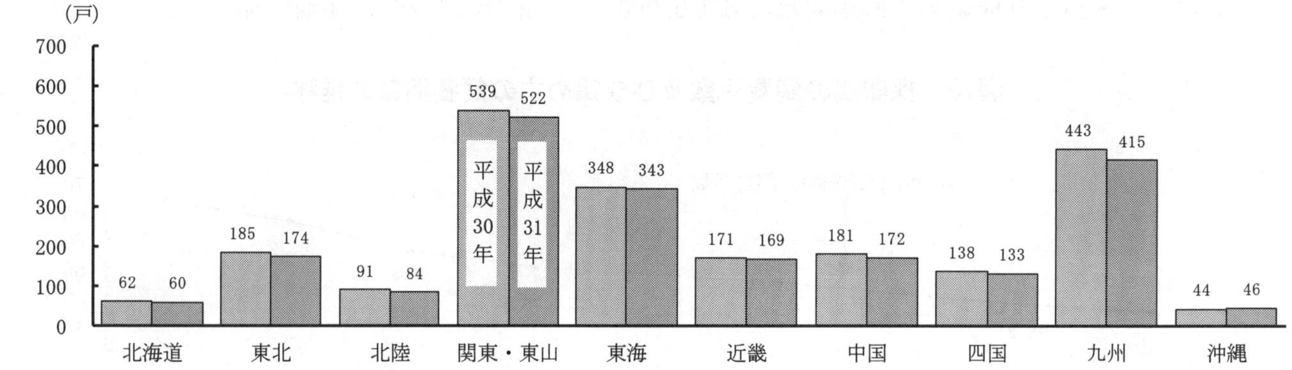

－飼養羽数－

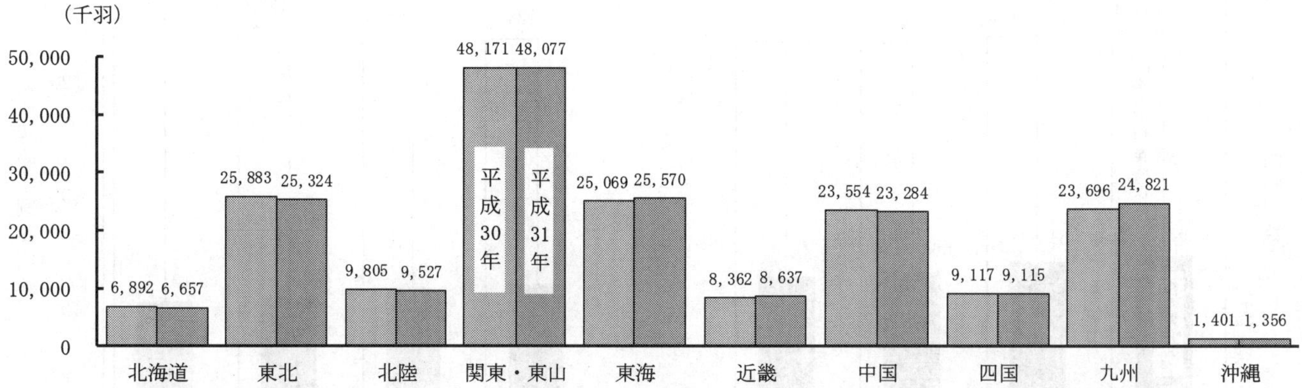

表14 採卵鶏の全国農業地域別飼養戸数・羽数

区分	単位	全国	北海道	東北	北陸	関東・東山	東海	近畿	中国	四国	九州	沖縄
飼養戸数												
実数 平成30年	戸	2,200	62	185	91	539	348	171	181	138	443	44
31	〃	**2,120**	**60**	**174**	**84**	**522**	**343**	**169**	**172**	**133**	**415**	**46**
対前年比 31／30	%	96.4	96.8	94.1	92.3	96.8	98.6	98.8	95.0	96.4	93.7	104.5
全国割合 平成30年	〃	100.0	2.8	8.4	4.1	24.5	15.8	7.8	8.2	6.3	20.1	2.0
31	〃	**100.0**	**2.8**	**8.2**	**4.0**	**24.6**	**16.2**	**8.0**	**8.1**	**6.3**	**19.6**	**2.2**
飼養羽数												
実数 平成30年	千羽	181,950	6,892	25,883	9,805	48,171	25,069	8,362	23,554	9,117	23,696	1,401
31	〃	**182,368**	**6,657**	**25,324**	**9,527**	**48,077**	**25,570**	**8,637**	**23,284**	**9,115**	**24,821**	**1,356**
対前年比 31／30	%	100.2	96.6	97.8	97.2	99.8	102.0	103.3	98.9	100.0	104.7	96.8
全国割合 平成30年	〃	100.0	3.8	14.2	5.4	26.5	13.8	4.6	12.9	5.0	13.0	0.8
31	〃	**100.0**	**3.7**	**13.9**	**5.2**	**26.4**	**14.0**	**4.7**	**12.8**	**5.0**	**13.6**	**0.7**

(3)　成鶏めす飼養羽数規模別飼養戸数・成鶏めす飼養羽数

成鶏めすの飼養羽数規模別（学校、試験場等の非営利的な飼養者を含まない。）にみると、飼養戸数は、前年に比べ50,000～99,999羽の階層で増加したが、これ以外の階層では減少した。

飼養羽数は、前年に比べ50,000～99,999羽及び100,000羽以上の階層で増加したが、これ以外の階層では減少した。

なお、成鶏めす飼養羽数規模別の飼養羽数割合は、100,000羽以上の階層が約８割を占めている。

図12　成鶏めすの飼養羽数規模別飼養戸数・成鶏めす飼養羽数の前年比較

－飼養戸数－

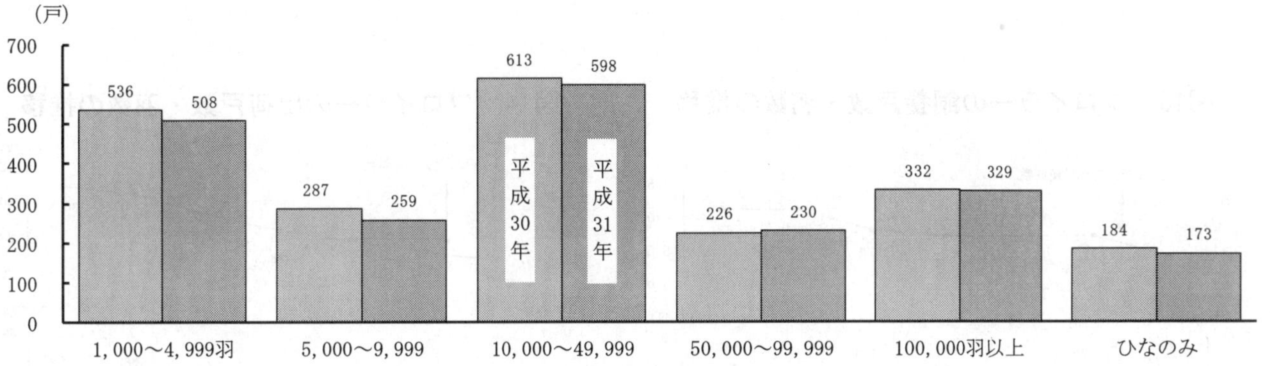

－成鶏めす飼養羽数－

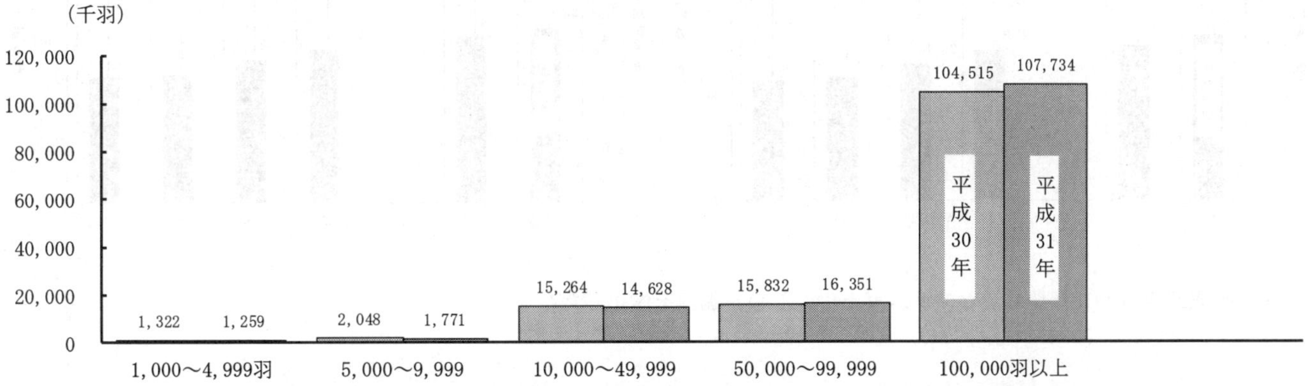

表15　成鶏めすの飼養羽数規模別飼養戸数・成鶏めす飼養羽数

区分		単位	計	成鶏めす飼養羽数規模					ひなのみ
				1,000～ 4,999羽	5,000～ 9,999	10,000～ 49,999	50,000～ 99,999	100,000羽 以上	
飼養戸数									
実数	平成30年	戸	2,180	536	287	613	226	332	184
	31	〃	**2,100**	**508**	**259**	**598**	**230**	**329**	**173**
対前年比	31／30	%	96.3	94.8	90.2	97.6	101.8	99.1	94.0
構成比	平成30年	〃	100.0	24.6	13.2	28.1	10.4	15.2	8.4
	31	〃	**100.0**	**24.2**	**12.3**	**28.5**	**11.0**	**15.7**	**8.2**
成鶏めす飼養羽数									
実数	平成30年	千羽	138,981	1,322	2,048	15,264	15,832	104,515	-
	31	〃	**141,743**	**1,259**	**1,771**	**14,628**	**16,351**	**107,734**	-
対前年比	31／30	%	102.0	95.2	86.5	95.8	103.3	103.1	-
構成比	平成30年	〃	100.0	1.0	1.5	11.0	11.4	75.2	-
	31	〃	**100.0**	**0.9**	**1.2**	**10.3**	**11.5**	**76.0**	**-**

注：1　飼養羽数規模別飼養戸数・成鶏めす飼養羽数には、学校、試験場等の非営利的な飼養者は含まない。
　　2　飼養羽数規模別飼養戸数・成鶏めす飼養羽数には、種鶏のみの飼養者は含まない。

5　ブロイラー

(1)　飼養戸数・羽数及び出荷戸数・羽数

平成31年の全国のブロイラーの飼養戸数は2,250戸で、廃業等により前年に比べ10戸（0.4%）減少した。

飼養羽数は１億3,822万8,000羽で、前年に比べ54万8,000羽（0.4%）減少した。

なお、１戸当たり飼養羽数は６万1,400羽で、前年並みであった。

また、出荷戸数は2,260戸で、廃業等により前年に比べ10戸（0.4%）減少した。

出荷羽数は６億9,533万5,000羽で、前年に比べ605万5,000羽（0.9%）増加した。

なお、１戸当たり出荷羽数は30万7,700羽で、前年に比べ4,100羽増加した。

図13　ブロイラーの飼養戸数・羽数の推移

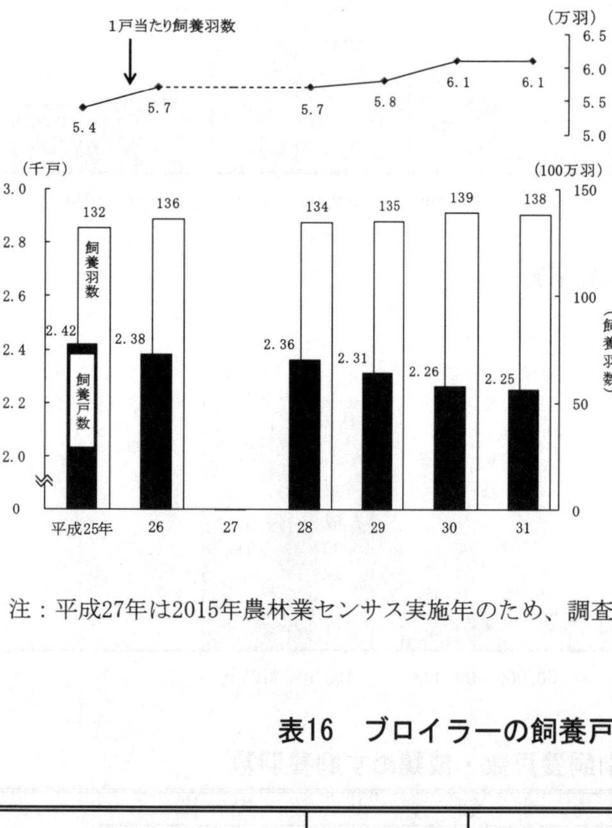

図14　ブロイラーの出荷戸数・羽数の推移

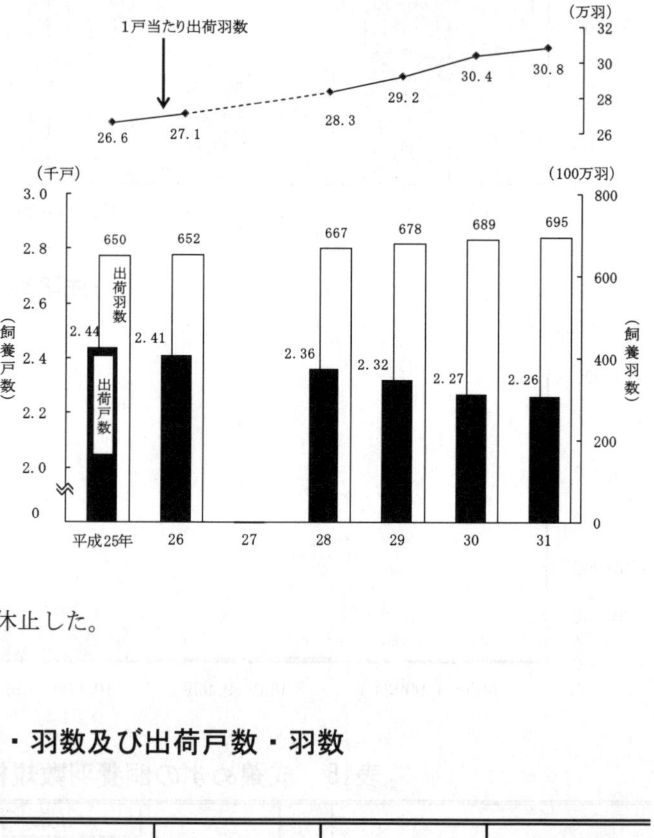

注：平成27年は2015年農林業センサス実施年のため、調査を休止した。

表16　ブロイラーの飼養戸数・羽数及び出荷戸数・羽数

区　　分	飼養戸数	飼養羽数	1戸当たり飼養羽数	出荷戸数	出荷羽数	1戸当たり出荷羽数
	戸	千羽	千羽	戸	千羽	千羽
実　　数						
平成29年	2,310	134,923	58.4	2,320	677,713	292.1
30	2,260	138,776	61.4	2,270	689,280	303.6
31	**2,250**	**138,228**	**61.4**	**2,260**	**695,335**	**307.7**
対 前 年 比						
31／30(%)	99.6	99.6	－	99.6	100.9	－

注：1　ブロイラーの飼養戸数・羽数及び出荷戸数・羽数には、ブロイラーの出荷羽数が年間3,000羽未満の飼養者を含まない。
　　2　2月1日現在で飼養のない場合でも、過去1年間に3,000羽以上の出荷があれば出荷戸数に含めている。

(2)　ブロイラーの全国農業地域別出荷戸数・羽数

全国農業地域別にみると、ブロイラーの出荷戸数は、前年に比べ九州で増加し、北海道は前年並みとなり、これ以外の地域では減少した。

出荷羽数は、前年に比べ北海道、東北、北陸及び関東・東山で減少したが、これ以外の地域では増加した。

なお、地域別の出荷羽数割合は、九州が全国の約５割を占めている。

図15　ブロイラーの全国農業地域別出荷戸数・羽数の前年比較

－出荷戸数－

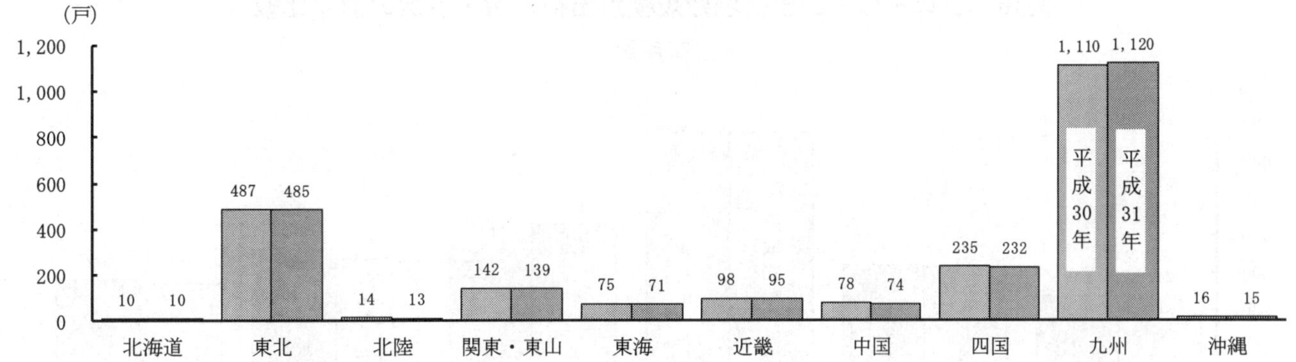

－出荷羽数－

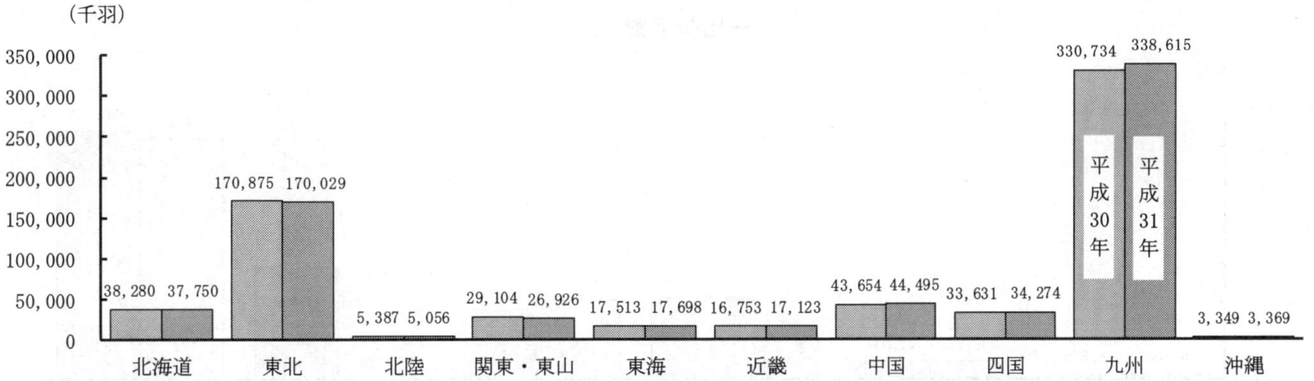

表17　ブロイラーの全国農業地域別出荷戸数・羽数

区　分	単位	全　国	北海道	東　北	北　陸	関東・東山	東　海	近　畿	中　国	四　国	九　州	沖　縄
出荷戸数												
実　数 平成30年	戸	2,270	10	487	14	142	75	98	78	235	1,110	16
31	〃	2,260	10	485	13	139	71	95	74	232	1,120	15
対前年比 31／30	%	99.6	100.0	99.6	92.9	97.9	94.7	96.9	94.9	98.7	100.9	93.8
全国割合 平成30年	〃	100.0	0.4	21.5	0.6	6.3	3.3	4.3	3.4	10.4	48.9	0.7
31	〃	100.0	0.4	21.5	0.6	6.2	3.1	4.2	3.3	10.3	49.6	0.7
出荷羽数												
実　数 平成30年	千羽	689,280	38,280	170,875	5,387	29,104	17,513	16,753	43,654	33,631	330,734	3,349
31	〃	695,335	37,750	170,029	5,056	26,926	17,698	17,123	44,495	34,274	338,615	3,369
対前年比 31／30	%	100.9	98.6	99.5	93.9	92.5	101.1	102.2	101.9	101.9	102.4	100.6
全国割合 平成30年	〃	100.0	5.6	24.8	0.8	4.2	2.5	2.4	6.3	4.9	48.0	0.5
31	〃	100.0	5.4	24.5	0.7	3.9	2.5	2.5	6.4	4.9	48.7	0.5

(3) ブロイラーの出荷羽数規模別出荷戸数・羽数

出荷羽数規模別（学校、試験場等の非営利的な飼養者を含まない。）にみると、ブロイラーの出荷戸数は、前年に比べ3,000～49,999羽及び200,000～299,999羽の階層で減少したが、これ以外の階層では増加した。

出荷羽数は、前年に比べ200,000～299,999羽の階層で減少したが、これ以外の階層では増加した。

なお、出荷羽数規模別の出荷羽数割合は、500,000羽以上の階層が約５割を占めている。

図16　ブロイラーの出荷羽数規模別出荷戸数・羽数の前年比較

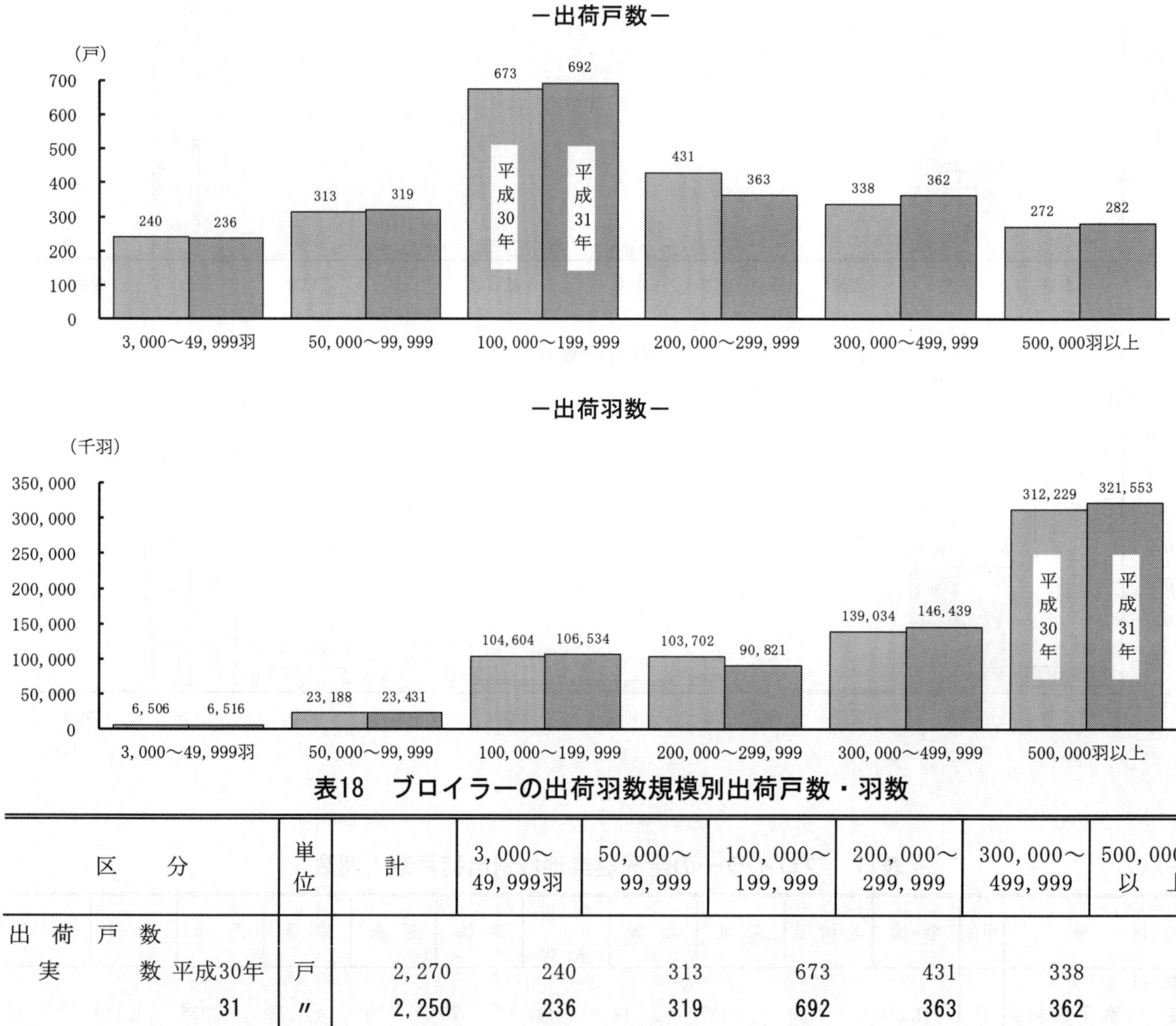

表18　ブロイラーの出荷羽数規模別出荷戸数・羽数

区　分		単位	計	3,000～49,999羽	50,000～99,999	100,000～199,999	200,000～299,999	300,000～499,999	500,000羽以上
出荷戸数									
実数	平成30年	戸	2,270	240	313	673	431	338	272
	31	〃	**2,250**	**236**	**319**	**692**	**363**	**362**	**282**
対前年比	31／30	%	99.1	98.3	101.9	102.8	84.2	107.1	103.7
構成比	平成30年	〃	100.0	10.6	13.8	29.6	19.0	14.9	12.0
	31	〃	**100.0**	**10.5**	**14.2**	**30.8**	**16.1**	**16.1**	**12.5**
出荷羽数									
実数	平成30年	千羽	689,263	6,506	23,188	104,604	103,702	139,034	312,229
	31	〃	**695,294**	**6,516**	**23,431**	**106,534**	**90,821**	**146,439**	**321,553**
対前年比	31／30	%	100.9	100.2	101.0	101.8	87.6	105.3	103.0
構成比	平成30年	〃	100.0	0.9	3.4	15.2	15.0	20.2	45.3
	31	〃	**100.0**	**0.9**	**3.4**	**15.3**	**13.1**	**21.1**	**46.2**

注：出荷羽数規模別出荷戸数・羽数には、学校、試験場等の非営利的な飼養者は含まない。

Ⅱ　統　計　表

１　乳用牛

（平成31年２月１日現在）

32 乳用牛

(1) 全国農業地域・都道府県別

ア 飼養戸数・頭数

全国農業地域・都道府県	飼養戸数	飼養頭数 合計 (3) + (8)	成畜(2歳以上) 計	経産牛 小計	経産牛 搾乳牛	経産牛 乾乳牛	未経産牛
	(1)	(2)	(3)	(4)	(5)	(6)	(7)
	戸	頭	頭	頭	頭	頭	頭
全国 (1)	15,000	1,332,000	900,500	839,200	729,500	109,700	61,300
(全国農業地域)							
北海道 (2)	5,970	801,000	502,600	464,500	399,500	65,000	38,100
都府県 (3)	9,070	530,600	397,900	374,700	330,000	44,700	23,200
東北 (4)	2,220	98,900	70,600	65,800	57,500	8,340	4,750
北陸 (5)	305	12,600	9,590	9,300	8,200	1,100	300
関東・東山 (6)	2,880	173,600	132,500	124,600	109,600	15,000	7,900
東海 (7)	651	49,000	37,900	37,300	33,000	4,290	670
近畿 (8)	456	24,400	18,900	18,000	16,000	2,040	870
中国 (9)	678	45,400	34,500	32,800	28,900	3,880	1,700
四国 (10)	341	17,100	13,600	12,900	11,400	1,470	720
九州 (11)	1,470	105,300	77,200	71,000	63,000	8,000	6,120
沖縄 (12)	64	4,230	3,250	3,040	2,520	520	210
(都道府県)							
北海道 (13)	5,970	801,000	502,600	464,500	399,500	65,000	38,100
青森 (14)	186	11,700	8,520	8,290	7,210	1,080	240
岩手 (15)	878	42,000	27,300	24,800	21,700	3,160	2,450
宮城 (16)	501	18,500	14,000	12,900	11,300	1,610	1,060
秋田 (17)	92	4,060	3,170	3,010	2,670	340	160
山形 (18)	237	11,200	8,890	8,360	7,230	1,130	530
福島 (19)	329	11,500	8,720	8,410	7,390	1,020	310
茨城 (20)	344	24,500	19,400	18,700	16,600	2,100	720
栃木 (21)	690	51,900	40,300	37,400	32,500	4,820	2,980
群馬 (22)	503	34,000	24,300	23,100	20,300	2,770	1,210
埼玉 (23)	188	8,440	6,560	6,130	5,400	730	440
千葉 (24)	561	29,400	23,200	21,800	19,200	2,570	1,460
東京 (25)	48	1,480	1,080	1,010	870	140	70
神奈川 (26)	185	5,430	4,290	4,130	3,610	520	160
新潟 (27)	192	6,370	5,000	4,860	4,270	590	140
富山 (28)	39	1,950	1,470	1,410	1,250	160	60
石川 (29)	52	3,190	2,410	2,360	2,090	260	50
福井 (30)	22	1,040	710	670	590	90	40
山梨 (31)	56	3,470	2,450	2,280	2,050	240	170
長野 (32)	303	14,900	10,900	10,100	8,990	1,160	710
岐阜 (33)	107	5,710	3,870	3,780	3,370	410	90
静岡 (34)	208	13,500	10,400	10,300	9,050	1,220	130
愛知 (35)	294	23,000	18,400	18,100	15,900	2,230	230
三重 (36)	42	6,830	5,290	5,070	4,640	430	220
滋賀 (37)	48	2,620	1,970	1,890	1,670	220	90
京都 (38)	50	3,590	2,780	2,720	2,450	270	60
大阪 (39)	26	1,240	1,090	1,060	940	120	30
兵庫 (40)	276	13,400	9,830	9,200	8,170	1,030	630
奈良 (41)	45	3,050	2,690	2,640	2,290	350	60
和歌山 (42)	11	570	500	490	440	50	10
鳥取 (43)	128	8,540	6,130	5,800	5,090	710	340
島根 (44)	102	10,100	8,150	7,720	6,770	950	430
岡山 (45)	246	15,800	12,000	11,500	10,100	1,400	480
広島 (46)	145	8,220	6,140	5,750	5,130	620	400
山口 (47)	57	2,770	2,060	2,000	1,800	210	60
徳島 (48)	97	4,140	3,390	3,190	2,790	400	200
香川 (49)	80	4,640	3,940	3,860	3,430	430	90
愛媛 (50)	106	5,030	3,720	3,430	3,070	360	290
高知 (51)	58	3,320	2,560	2,410	2,130	280	150
福岡 (52)	205	12,300	9,060	8,550	7,670	890	510
佐賀 (53)	43	2,240	1,730	1,640	1,430	210	80
長崎 (54)	148	7,160	5,810	5,410	4,810	600	400
熊本 (55)	537	43,700	31,200	28,700	25,500	3,190	2,450
大分 (56)	123	12,000	8,420	7,450	6,580	870	980
宮崎 (57)	234	13,700	10,000	9,400	8,340	1,060	610
鹿児島 (58)	183	14,300	11,000	9,890	8,700	1,190	1,090
沖縄 (59)	64	4,230	3,250	3,040	2,520	520	210
関東農政局 (60)	3,090	187,100	142,900	134,900	118,600	16,300	8,030
東海農政局 (61)	443	35,500	27,500	27,000	23,900	3,070	540
中国四国農政局 (62)	1,020	62,600	48,100	45,600	40,300	5,350	2,420

注：成畜（2歳以上）には、2歳未満の経産牛（分べん経験のある牛）を含む。

（め す）		経 産 牛 頭数割合	搾 乳 牛 頭数割合	2歳未満 頭数割合	1戸当たり 飼養頭数	対 前 年 比		
子 畜 （2歳未満の 未経産牛）	未経産牛計 (7) + (8)	(4) / (2)	(5) / (4)	(8) / (2)	(2) / (1)	飼 養 戸 数	飼 養 頭 数	
(8)	(9)	(10)	(11)	(12)	(13)	(14)	(15)	
頭	頭	%	%	%	頭	%	%	
431,100	492,400	63.0	86.9	32.4	88.8	95.5	100.3	(1)
298,400	336,400	58.0	86.0	37.3	134.2	97.2	101.3	(2)
132,700	155,900	70.6	88.1	25.0	58.5	95.1	98.8	(3)
28,400	33,100	66.5	87.4	28.7	44.5	94.5	99.7	(4)
2,960	3,260	73.8	88.2	23.5	41.3	95.3	96.2	(5)
41,100	49,000	71.8	88.0	23.7	60.3	94.4	98.7	(6)
11,100	11,700	76.1	88.5	22.7	75.3	95.2	97.0	(7)
5,570	6,430	73.8	88.9	22.8	53.5	94.4	97.6	(8)
11,000	12,700	72.2	88.1	24.2	67.0	95.8	100.9	(9)
3,520	4,240	75.4	88.4	20.6	50.1	96.1	96.1	(10)
28,200	34,300	67.4	88.7	26.8	71.6	96.7	98.9	(11)
980	1,190	71.9	82.9	23.2	66.1	92.8	101.0	(12)
298,400	336,400	58.0	86.0	37.3	134.2	97.2	101.3	(13)
3,170	3,400	70.9	87.0	27.1	62.9	99.5	103.5	(14)
14,700	17,100	59.0	87.5	35.0	47.8	93.9	100.2	(15)
4,580	5,640	69.7	87.6	24.8	36.9	94.7	97.9	(16)
880	1,040	74.1	88.7	21.7	44.1	94.8	94.9	(17)
2,300	2,840	74.6	86.5	20.5	47.3	93.7	103.7	(18)
2,800	3,110	73.1	87.9	24.3	35.0	94.0	95.8	(19)
5,080	5,790	76.3	88.8	20.7	71.2	95.3	102.9	(20)
11,600	14,600	72.1	86.9	22.4	75.2	95.2	100.0	(21)
9,740	11,000	67.9	87.9	28.6	67.6	96.4	97.7	(22)
1,880	2,320	72.6	88.1	22.3	44.9	92.6	94.2	(23)
6,190	7,650	74.1	88.1	21.1	52.4	91.8	97.0	(24)
400	470	68.2	86.1	27.0	30.8	94.1	97.4	(25)
1,140	1,290	76.1	87.4	21.0	29.4	94.9	94.4	(26)
1,370	1,510	76.3	87.9	21.5	33.2	96.0	94.9	(27)
480	550	72.3	88.7	24.6	50.0	92.9	96.5	(28)
780	830	74.0	88.6	24.5	61.3	96.3	96.7	(29)
330	370	64.4	88.1	31.7	47.3	91.7	97.2	(30)
1,030	1,190	65.7	89.9	29.7	62.0	93.3	99.1	(31)
4,030	4,750	67.8	89.0	27.0	49.2	95.0	97.4	(32)
1,840	1,930	66.2	89.2	32.2	53.4	90.7	96.0	(33)
3,090	3,220	76.3	87.9	22.9	64.9	97.7	100.0	(34)
4,600	4,830	78.7	87.8	20.0	78.2	95.8	94.3	(35)
1,530	1,760	74.2	91.5	22.4	162.6	91.3	101.8	(36)
640	730	72.1	88.4	24.4	54.6	94.1	94.9	(37)
810	870	75.8	90.1	22.6	71.8	90.9	97.0	(38)
150	180	85.5	88.7	12.1	47.7	92.9	96.9	(39)
3,530	4,160	68.7	88.8	26.3	48.6	95.2	99.3	(40)
360	420	86.6	86.7	11.8	67.8	93.8	98.1	(41)
70	80	86.0	89.8	12.3	51.8	100.0	93.4	(42)
2,410	2,740	67.9	87.8	28.2	66.7	97.0	108.2	(43)
1,920	2,360	76.4	87.7	19.0	99.0	91.9	101.0	(44)
3,870	4,360	72.8	87.8	24.5	64.2	98.4	98.1	(45)
2,080	2,470	70.0	89.2	25.3	56.7	94.8	99.3	(46)
710	770	72.2	90.0	25.6	48.6	91.9	100.7	(47)
750	950	77.1	87.5	18.1	42.7	97.0	91.6	(48)
690	780	83.2	88.9	14.9	58.0	97.6	99.1	(49)
1,310	1,600	68.2	89.5	26.0	47.5	97.2	98.8	(50)
760	910	72.6	88.4	22.9	57.2	90.6	95.7	(51)
3,210	3,720	69.5	89.7	26.1	60.0	96.2	97.6	(52)
520	600	73.2	87.2	23.2	52.1	95.6	94.1	(53)
1,350	1,750	75.6	88.9	18.9	48.4	94.9	93.1	(54)
12,500	15,000	65.7	88.9	28.6	81.4	96.6	102.1	(55)
3,570	4,550	62.1	88.3	29.8	97.6	97.6	95.2	(56)
3,690	4,300	68.6	88.7	26.9	58.5	97.1	100.7	(57)
3,320	4,400	69.2	88.0	23.2	78.1	97.9	96.6	(58)
980	1,190	71.9	82.9	23.2	66.1	92.8	101.0	(59)
44,200	52,200	72.1	87.9	23.6	60.6	94.8	98.8	(60)
7,970	8,510	76.1	88.5	22.5	80.1	94.1	95.9	(61)
14,500	16,900	72.8	88.4	23.2	61.4	96.2	99.7	(62)

34 乳用牛

(1) 全国農業地域・都道府県別（続き）

イ 成畜飼養頭数規模別の飼養戸数

単位：戸

全国農業地域・都道府県	計	成畜飼養頭数規模								子畜のみ
		小計	1～19頭	20～29	30～49	50～79	80～99	100頭以上	300頭以上	
全国	14,800	14,400	2,910	1,910	3,690	2,950	924	2,000	261	410
(全国農業地域)										
北海道	5,920	5,650	290	267	1,370	1,770	576	1,380	…	270
都府県	8,880	8,740	2,620	1,650	2,320	1,180	348	625	…	140
東北	2,190	2,150	904	422	476	218	54	74	…	44
北陸	294	294	96	70	70	46	6	6	…	−
関東・東山	2,820	2,780	797	549	765	367	109	197	…	38
東海	632	627	126	83	204	99	29	86	…	5
近畿	442	433	128	93	109	60	15	28	…	9
中国	658	647	205	106	180	76	23	57	…	11
四国	332	322	102	60	86	43	9	22	…	10
九州	1,450	1,420	255	255	416	250	98	148	…	23
沖縄	63	63	7	9	18	17	5	7	…	−
(都道府県)										
北海道	5,920	5,650	290	267	1,370	1,770	576	1,380	…	270
青森	182	180	37	33	60	28	9	13	…	2
岩手	873	853	372	148	187	104	21	21	…	20
宮城	494	492	218	110	109	38	8	9	…	2
秋田	91	91	26	21	28	10	3	3	…	−
山形	232	225	98	46	36	24	7	14	…	7
福島	320	307	153	64	56	14	6	14	…	13
茨城	335	333	103	63	86	40	13	28	…	2
栃木	679	679	185	99	176	106	49	64	…	−
群馬	497	492	132	94	144	69	15	38	…	5
埼玉	183	178	59	24	69	12	2	12	…	5
千葉	551	534	145	109	136	86	23	35	…	17
東京	45	44	16	16	8	4	−	−	−	1
神奈川	181	176	62	58	45	11	−	−	−	5
新潟	189	189	81	48	36	19	2	3	…	−
富山	36	36	4	7	13	12	−	−	−	−
石川	49	49	8	8	15	11	4	3	…	−
福井	20	20	3	7	6	4	−	−	−	−
山梨	53	53	5	12	21	8	1	6	…	−
長野	298	295	90	74	80	31	6	14	…	3
岐阜	102	101	30	18	32	15	3	3	…	1
静岡	204	201	51	29	66	21	5	29	…	3
愛知	287	286	37	28	99	59	18	45	…	1
三重	39	39	8	8	7	4	3	9	…	−
滋賀	46	45	11	9	15	5	1	4	…	1
京都	47	47	8	12	16	4	2	5	…	−
大阪	24	24	4	2	7	10	1	−	−	−
兵庫	270	264	91	60	59	30	10	14	…	6
奈良	44	43	8	8	11	11	1	4	…	1
和歌山	11	10	6	2	1	−	−	1	…	1
鳥取	125	120	34	20	29	17	4	16	…	5
島根	100	100	34	17	23	8	3	15	…	−
岡山	240	235	79	35	67	29	12	13	…	5
広島	140	140	41	24	48	15	2	10	…	−
山口	53	52	17	10	13	7	2	3	…	1
徳島	96	96	31	17	27	14	3	4	…	−
香川	77	70	19	12	19	13	−	7	…	7
愛媛	103	101	39	15	27	11	3	6	…	2
高知	56	55	13	16	13	5	3	5	…	1
福岡	202	200	33	37	68	35	14	13	…	2
佐賀	42	42	15	10	7	4	2	4	…	−
長崎	145	145	38	32	43	20	4	8	…	−
熊本	528	524	87	80	151	84	44	78	…	4
大分	121	114	18	18	25	29	11	13	…	7
宮崎	228	228	40	60	67	40	12	9	…	−
鹿児島	179	169	24	18	55	38	11	23	…	10
沖縄	63	63	7	9	18	17	5	7	…	−
関東農政局	3,030	2,990	848	578	831	388	114	226	…	41
東海農政局	428	426	75	54	138	78	24	57	…	2
中国四国農政局	990	969	307	166	266	119	32	79	…	21

注：1　この表には学校、試験場等の非営利的な飼養者は含まない（ウ、エ及びコの統計表において同じ。）。
　　2　「300頭以上」は、戸数が少なく都道府県別の推定ができないため、全国値のみ表記した（ウ、エの統計表において同じ。）。

ウ 成畜飼養頭数規模別の飼養頭数

単位：頭

全国農業地域・都道府県	計	成畜飼養頭数規模								子畜のみ
		小計	1～19頭	20～29	30～49	50～79	80～99	100頭以上	300頭以上	
全国	1,293,000	1,268,000	49,600	64,900	191,700	280,100	107,200	574,800	207,100	24,400
(全国農業地域)										
北海道	776,200	753,300	12,200	14,600	78,900	185,600	67,600	394,400	…	22,900
都府県	516,500	514,900	37,400	50,300	112,800	94,500	39,600	180,400	…	1,540
東北	96,300	96,200	12,700	13,100	23,400	17,500	6,690	22,800	…	180
北陸	11,400	11,400	970	1,910	3,190	3,510	580	1,300	…	-
関東・東山	169,200	169,000	11,400	16,600	36,200	28,700	11,500	64,400	…	220
東海	46,900	46,900	1,870	2,530	9,680	7,650	3,180	21,900	…	10
近畿	23,900	23,800	1,820	3,040	5,450	4,700	1,790	7,010	…	40
中国	44,400	44,200	3,110	3,330	8,770	6,230	2,670	20,100	…	200
四国	16,800	16,800	1,250	1,630	3,790	3,070	1,020	6,020	…	30
九州	103,700	102,900	4,120	7,870	21,400	21,900	11,700	35,900	…	860
沖縄	3,830	3,830	110	310	870	1,180	470	890	…	-
(都道府県)										
北海道	776,200	753,300	12,200	14,600	78,900	185,600	67,600	394,400	…	22,900
青森	10,900	10,900	320	1,060	2,370	1,830	1,150	4,180	…	x
岩手	41,100	41,000	5,690	4,490	9,380	8,760	2,840	9,890	…	80
宮城	18,200	18,200	3,100	3,490	5,710	3,190	940	1,790	…	x
秋田	4,010	4,010	370	650	1,360	850	280	500	…	-
山形	11,100	11,100	1,180	1,380	1,620	1,790	790	4,310	…	40
福島	10,900	10,900	2,080	1,980	2,910	1,100	690	2,140	…	30
茨城	23,900	23,900	1,580	2,060	3,860	3,260	1,410	11,700	…	x
栃木	50,700	50,700	2,780	2,870	8,270	7,990	4,960	23,900	…	-
群馬	33,700	33,700	1,350	3,040	7,080	6,020	1,850	14,300	…	20
埼玉	8,220	8,170	960	560	3,200	950	x	2,250	…	50
千葉	28,800	28,700	2,360	3,190	6,400	6,290	2,310	8,150	…	110
東京	1,420	1,420	230	510	350	330	-	-	-	x
神奈川	5,320	5,300	810	1,690	2,050	750	-	-	-	20
新潟	6,270	6,270	780	1,320	1,660	1,700	x	640	…	-
富山	1,660	1,660	80	180	600	800	-	-	-	-
石川	2,710	2,710	70	210	640	740	400	660	…	-
福井	810	810	40	200	300	270	-	-	-	-
山梨	3,140	3,140	40	340	940	590	x	1,140	…	-
長野	14,000	14,000	1,330	2,370	4,090	2,550	640	2,980	…	20
岐阜	4,820	4,820	440	540	1,520	1,260	400	650	…	x
静岡	12,900	12,900	770	840	3,240	1,750	630	5,690	…	0
愛知	22,400	22,400	550	920	4,630	4,270	1,840	10,200	…	x
三重	6,720	6,720	110	230	290	370	320	5,410	…	-
滋賀	2,550	2,550	150	260	780	410	x	850	…	x
京都	3,480	3,480	130	410	880	260	x	1,550	…	-
大阪	1,180	1,180	50	x	280	680	x	-	-	-
兵庫	13,100	13,100	1,260	2,000	2,970	2,590	1,250	2,990	…	30
奈良	2,990	2,990	140	250	490	760	x	1,250	…	x
和歌山	570	560	90	x	x	-	-	x	…	x
鳥取	8,430	8,310	430	650	1,450	1,460	480	3,860	…	120
島根	10,000	10,000	480	410	1,010	620	290	7,220	…	-
岡山	15,300	15,200	1,360	1,230	3,460	2,380	1,430	5,340	…	70
広島	8,070	8,070	580	740	2,200	1,220	x	3,090	…	-
山口	2,590	2,580	270	300	660	550	x	580	…	x
徳島	4,110	4,110	310	400	1,000	860	310	1,230	…	-
香川	4,600	4,580	270	330	890	870	-	2,220	…	10
愛媛	4,790	4,780	520	390	1,200	930	380	1,360	…	x
高知	3,310	3,310	150	510	690	410	330	1,210	…	x
福岡	12,100	12,100	580	1,220	3,800	2,840	1,660	2,000	…	x
佐賀	2,200	2,200	180	290	350	290	x	880	…	-
長崎	7,090	7,090	550	980	2,060	1,550	450	1,510	…	-
熊本	43,000	42,700	1,410	2,350	7,950	8,700	5,440	16,800	…	300
大分	12,000	11,500	250	430	1,050	2,550	1,170	6,030	…	480
宮崎	13,300	13,300	730	2,060	3,680	3,000	1,350	2,480	…	-
鹿児島	14,100	14,100	420	540	2,550	2,950	1,380	6,230	…	40
沖縄	3,830	3,830	110	310	870	1,180	470	890	…	-
関東農政局	182,100	181,900	12,200	17,500	39,500	30,500	12,100	70,100	…	220
東海農政局	34,000	34,000	1,100	1,690	6,450	5,900	2,560	16,300	…	x
中国四国農政局	61,200	61,000	4,350	4,960	12,600	9,310	3,690	26,100	…	240

注：この表の飼養頭数は、各階層の飼養者が飼っている全ての乳用牛（成畜及び子畜）の頭数である。

36 乳用牛

(1) 全国農業地域・都道府県別（続き）

エ 成畜飼養頭数規模別の成畜飼養頭数

単位：頭

全国農業地域・都道府県	計	成畜飼養頭数規模						
		1～19頭	20～29	30～49	50～79	80～99	100頭以上	300頭以上
全国	893,200	31,700	47,000	140,500	183,700	78,200	412,100	152,800
(全国農業地域)								
北海道	500,100	3,530	7,740	54,700	113,200	47,500	273,400	…
都府県	393,100	28,200	39,300	85,700	70,500	30,700	138,700	…
東北	69,600	9,380	9,920	17,200	13,000	4,730	15,400	…
北陸	9,370	830	1,630	2,530	2,770	530	1,090	…
関東・東山	130,800	8,600	13,200	28,100	21,600	9,360	50,000	…
東海	37,600	1,400	2,000	7,290	6,080	2,520	18,300	…
近畿	18,600	1,400	2,320	4,100	3,650	1,380	5,790	…
中国	34,000	2,430	2,610	6,590	4,600	2,090	15,700	…
四国	13,500	1,020	1,350	3,020	2,460	800	4,830	…
九州	76,400	3,070	6,040	16,100	15,500	8,900	26,800	…
沖縄	3,250	80	250	770	960	400	800	…
(都道府県)								
北海道	500,100	3,530	7,740	54,700	113,200	47,500	273,400	…
青森	8,410	250	780	1,840	1,480	850	3,210	…
岩手	26,900	3,930	3,300	6,740	6,270	1,790	4,830	…
宮城	13,900	2,330	2,710	4,190	2,350	700	1,580	…
秋田	3,140	310	490	1,010	600	240	490	…
山形	8,840	930	1,090	1,360	1,410	620	3,430	…
福島	8,510	1,640	1,550	2,100	850	510	1,870	…
茨城	19,100	1,230	1,370	3,050	2,400	1,110	9,880	…
栃木	40,000	2,100	2,490	6,440	6,100	4,200	18,700	…
群馬	24,100	1,060	2,310	5,400	4,270	1,370	9,730	…
埼玉	6,500	760	510	2,440	770	x	1,840	…
千葉	23,000	1,690	2,680	5,000	4,830	1,910	6,890	…
東京	1,040	190	370	260	220	−	−	−
神奈川	4,220	600	1,330	1,650	630	−	−	−
新潟	4,950	680	1,100	1,300	1,260	x	440	…
富山	1,360	60	160	480	650	−	−	−
石川	2,390	70	190	520	620	360	650	…
福井	670	30	170	230	240	−	−	−
山梨	2,340	30	260	740	480	x	750	…
長野	10,500	940	1,850	3,100	1,860	510	2,210	…
岐阜	3,780	340	440	1,230	930	280	550	…
静岡	10,300	650	650	2,260	1,440	470	4,850	…
愛知	18,200	330	710	3,550	3,470	1,490	8,690	…
三重	5,250	90	200	250	240	280	4,200	…
滋賀	1,960	130	210	570	300	x	670	…
京都	2,730	100	310	620	230	x	1,280	…
大阪	1,080	50	x	270	610	x	−	−
兵庫	9,670	930	1,480	2,190	1,830	920	2,320	…
奈良	2,690	120	220	420	680	x	1,170	…
和歌山	500	70	x	x	−	−	x	…
鳥取	6,070	310	490	1,100	1,110	360	2,690	…
島根	8,120	360	370	800	470	270	5,840	…
岡山	11,700	1,100	940	2,550	1,710	1,090	4,360	…
広島	6,070	440	570	1,630	890	x	2,350	…
山口	2,020	220	240	520	420	x	440	…
徳島	3,360	280	350	850	710	240	930	…
香川	3,910	200	280	720	790	−	1,920	…
愛媛	3,660	420	320	930	690	280	1,030	…
高知	2,550	120	410	510	280	280	960	…
福岡	9,030	430	920	2,730	2,140	1,240	1,570	…
佐賀	1,700	150	230	240	200	x	710	…
長崎	5,760	460	820	1,640	1,230	360	1,260	…
熊本	31,000	1,040	1,830	6,080	5,780	4,040	12,200	…
大分	8,400	200	380	790	1,770	990	4,270	…
宮崎	9,740	510	1,450	2,570	2,180	1,110	1,930	…
鹿児島	10,800	290	410	2,070	2,170	990	4,910	…
沖縄	3,250	80	250	770	960	400	800	…
関東農政局	141,100	9,250	13,800	30,300	23,000	9,820	54,800	…
東海農政局	27,300	760	1,350	5,030	4,640	2,050	13,400	…
中国四国農政局	47,500	3,450	3,960	9,610	7,070	2,890	20,500	…

オ　年齢別飼養頭数

単位：頭

全国農業地域・都道府県	計	１歳未満	１歳	２歳	３～８歳	９歳以上
全国	1,332,000	244,300	224,600	217,200	615,000	30,500
(全国農業地域)						
北海道	801,000	171,300	160,500	126,900	327,000	15,300
都府県	530,600	73,000	64,100	90,400	288,000	15,200
東北	98,900	14,700	13,900	16,200	51,200	2,940
北陸	12,600	1,720	1,280	1,780	7,300	470
関東・東山	173,600	24,800	19,200	30,400	94,500	4,660
東海	49,000	5,870	5,190	9,120	27,700	1,110
近畿	24,400	3,130	2,440	4,230	13,900	770
中国	45,400	6,110	6,150	8,240	23,800	1,130
四国	17,100	1,870	1,650	2,830	9,940	830
九州	105,300	14,400	13,800	16,900	57,100	3,160
沖縄	4,230	440	540	680	2,430	150
(都道府県)						
北海道	801,000	171,300	160,500	126,900	327,000	15,300
青森	11,700	1,640	1,520	2,460	5,890	180
岩手	42,000	7,340	7,320	6,830	19,600	870
宮城	18,500	2,470	2,310	2,750	10,500	550
秋田	4,060	450	430	660	2,370	140
山形	11,200	1,040	1,270	1,880	6,320	690
福島	11,500	1,780	1,010	1,590	6,610	520
茨城	24,500	2,910	2,170	5,360	13,500	630
栃木	51,900	7,850	5,510	9,160	28,100	1,330
群馬	34,000	5,750	3,990	5,700	17,800	810
埼玉	8,440	1,010	1,100	1,230	4,790	320
千葉	29,400	3,780	3,280	4,990	16,600	820
東京	1,480	250	150	240	800	40
神奈川	5,430	660	480	840	3,230	220
新潟	6,370	930	480	910	3,800	250
富山	1,950	270	220	260	1,130	80
石川	3,190	370	410	440	1,850	110
福井	1,040	150	180	170	510	30
山梨	3,470	520	510	560	1,770	110
長野	14,900	2,040	2,000	2,360	8,120	380
岐阜	5,710	920	920	910	2,840	120
静岡	13,500	1,540	1,550	2,300	7,710	390
愛知	23,000	2,710	1,890	4,360	13,500	530
三重	6,830	700	830	1,550	3,670	80
滋賀	2,620	350	290	480	1,450	50
京都	3,590	490	320	660	2,050	60
大阪	1,240	100	50	160	860	70
兵庫	13,400	1,980	1,540	2,270	7,110	450
奈良	3,050	160	200	550	2,030	120
和歌山	570	40	30	110	360	20
鳥取	8,540	1,570	840	1,900	4,110	120
島根	10,100	720	1,880	1,760	5,480	240
岡山	15,800	2,180	1,980	2,790	8,470	430
広島	8,220	1,230	1,150	1,380	4,260	200
山口	2,770	410	300	420	1,510	130
徳島	4,140	360	400	580	2,510	300
香川	4,640	340	350	830	2,890	220
愛媛	5,030	810	500	820	2,710	180
高知	3,320	360	400	590	1,840	130
福岡	12,300	1,700	1,510	1,780	6,870	410
佐賀	2,240	290	230	360	1,260	110
長崎	7,160	590	760	1,000	4,490	330
熊本	43,700	6,340	6,170	7,340	22,800	1,060
大分	12,000	1,460	2,120	1,880	6,180	360
宮崎	13,700	2,240	1,450	2,050	7,410	550
鹿児島	14,300	1,740	1,580	2,450	8,180	350
沖縄	4,230	440	540	680	2,430	150
関東農政局	187,100	26,300	20,700	32,700	102,300	5,050
東海農政局	35,500	4,330	3,640	6,820	20,000	720
中国四国農政局	62,600	7,980	7,800	11,100	33,800	1,960

38 乳用牛

(1) 全国農業地域・都道府県別（続き）

カ 月別経産牛頭数

全国農業地域・都道府県		平成30年 3月	4	5	6	7	8
全国	(1)	836,700	832,200	833,400	834,500	834,200	833,400
(全国農業地域)							
北海道	(2)	458,100	453,600	455,200	456,800	457,600	458,600
都府県	(3)	378,600	378,600	378,200	377,600	376,600	374,700
東北	(4)	64,800	64,700	64,700	64,700	64,900	64,500
北陸	(5)	9,440	9,420	9,410	9,380	9,430	9,350
関東・東山	(6)	125,100	125,100	125,000	124,800	124,400	123,500
東海	(7)	38,800	38,900	38,900	38,800	38,500	38,200
近畿	(8)	19,000	18,900	18,800	18,600	18,500	18,600
中国	(9)	33,200	33,300	33,300	33,100	33,000	32,900
四国	(10)	12,900	12,900	12,900	13,000	13,000	12,900
九州	(11)	72,100	72,100	71,900	72,000	71,600	71,400
沖縄	(12)	3,320	3,360	3,340	3,330	3,300	3,260
(都道府県)							
北海道	(13)	458,100	453,600	455,200	456,800	457,600	458,600
青森	(14)	7,780	7,820	7,890	7,890	7,970	7,900
岩手	(15)	24,900	25,000	24,900	25,000	25,000	24,800
宮城	(16)	12,700	12,600	12,500	12,400	12,500	12,500
秋田	(17)	2,660	2,700	2,770	2,800	2,820	2,810
山形	(18)	7,950	7,920	7,910	7,960	7,930	7,890
福島	(19)	8,770	8,710	8,720	8,640	8,660	8,630
茨城	(20)	17,400	17,400	17,500	17,700	17,900	17,900
栃木	(21)	38,100	38,200	38,000	37,800	37,600	37,400
群馬	(22)	23,100	23,000	23,100	23,100	22,900	22,600
埼玉	(23)	6,380	6,350	6,350	6,300	6,190	6,140
千葉	(24)	22,200	22,200	22,200	22,100	22,100	21,900
東京	(25)	990	1,000	1,010	1,000	1,000	1,010
神奈川	(26)	4,230	4,210	4,180	4,170	4,140	4,050
新潟	(27)	4,960	4,940	4,930	4,900	4,940	4,890
富山	(28)	1,430	1,420	1,420	1,410	1,400	1,400
石川	(29)	2,380	2,390	2,400	2,400	2,410	2,380
福井	(30)	670	670	670	680	680	690
山梨	(31)	2,300	2,300	2,300	2,290	2,290	2,280
長野	(32)	10,400	10,400	10,300	10,300	10,300	10,300
岐阜	(33)	3,850	3,840	3,820	3,820	3,790	3,770
静岡	(34)	10,600	10,600	10,600	10,600	10,600	10,500
愛知	(35)	19,200	19,200	19,200	19,100	18,800	18,700
三重	(36)	5,170	5,170	5,190	5,240	5,290	5,260
滋賀	(37)	2,070	2,060	2,070	2,040	2,010	1,980
京都	(38)	2,910	2,890	2,880	2,900	2,880	2,860
大阪	(39)	1,090	1,090	1,090	1,050	1,050	1,040
兵庫	(40)	9,610	9,560	9,450	9,340	9,290	9,470
奈良	(41)	2,840	2,800	2,790	2,770	2,770	2,750
和歌山	(42)	510	520	520	520	530	530
鳥取	(43)	5,540	5,530	5,510	5,470	5,520	5,490
島根	(44)	8,310	8,300	8,280	8,180	8,070	8,010
岡山	(45)	11,600	11,700	11,700	11,600	11,600	11,600
広島	(46)	5,810	5,840	5,790	5,810	5,840	5,820
山口	(47)	1,970	1,970	1,960	1,970	1,960	1,960
徳島	(48)	3,190	3,180	3,160	3,150	3,140	3,110
香川	(49)	3,980	3,980	3,990	4,040	4,070	4,060
愛媛	(50)	3,420	3,430	3,450	3,460	3,450	3,430
高知	(51)	2,300	2,320	2,330	2,340	2,340	2,340
福岡	(52)	8,930	8,910	8,930	8,920	8,870	8,760
佐賀	(53)	1,890	1,880	1,810	1,790	1,770	1,760
長崎	(54)	6,020	5,970	5,870	5,880	5,790	5,710
熊本	(55)	28,000	28,200	28,200	28,300	28,100	28,200
大分	(56)	7,970	7,950	7,920	7,900	7,850	7,710
宮崎	(57)	9,380	9,300	9,420	9,410	9,330	9,430
鹿児島	(58)	9,890	9,850	9,800	9,850	9,880	9,820
沖縄	(59)	3,320	3,360	3,340	3,330	3,300	3,260
関東農政局	(60)	135,700	135,700	135,600	135,400	135,000	134,000
東海農政局	(61)	28,200	28,200	28,200	28,200	27,900	27,700
中国四国農政局	(62)	46,100	46,200	46,200	46,000	46,000	45,800

注：「月別経産牛頭数」は、各月の１日現在における経産牛頭数である。

単位：頭

9	10	11	12	平成31年 1月	2	
832,600	834,000	834,600	834,700	838,100	839,200	(1)
459,200	461,300	462,200	462,400	464,800	464,500	(2)
373,400	372,700	372,400	372,200	373,300	374,700	(3)
64,600	64,500	64,600	64,600	65,000	65,800	(4)
9,320	9,310	9,260	9,270	9,250	9,300	(5)
123,200	123,100	123,100	123,100	123,700	124,600	(6)
38,000	37,800	37,600	37,500	37,500	37,300	(7)
18,300	18,400	18,300	18,300	18,300	18,000	(8)
32,800	32,700	32,600	32,500	32,600	32,800	(9)
13,000	12,900	12,900	12,800	12,800	12,900	(10)
71,000	70,800	70,800	70,800	71,000	71,000	(11)
3,210	3,210	3,240	3,230	3,210	3,040	(12)
459,200	461,300	462,200	462,400	464,800	464,500	(13)
7,860	7,810	7,900	7,880	7,980	8,290	(14)
24,900	24,800	24,700	24,700	24,800	24,800	(15)
12,500	12,500	12,400	12,400	12,500	12,900	(16)
2,810	2,870	2,880	2,940	3,010	3,010	(17)
7,930	8,000	8,200	8,250	8,280	8,360	(18)
8,560	8,560	8,530	8,450	8,480	8,410	(19)
18,000	18,200	18,300	18,500	18,600	18,700	(20)
37,000	36,800	36,800	36,800	36,900	37,400	(21)
22,700	22,700	22,700	22,700	23,000	23,100	(22)
6,080	6,040	6,020	5,970	6,040	6,130	(23)
21,900	21,800	21,800	21,800	21,800	21,800	(24)
1,000	990	980	980	980	1,010	(25)
4,000	4,010	3,990	4,000	4,030	4,130	(26)
4,840	4,810	4,770	4,790	4,760	4,860	(27)
1,400	1,410	1,420	1,400	1,410	1,410	(28)
2,390	2,400	2,400	2,410	2,410	2,360	(29)
690	680	670	670	670	670	(30)
2,290	2,290	2,270	2,250	2,230	2,280	(31)
10,300	10,200	10,300	10,100	10,100	10,100	(32)
3,790	3,750	3,700	3,700	3,740	3,780	(33)
10,500	10,400	10,400	10,400	10,300	10,300	(34)
18,500	18,500	18,300	18,200	18,200	18,100	(35)
5,210	5,220	5,210	5,220	5,230	5,070	(36)
1,960	1,930	1,930	1,910	1,890	1,890	(37)
2,830	2,830	2,820	2,820	2,810	2,720	(38)
990	1,020	1,040	1,050	1,060	1,060	(39)
9,300	9,330	9,210	9,250	9,280	9,200	(40)
2,730	2,780	2,780	2,780	2,800	2,640	(41)
530	520	510	500	500	490	(42)
5,520	5,560	5,580	5,560	5,530	5,800	(43)
7,950	7,880	7,810	7,760	7,800	7,720	(44)
11,600	11,500	11,500	11,500	11,500	11,500	(45)
5,770	5,760	5,760	5,790	5,780	5,750	(46)
1,980	1,950	1,960	1,950	1,950	2,000	(47)
3,090	3,040	3,040	3,010	3,000	3,190	(48)
4,120	4,140	4,100	4,090	4,090	3,860	(49)
3,410	3,390	3,400	3,380	3,400	3,430	(50)
2,340	2,350	2,390	2,360	2,360	2,410	(51)
8,690	8,660	8,640	8,590	8,630	8,550	(52)
1,740	1,750	1,750	1,750	1,730	1,640	(53)
5,620	5,550	5,580	5,540	5,470	5,410	(54)
28,200	28,100	28,200	28,400	28,600	28,700	(55)
7,650	7,610	7,560	7,510	7,470	7,450	(56)
9,440	9,380	9,440	9,460	9,440	9,400	(57)
9,690	9,680	9,620	9,620	9,680	9,890	(58)
3,210	3,210	3,240	3,230	3,210	3,040	(59)
133,700	133,500	133,500	133,400	134,100	134,900	(60)
27,500	27,400	27,200	27,100	27,100	27,000	(61)
45,700	45,600	45,500	45,400	45,400	45,600	(62)

40 乳 用 牛

(1) 全国農業地域・都道府県別（続き）

キ 月別出生頭数（乳用種めす）

全国農業地域・都道府県		計	平成30年 2月	3	4	5	6
全国	(1)	265,800	19,300	22,200	19,800	20,800	22,700
(全国農業地域)							
北海道	(2)	181,400	12,500	15,200	14,500	15,600	16,100
都府県	(3)	84,400	6,730	7,010	5,350	5,190	6,580
東北	(4)	17,000	1,310	1,340	1,180	1,240	1,510
北陸	(5)	1,960	140	160	140	110	140
関東・東山	(6)	28,200	2,240	2,320	1,970	1,900	2,300
東海	(7)	7,500	610	650	490	470	580
近畿	(8)	4,200	300	290	240	230	340
中国	(9)	7,460	580	700	420	400	560
四国	(10)	2,200	160	160	110	110	180
九州	(11)	15,400	1,320	1,310	780	720	940
沖縄	(12)	470	70	60	30	10	30
(都道府県)							
北海道	(13)	181,400	12,500	15,200	14,500	15,600	16,100
青森	(14)	1,990	150	150	150	150	170
岩手	(15)	7,990	600	620	560	600	730
宮城	(16)	2,980	240	250	220	230	240
秋田	(17)	580	50	50	40	30	60
山形	(18)	1,220	110	90	70	90	90
福島	(19)	2,250	180	190	140	120	210
茨城	(20)	3,940	340	340	230	230	310
栃木	(21)	8,190	580	680	570	610	710
群馬	(22)	5,930	480	460	440	390	460
埼玉	(23)	1,170	100	110	90	70	110
千葉	(24)	4,910	400	390	330	290	350
東京	(25)	310	30	20	20	20	30
神奈川	(26)	860	90	80	70	50	60
新潟	(27)	1,080	70	100	80	70	70
富山	(28)	280	20	30	20	10	20
石川	(29)	410	30	20	30	20	30
福井	(30)	190	20	20	10	10	20
山梨	(31)	580	50	50	50	50	70
長野	(32)	2,330	190	200	180	200	210
岐阜	(33)	1,040	60	80	60	70	100
静岡	(34)	1,860	150	150	130	130	120
愛知	(35)	3,630	320	340	230	200	270
三重	(36)	960	70	80	60	80	90
滋賀	(37)	500	40	40	30	30	50
京都	(38)	660	50	50	30	40	50
大阪	(39)	140	10	10	10	10	10
兵庫	(40)	2,650	180	180	160	130	210
奈良	(41)	210	20	10	10	10	10
和歌山	(42)	40	0	0	0	10	0
鳥取	(43)	2,020	130	150	100	120	180
島根	(44)	1,300	100	100	80	60	100
岡山	(45)	2,420	210	270	140	120	150
広島	(46)	1,230	100	150	80	70	100
山口	(47)	480	30	30	30	30	40
徳島	(48)	400	40	40	20	20	30
香川	(49)	380	30	20	30	10	20
愛媛	(50)	980	60	60	50	60	90
高知	(51)	440	40	40	20	30	40
福岡	(52)	1,750	150	140	80	80	120
佐賀	(53)	420	30	20	10	10	30
長崎	(54)	660	50	40	30	30	50
熊本	(55)	7,010	620	630	390	330	430
大分	(56)	1,470	150	160	90	70	90
宮崎	(57)	1,990	160	160	90	100	100
鹿児島	(58)	2,070	150	150	80	110	110
沖縄	(59)	470	70	60	30	10	30
関東農政局	(60)	30,100	2,400	2,480	2,100	2,020	2,420
東海農政局	(61)	5,630	450	500	360	350	460
中国四国農政局	(62)	9,660	750	860	530	510	740

注： 平成31年の乳用牛調査票から乳用向けめす出生頭数の調査項目を廃止し、新しく牛個体識別全国データベースのデータにより乳用種めす出生頭数を把握した。このため、平成30年１月までの乳用向けめす出生頭数と、平成30年２月以降の乳用種めす出生頭数の数値は接続しないので、利用に当たっては十分留意されたい。

単位：頭

7	8	9	10	11	12	平成31年 1月	
25,000	24,800	23,500	23,000	21,800	22,000	20,800	(1)
16,900	16,600	15,500	15,200	14,200	14,600	14,500	(2)
8,120	8,210	7,960	7,850	7,580	7,470	6,350	(3)
1,730	1,620	1,470	1,480	1,440	1,460	1,260	(4)
180	180	220	190	180	170	150	(5)
2,610	2,670	2,590	2,610	2,520	2,470	2,020	(6)
730	700	680	680	690	640	570	(7)
440	420	440	360	390	390	360	(8)
730	760	730	670	620	680	630	(9)
220	240	210	220	220	230	130	(10)
1,450	1,600	1,580	1,590	1,480	1,390	1,210	(11)
30	30	40	50	50	40	20	(12)
16,900	16,600	15,500	15,200	14,200	14,600	14,500	(13)
230	170	210	190	170	160	110	(14)
780	800	660	690	670	670	600	(15)
290	280	280	250	240	250	230	(16)
70	50	50	50	40	50	50	(17)
130	120	90	110	130	100	100	(18)
240	210	180	190	190	230	170	(19)
400	390	380	420	380	340	190	(20)
760	790	760	780	710	690	570	(21)
540	520	540	550	550	520	500	(22)
100	100	110	110	100	110	80	(23)
430	480	470	430	460	490	400	(24)
30	30	30	20	40	30	20	(25)
70	70	90	80	60	90	50	(26)
90	90	130	110	100	100	80	(27)
20	40	30	20	20	30	30	(28)
40	40	40	40	40	40	40	(29)
30	10	20	20	10	10	20	(30)
50	50	40	50	50	40	50	(31)
240	250	180	180	180	170	160	(32)
110	90	110	100	100	90	80	(33)
200	160	170	170	180	180	120	(34)
330	330	310	360	340	300	300	(35)
100	110	90	60	70	80	80	(36)
50	50	40	40	40	40	50	(37)
80	70	80	70	50	50	50	(38)
20	10	20	10	10	20	10	(39)
280	280	260	220	250	270	240	(40)
20	10	30	20	30	20	20	(41)
0	0	0	0	10	0	-	(42)
200	230	190	190	170	200	160	(43)
150	130	140	100	110	110	120	(44)
220	240	240	220	210	190	210	(45)
120	110	110	110	80	120	100	(46)
40	50	50	50	50	50	40	(47)
40	30	40	50	40	40	10	(48)
40	50	40	40	30	50	30	(49)
110	120	90	80	120	90	50	(50)
30	30	50	40	30	60	40	(51)
180	170	170	190	160	140	160	(52)
50	50	40	60	50	40	30	(53)
70	70	80	80	60	60	50	(54)
610	680	670	710	680	660	600	(55)
130	160	140	130	110	120	110	(56)
200	230	240	200	200	180	140	(57)
220	230	240	220	220	190	130	(58)
30	30	40	50	50	40	20	(59)
2,810	2,830	2,760	2,780	2,700	2,650	2,140	(60)
530	530	510	510	510	460	460	(61)
950	1,000	940	890	830	910	760	(62)

42 乳 用 牛

(1) 全国農業地域・都道府県別（続き）

ク 月別出生頭数（乳用種おす）

全国農業地域・都道府県	計	平成30年 2月	3	4	5	6
全国 (1)	186,100	13,400	15,500	13,500	14,500	15,500
(全国農業地域)						
北海道 (2)	133,300	9,340	11,200	10,300	11,500	11,700
都府県 (3)	52,700	4,080	4,340	3,170	2,960	3,800
東北 (4)	10,600	780	840	760	820	860
北陸 (5)	1,140	90	100	70	60	80
関東・東山 (6)	18,900	1,430	1,540	1,190	1,120	1,460
東海 (7)	3,440	270	280	220	160	240
近畿 (8)	2,280	170	170	100	130	140
中国 (9)	5,000	380	430	270	240	350
四国 (10)	1,600	110	130	100	70	100
九州 (11)	9,610	850	830	450	370	560
沖縄 (12)	160	20	10	10	0	10
(都道府県)						
北海道 (13)	133,300	9,340	11,200	10,300	11,500	11,700
青森 (14)	1,890	110	130	150	150	120
岩手 (15)	4,590	350	370	360	360	410
宮城 (16)	1,710	130	140	100	120	130
秋田 (17)	430	40	30	30	30	40
山形 (18)	660	50	70	30	40	60
福島 (19)	1,310	110	110	90	120	120
茨城 (20)	2,650	230	220	140	140	180
栃木 (21)	6,240	460	460	340	370	550
群馬 (22)	3,940	280	330	280	230	300
埼玉 (23)	710	60	60	40	50	30
千葉 (24)	3,340	230	290	240	180	230
東京 (25)	160	10	10	10	10	10
神奈川 (26)	430	40	50	20	20	30
新潟 (27)	750	50	70	50	50	50
富山 (28)	130	10	20	0	10	10
石川 (29)	160	10	10	20	10	10
福井 (30)	100	10	10	0	0	10
山梨 (31)	270	10	20	20	30	30
長野 (32)	1,200	110	100	110	80	90
岐阜 (33)	410	40	40	20	20	30
静岡 (34)	1,030	80	80	70	60	80
愛知 (35)	1,750	140	150	120	70	120
三重 (36)	250	10	20	10	10	20
滋賀 (37)	180	10	20	10	10	10
京都 (38)	220	30	10	10	10	10
大阪 (39)	80	-	0	0	10	10
兵庫 (40)	1,670	130	110	70	90	110
奈良 (41)	120	10	10	20	0	10
和歌山 (42)	10	-	0	-	0	-
鳥取 (43)	1,420	100	130	70	80	100
島根 (44)	950	80	80	40	50	60
岡山 (45)	1,490	120	110	100	50	100
広島 (46)	830	50	80	50	50	70
山口 (47)	320	20	30	20	10	30
徳島 (48)	220	10	30	10	10	10
香川 (49)	290	30	20	20	10	20
愛媛 (50)	760	50	50	30	40	50
高知 (51)	330	20	20	30	30	20
福岡 (52)	1,100	80	80	50	40	60
佐賀 (53)	200	20	20	0	10	10
長崎 (54)	450	40	50	20	20	30
熊本 (55)	4,370	400	390	220	170	250
大分 (56)	1,110	90	100	60	50	70
宮崎 (57)	1,070	100	90	50	40	60
鹿児島 (58)	1,310	110	100	50	40	90
沖縄 (59)	160	20	10	10	0	10
関東農政局 (60)	20,000	1,500	1,620	1,260	1,180	1,530
東海農政局 (61)	2,410	190	200	150	100	160
中国四国農政局 (62)	6,600	490	560	370	310	450

単位：頭

7	8	9	10	11	12	平成31年 1月	
17,500	17,600	16,900	16,200	15,400	15,800	14,200	(1)
12,600	12,400	11,700	11,000	10,500	10,900	10,300	(2)
4,980	5,210	5,170	5,290	4,880	4,920	3,960	(3)
970	970	980	1,030	970	880	730	(4)
110	100	110	100	110	100	110	(5)
1,820	1,850	1,780	1,820	1,660	1,800	1,480	(6)
340	340	330	340	320	360	250	(7)
220	220	220	260	250	230	180	(8)
480	490	510	530	460	460	410	(9)
150	180	150	170	160	180	110	(10)
900	1,060	1,070	1,030	930	890	680	(11)
10	10	20	20	30	20	-	(12)
12,600	12,400	11,700	11,000	10,500	10,900	10,300	(13)
250	170	200	200	210	130	80	(14)
360	440	400	420	410	360	360	(15)
160	170	170	180	150	160	130	(16)
40	40	40	40	30	40	40	(17)
50	60	60	60	60	70	50	(18)
110	90	110	130	120	120	80	(19)
230	250	240	280	270	270	200	(20)
650	690	630	580	470	580	460	(21)
360	360	340	380	370	380	330	(22)
50	60	70	90	70	60	70	(23)
310	330	330	310	330	310	260	(24)
10	20	20	10	20	20	10	(25)
30	30	40	50	50	40	30	(26)
70	60	80	70	70	50	80	(27)
10	10	10	10	10	20	10	(28)
20	10	20	10	20	20	10	(29)
10	20	0	10	10	10	10	(30)
40	20	30	20	20	20	30	(31)
130	100	90	110	80	110	90	(32)
50	40	40	30	40	40	30	(33)
90	90	100	100	100	100	80	(34)
180	170	160	180	160	190	110	(35)
30	40	20	20	20	30	30	(36)
20	10	10	20	20	20	20	(37)
20	30	20	30	20	10	20	(38)
10	0	10	10	10	10	10	(39)
160	170	160	190	180	170	140	(40)
10	0	10	10	20	20	10	(41)
0	0	0	0	-	0	-	(42)
140	130	130	140	130	140	130	(43)
110	90	100	100	90	80	70	(44)
130	160	150	160	150	120	140	(45)
80	80	90	90	70	80	50	(46)
30	30	40	30	30	30	20	(47)
20	20	20	20	30	30	20	(48)
20	30	30	20	30	40	20	(49)
90	90	70	90	70	70	50	(50)
20	40	30	40	30	40	20	(51)
110	130	120	120	110	120	80	(52)
20	20	20	30	20	20	20	(53)
40	50	50	40	50	40	20	(54)
430	480	480	460	390	390	310	(55)
100	140	110	120	120	90	70	(56)
90	110	140	110	110	90	100	(57)
110	140	150	150	140	140	90	(58)
10	10	20	20	30	20	-	(59)
1,910	1,940	1,890	1,920	1,760	1,900	1,560	(60)
250	250	230	240	220	260	170	(61)
630	660	650	700	610	640	520	(62)

44 乳 用 牛

(1) 全国農業地域・都道府県別（続き）

ケ 月別出生頭数（交雑種）

全国農業地域・都道府県		計	平成30年 2月	3	4	5	6
全国	(1)	239,300	18,500	20,200	17,600	17,600	18,500
(全国農業地域)							
北海道	(2)	92,300	6,550	7,520	7,380	8,160	7,760
都府県	(3)	147,000	11,900	12,600	10,200	9,420	10,800
東北	(4)	21,600	1,600	1,760	1,670	1,560	1,720
北陸	(5)	3,530	280	300	210	240	310
関東・東山	(6)	49,200	4,050	4,300	3,600	3,490	3,840
東海	(7)	18,900	1,630	1,630	1,260	1,160	1,320
近畿	(8)	7,300	600	600	520	470	570
中国	(9)	12,900	970	1,070	860	800	960
四国	(10)	7,040	540	600	490	400	470
九州	(11)	25,400	2,150	2,280	1,550	1,250	1,530
沖縄	(12)	1,130	110	120	60	50	40
(都道府県)							
北海道	(13)	92,300	6,550	7,520	7,380	8,160	7,760
青森	(14)	2,630	160	250	210	180	190
岩手	(15)	6,180	490	460	520	470	550
宮城	(16)	4,000	300	340	300	260	310
秋田	(17)	1,090	70	90	90	70	90
山形	(18)	4,110	310	330	300	270	290
福島	(19)	3,550	270	290	260	320	290
茨城	(20)	7,540	600	590	480	520	620
栃木	(21)	13,600	1,120	1,210	1,000	1,000	1,110
群馬	(22)	9,300	750	790	700	650	740
埼玉	(23)	2,520	230	240	210	160	180
千葉	(24)	9,810	800	930	700	690	730
東京	(25)	370	20	40	30	30	20
神奈川	(26)	1,650	180	150	130	130	120
新潟	(27)	2,000	170	170	130	140	170
富山	(28)	480	50	40	20	30	40
石川	(29)	870	60	70	50	60	80
福井	(30)	180	10	10	10	10	10
山梨	(31)	850	70	60	60	60	60
長野	(32)	3,610	290	300	300	270	260
岐阜	(33)	1,210	90	100	100	90	90
静岡	(34)	4,900	440	410	330	360	380
愛知	(35)	9,280	810	800	570	510	580
三重	(36)	3,520	290	310	250	210	270
滋賀	(37)	920	80	80	70	80	80
京都	(38)	850	80	60	50	70	90
大阪	(39)	540	50	60	50	40	40
兵庫	(40)	3,390	260	260	230	190	250
奈良	(41)	1,270	110	110	110	80	90
和歌山	(42)	330	30	30	10	20	30
鳥取	(43)	2,240	140	190	160	160	150
島根	(44)	2,930	260	220	200	180	230
岡山	(45)	4,740	340	390	290	250	340
広島	(46)	2,240	170	200	160	170	180
山口	(47)	740	60	70	50	40	60
徳島	(48)	1,870	160	150	160	120	120
香川	(49)	3,050	190	280	190	160	190
愛媛	(50)	1,230	120	100	90	60	70
高知	(51)	900	70	70	50	60	90
福岡	(52)	3,150	270	290	170	150	180
佐賀	(53)	690	70	60	40	30	30
長崎	(54)	2,950	230	270	210	140	200
熊本	(55)	9,280	780	830	580	450	530
大分	(56)	2,600	220	230	140	150	170
宮崎	(57)	3,140	230	270	200	150	210
鹿児島	(58)	3,610	350	340	220	180	200
沖縄	(59)	1,130	110	120	60	50	40
関東農政局	(60)	54,100	4,490	4,720	3,930	3,840	4,220
東海農政局	(61)	14,000	1,190	1,210	930	800	940
中国四国農政局	(62)	19,900	1,510	1,670	1,350	1,200	1,430

単位：頭

7	8	9	10	11	12	平成31年 1月	
22,300	21,600	21,100	21,400	21,000	21,300	18,200	(1)
8,680	8,250	7,800	7,750	7,510	7,600	7,340	(2)
13,700	13,300	13,300	13,600	13,500	13,700	10,900	(3)
1,990	2,040	1,900	1,900	1,870	1,990	1,570	(4)
340	310	340	330	320	310	250	(5)
4,490	4,210	4,340	4,270	4,450	4,470	3,700	(6)
1,730	1,660	1,700	1,830	1,760	1,760	1,480	(7)
720	660	680	660	660	640	530	(8)
1,200	1,100	1,120	1,210	1,120	1,310	1,160	(9)
710	770	650	690	640	620	460	(10)
2,420	2,460	2,460	2,620	2,520	2,490	1,700	(11)
70	110	140	130	130	160	20	(12)
8,680	8,250	7,800	7,750	7,510	7,600	7,340	(13)
280	230	260	270	200	260	130	(14)
520	590	500	510	550	540	480	(15)
370	410	370	350	330	340	340	(16)
110	90	100	110	100	90	80	(17)
360	380	410	380	370	430	300	(18)
350	340	270	280	320	330	250	(19)
680	640	720	680	760	720	530	(20)
1,270	1,150	1,160	1,050	1,120	1,170	1,210	(21)
810	810	790	860	860	890	640	(22)
210	200	250	220	230	230	170	(23)
930	830	830	880	900	890	700	(24)
40	40	40	30	30	30	20	(25)
120	120	150	160	160	160	100	(26)
190	170	190	190	170	170	150	(27)
40	40	50	50	50	50	30	(28)
90	80	90	80	90	80	50	(29)
20	20	20	10	20	10	20	(30)
90	90	90	50	80	80	60	(31)
340	340	320	330	310	300	260	(32)
110	100	120	110	100	130	80	(33)
450	450	460	440	440	440	300	(34)
860	790	800	950	930	900	780	(35)
320	320	320	320	290	310	320	(36)
120	70	70	80	80	70	60	(37)
80	90	80	60	70	60	80	(38)
50	40	60	40	40	70	10	(39)
350	320	350	320	300	300	270	(40)
100	90	90	130	150	130	90	(41)
30	40	30	30	30	30	30	(42)
230	230	190	220	180	230	160	(43)
270	240	270	280	250	290	260	(44)
440	380	390	430	450	500	540	(45)
190	200	200	220	170	230	150	(46)
70	60	70	70	80	60	50	(47)
170	240	150	200	180	170	60	(48)
330	340	310	290	270	250	250	(49)
120	110	110	120	120	120	100	(50)
90	90	90	80	70	90	50	(51)
270	290	310	330	330	320	240	(52)
70	70	50	70	70	80	60	(53)
300	340	310	300	300	250	120	(54)
940	840	870	990	900	970	610	(55)
270	280	290	290	250	200	120	(56)
290	310	290	290	340	300	260	(57)
290	330	340	350	350	370	290	(58)
70	110	140	130	130	160	20	(59)
4,940	4,660	4,810	4,710	4,890	4,900	4,000	(60)
1,280	1,210	1,240	1,390	1,320	1,330	1,190	(61)
1,910	1,860	1,770	1,910	1,760	1,930	1,610	(62)

46 乳 用 牛

(1) 全国農業地域・都道府県別（続き）

コ 乳用牛飼養者の飼料作物作付実面積

全国農業地域 ・ 都道府県	飼養戸数	飼料作物 作付戸数	飼料作物 作付実面積	飼料作物 作付戸数 割合 (2) / (1)
	(1)	(2)	(3)	(4)
	戸	戸	ha	%
全国	14,800	12,900	476,400	87.2
(全国農業地域)				
北海道	5,920	5,860	414,500	99.0
都府県	8,880	7,010	61,900	78.9
東北	2,190	2,020	26,600	92.2
北陸	294	196	1,480	66.7
関東・東山	2,820	2,080	14,900	73.8
東海	632	331	2,110	52.4
近畿	442	246	550	55.7
中国	658	501	4,040	76.1
四国	332	250	790	75.3
九州	1,450	1,350	11,400	93.1
沖縄	63	32	120	50.8
(都道府県)				
北海道	5,920	5,860	414,500	99.0
青森	182	181	4,080	99.5
岩手	873	830	13,100	95.1
宮城	494	454	3,810	91.9
秋田	91	87	2,110	95.6
山形	232	195	1,310	84.1
福島	320	274	2,120	85.6
茨城	335	278	2,070	83.0
栃木	679	611	5,070	90.0
群馬	497	416	3,090	83.7
埼玉	183	80	310	43.7
千葉	551	325	1,330	59.0
東京	45	22	40	48.9
神奈川	181	58	140	32.0
新潟	189	120	630	63.5
富山	36	21	260	58.3
石川	49	39	500	79.6
福井	20	16	100	80.0
山梨	53	47	550	88.7
長野	298	245	2,270	82.2
岐阜	102	88	650	86.3
静岡	204	114	960	55.9
愛知	287	119	380	41.5
三重	39	10	120	25.6
滋賀	46	25	120	54.3
京都	47	20	70	42.6
大阪	24	2	x	8.3
兵庫	270	182	340	67.4
奈良	44	14	20	31.8
和歌山	11	3	10	27.3
鳥取	125	94	870	75.2
島根	100	72	520	72.0
岡山	240	183	1,850	76.3
広島	140	108	540	77.1
山口	53	44	270	83.0
徳島	96	64	200	66.7
香川	77	52	110	67.5
愛媛	103	93	340	90.3
高知	56	41	140	73.2
福岡	202	191	870	94.6
佐賀	42	37	180	88.1
長崎	145	139	500	95.9
熊本	528	493	5,260	93.4
大分	121	89	840	73.6
宮崎	228	225	1,900	98.7
鹿児島	179	179	1,830	100.0
沖縄	63	32	120	50.8
関東農政局	3,030	2,200	15,800	72.6
東海農政局	428	217	1,150	50.7
中国四国農政局	990	751	4,820	75.9

48 乳 用 牛

(2) 全国農業地域別・成畜飼養頭数規模別 乳用牛飼養者の飼料作物作付実面積

区分	飼養戸数	飼料作物作付戸数	飼料作物作付実面積	飼料作物作付戸数割合 (2) / (1)
	(1) 戸	(2) 戸	(3) ha	(4) %
全国	**14,800**	**12,900**	**476,400**	**87.2**
小計	14,400	12,500	463,200	86.8
1 ～ 19頭	2,910	2,340	14,400	80.4
20 ～ 29	1,910	1,550	18,100	81.2
30 ～ 49	3,690	3,230	64,200	87.5
50 ～ 79	2,950	2,710	136,700	91.9
80 ～ 99	924	868	57,000	93.9
100頭以上	2,000	1,850	172,700	92.5
うち300頭以上	261	231	44,200	88.5
子畜のみ	410	332	13,200	81.0
北海道	**5,920**	**5,860**	**414,500**	**99.0**
小計	5,650	5,610	401,600	99.3
1 ～ 19頭	290	286	5,560	98.6
20 ～ 29	267	267	10,100	100.0
30 ～ 49	1,370	1,340	48,000	97.8
50 ～ 79	1,770	1,770	124,200	100.0
80 ～ 99	576	576	52,500	100.0
100頭以上	1,380	1,370	161,200	99.3
子畜のみ	270	248	12,900	91.9
都府県	**8,880**	**7,010**	**61,900**	**78.9**
小計	8,740	6,930	61,600	79.3
1 ～ 19頭	2,620	2,050	8,860	78.2
20 ～ 29	1,650	1,280	7,990	77.6
30 ～ 49	2,320	1,890	16,200	81.5
50 ～ 79	1,180	943	12,400	79.9
80 ～ 99	348	292	4,580	83.9
100頭以上	625	479	11,500	76.6
子畜のみ	140	84	330	60.0
東北	**2,190**	**2,020**	**26,600**	**92.2**
小計	2,150	1,980	26,400	92.1
1 ～ 19頭	904	830	5,050	91.8
20 ～ 29	422	372	4,100	88.2
30 ～ 49	476	459	7,060	96.4
50 ～ 79	218	203	4,730	93.1
80 ～ 99	54	52	1,630	96.3
100頭以上	74	65	3,790	87.8
子畜のみ	44	40	210	90.9
北陸	**294**	**196**	**1,480**	**66.7**
小計	294	196	1,480	66.7
1 ～ 19頭	96	59	230	61.5
20 ～ 29	70	42	240	60.0
30 ～ 49	70	53	470	75.7
50 ～ 79	46	31	350	67.4
80 ～ 99	6	5	60	83.3
100頭以上	6	6	130	100.0
子畜のみ	-	-	-	nc

注：1 この表には学校、試験場等の非営利的な飼養者は含まない。
　　2 「300頭以上」は、戸数が少なく都道府県別の推定ができないため、全国値のみ表記した。

区分	飼養戸数	飼料作物作付戸数	飼料作物作付実面積	飼料作物作付戸数割合 (2) / (1)
	(1)	(2)	(3)	(4)
	戸	戸	ha	%
関東・東山	**2,820**	**2,080**	**14,900**	**73.8**
小計	2,780	2,070	14,800	74.5
1 ～ 19頭	797	566	1,550	71.0
20 ～ 29	549	363	1,630	66.1
30 ～ 49	765	591	3,780	77.3
50 ～ 79	367	293	3,480	79.8
80 ～ 99	109	94	1,150	86.2
100頭以上	197	161	3,250	81.7
子畜のみ	38	14	30	36.8
東海	**632**	**331**	**2,110**	**52.4**
小計	627	331	2,110	52.8
1 ～ 19頭	126	63	170	50.0
20 ～ 29	83	57	200	68.7
30 ～ 49	204	116	670	56.9
50 ～ 79	99	50	390	50.5
80 ～ 99	29	12	160	41.4
100頭以上	86	33	540	38.4
子畜のみ	5	-	-	-
近畿	**442**	**246**	**550**	**55.7**
小計	433	243	550	56.1
1 ～ 19頭	128	77	60	60.2
20 ～ 29	93	60	80	64.5
30 ～ 49	109	49	200	45.0
50 ～ 79	60	32	100	53.3
80 ～ 99	15	12	40	80.0
100頭以上	28	13	70	46.4
子畜のみ	9	3	0	33.3
中国	**658**	**501**	**4,040**	**76.1**
小計	647	497	4,030	76.8
1 ～ 19頭	205	145	870	70.7
20 ～ 29	106	91	530	85.8
30 ～ 49	180	142	900	78.9
50 ～ 79	76	55	610	72.4
80 ～ 99	23	19	270	82.6
100頭以上	57	45	860	78.9
子畜のみ	11	4	0	36.4
四国	**332**	**250**	**790**	**75.3**
小計	322	247	780	76.7
1 ～ 19頭	102	78	150	76.5
20 ～ 29	60	53	120	88.3
30 ～ 49	86	65	210	75.6
50 ～ 79	43	29	150	67.4
80 ～ 99	9	5	20	55.6
100頭以上	22	17	140	77.3
子畜のみ	10	3	0	30.0

50 乳用牛

(2) 全国農業地域別・成畜飼養頭数規模別（続き）

乳用牛飼養者の飼料作物作付実面積（続き）

区分	飼養戸数	飼料作物作付戸数	飼料作物作付実面積	飼料作物作付戸数割合 (2) / (1)
	(1) 戸	(2) 戸	(3) ha	(4) %
九州	**1,450**	**1,350**	**11,400**	**93.1**
小計	1,420	1,330	11,300	93.7
1 ～ 19頭	255	230	770	90.2
20 ～ 29	255	234	1,080	91.8
30 ～ 49	416	403	2,920	96.9
50 ～ 79	250	239	2,570	95.6
80 ～ 99	98	91	1,240	92.9
100頭以上	148	136	2,720	91.9
子畜のみ	23	20	70	87.0
沖縄	**63**	**32**	**120**	**50.8**
小計	63	32	120	50.8
1 ～ 19頭	7	3	10	42.9
20 ～ 29	9	6	30	66.7
30 ～ 49	18	7	10	38.9
50 ～ 79	17	11	50	64.7
80 ～ 99	5	2	x	40.0
100頭以上	7	3	10	42.9
子畜のみ	-	-	-	nc
関東農政局	**3,030**	**2,200**	**15,800**	**72.6**
小計	2,990	2,180	15,800	72.9
1 ～ 19頭	848	582	1,620	68.6
20 ～ 29	578	385	1,710	66.6
30 ～ 49	831	635	4,030	76.4
50 ～ 79	388	307	3,650	79.1
80 ～ 99	114	96	1,170	84.2
100頭以上	226	177	3,610	78.3
子畜のみ	41	14	30	34.1
東海農政局	**428**	**217**	**1,150**	**50.7**
小計	426	217	1,150	50.9
1 ～ 19頭	75	47	90	62.7
20 ～ 29	54	35	110	64.8
30 ～ 49	138	72	420	52.2
50 ～ 79	78	36	220	46.2
80 ～ 99	24	10	130	41.7
100頭以上	57	17	180	29.8
子畜のみ	2	-	-	-
中国四国農政局	**990**	**751**	**4,820**	**75.9**
小計	969	744	4,820	76.8
1 ～ 19頭	307	223	1,030	72.6
20 ～ 29	166	144	640	86.7
30 ～ 49	266	207	1,110	77.8
50 ～ 79	119	84	750	70.6
80 ～ 99	32	24	290	75.0
100頭以上	79	62	1,000	78.5
子畜のみ	21	7	10	33.3

２　肉　用　牛

（平成31年２月１日現在）

52 肉用牛

(1) 全国農業地域・都道府県別

ア 飼養戸数・頭数

全国農業地域・都道府県		飼養戸数	乳用種のいる戸数	飼				養		
				合計	肉					
					計	肥育用牛	育成牛	黒毛和種	褐毛和種	その他
		(1)	(2)	(3)	(4)	(5)	(6)	(7)	(8)	(9)
		戸	戸	頭	頭	頭	頭	頭	頭	頭
全国	(1)	46,300	4,670	2,503,000	1,734,000	753,400	355,100	1,683,000	22,200	28,900
(全国農業地域)										
北海道	(2)	2,560	935	512,800	188,700	53,600	59,500	181,500	2,860	4,340
都府県	(3)	43,800	3,740	1,990,000	1,546,000	699,800	295,500	1,502,000	19,300	24,600
東北	(4)	11,800	671	326,900	260,700	109,500	51,900	254,000	870	5,890
北陸	(5)	377	131	21,400	11,200	6,590	1,690	11,200	-	20
関東・東山	(6)	2,890	961	270,400	140,900	87,500	20,200	140,100	110	670
東海	(7)	1,100	367	119,900	73,900	54,200	6,630	73,600	20	210
近畿	(8)	1,520	154	85,700	72,500	45,000	7,730	69,200	20	3,290
中国	(9)	2,620	304	119,500	73,600	35,400	12,200	71,400	30	2,160
四国	(10)	695	251	58,100	27,100	16,800	3,080	24,800	2,270	40
九州	(11)	20,400	873	913,600	811,400	337,500	169,000	783,500	16,000	12,000
沖縄	(12)	2,380	23	74,700	74,200	7,370	23,100	73,900	0	330
(都道府県)										
北海道	(13)	2,560	935	512,800	188,700	53,600	59,500	181,500	2,860	4,340
青森	(14)	827	163	53,500	28,100	10,900	4,680	27,200	10	880
岩手	(15)	4,360	146	88,700	71,800	20,500	18,400	67,800	400	3,690
宮城	(16)	3,150	140	79,800	69,500	28,400	14,600	68,900	430	160
秋田	(17)	809	67	19,100	17,400	6,670	4,460	16,500	30	860
山形	(18)	664	43	38,400	36,900	27,000	2,210	36,800	-	100
福島	(19)	2,030	112	47,500	37,000	16,000	7,580	36,800	0	210
茨城	(20)	514	118	49,200	29,400	21,800	3,370	29,200	80	110
栃木	(21)	864	193	79,600	40,800	18,200	8,700	40,700	0	30
群馬	(22)	573	292	55,000	29,200	18,000	3,920	29,200	0	20
埼玉	(23)	146	56	16,600	10,300	7,950	650	10,300	0	10
千葉	(24)	237	135	38,600	10,400	7,260	1,440	10,300	0	70
東京	(25)	24	4	610	520	290	60	520	-	-
神奈川	(26)	62	29	4,820	2,410	1,810	180	2,380	10	20
新潟	(27)	215	50	12,600	5,020	2,900	710	5,010	-	10
富山	(28)	34	26	3,460	2,220	1,110	390	2,220	-	-
石川	(29)	80	34	3,030	2,620	1,640	450	2,620	-	0
福井	(30)	48	21	2,310	1,380	950	150	1,380	-	0
山梨	(31)	63	30	5,130	2,060	1,030	260	2,060	0	0
長野	(32)	405	104	20,800	15,800	11,100	1,620	15,400	-	410
岐阜	(33)	497	68	31,300	29,400	16,900	4,490	29,300	-	70
静岡	(34)	116	69	19,300	7,310	5,820	460	7,220	10	80
愛知	(35)	313	205	40,700	11,600	7,960	1,080	11,500	-	40
三重	(36)	171	25	28,500	25,600	23,500	590	25,500	10	30
滋賀	(37)	88	35	19,600	15,600	13,500	400	15,600	0	20
京都	(38)	71	17	5,700	5,450	4,310	420	5,330	-	120
大阪	(39)	9	5	640	430	370	0	410	0	20
兵庫	(40)	1,250	59	53,100	45,200	22,900	6,180	42,700	-	2,590
奈良	(41)	46	24	4,070	3,420	2,640	380	2,870	10	550
和歌山	(42)	53	14	2,610	2,370	1,360	360	2,370	-	-
鳥取	(43)	295	70	18,700	11,700	5,850	1,940	11,700	20	10
島根	(44)	912	75	30,000	23,800	11,200	4,250	23,000	10	800
岡山	(45)	425	79	32,400	13,700	6,810	1,960	13,700	0	20
広島	(46)	576	44	24,000	13,100	6,220	2,210	13,100	-	10
山口	(47)	415	36	14,400	11,400	5,340	1,880	10,100	0	1,330
徳島	(48)	188	102	22,200	9,240	5,440	1,250	9,200	20	20
香川	(49)	186	87	20,100	8,150	6,050	760	8,140	-	0
愛媛	(50)	164	39	10,100	5,060	2,970	560	5,020	10	20
高知	(51)	157	23	5,660	4,710	2,360	510	2,460	2,240	0
福岡	(52)	191	84	21,600	13,600	9,860	1,320	12,600	40	990
佐賀	(53)	608	30	52,100	50,900	35,600	5,200	50,900	-	10
長崎	(54)	2,480	61	79,400	66,200	21,500	15,300	65,000	460	700
熊本	(55)	2,420	278	125,300	94,700	37,100	19,900	77,700	15,400	1,640
大分	(56)	1,190	69	46,900	36,900	12,200	7,450	36,800	90	10
宮崎	(57)	5,810	209	250,300	226,200	82,900	57,600	218,600	20	7,630
鹿児島	(58)	7,660	142	338,100	322,900	138,400	62,300	321,900	20	990
沖縄	(59)	2,380	23	74,700	74,200	7,370	23,100	73,900	0	330
関東農政局	(60)	3,000	1,030	289,700	148,200	93,300	20,700	147,300	120	750
東海農政局	(61)	981	298	100,600	66,500	48,400	6,160	66,400	10	130
中国四国農政局	(62)	3,320	555	177,600	100,800	52,200	15,300	96,300	2,300	2,210

頭							数		
用							種		
め						す			
小　計	1歳未満	1歳	2歳	3歳	4～5歳	6～7歳	8～9歳	10歳以上	
(10)	(11)	(12)	(13)	(14)	(15)	(16)	(17)	(18)	
頭	頭	頭	頭	頭	頭	頭	頭	頭	
1,114,000	217,000	242,100	140,400	69,800	112,200	86,000	87,400	159,200	(1)
130,000	31,000	22,800	14,100	9,460	13,800	8,860	8,490	21,600	(2)
984,100	186,000	219,300	126,300	60,300	98,400	77,200	78,900	137,600	(3)
177,100	32,600	38,500	25,600	12,000	19,200	13,600	13,200	22,300	(4)
5,620	1,380	1,260	710	320	420	360	360	820	(5)
68,300	14,900	16,800	8,750	3,950	6,090	4,490	4,780	8,570	(6)
50,100	9,230	20,000	10,100	1,750	2,350	1,890	1,700	3,110	(7)
44,900	7,410	15,100	8,210	1,990	2,480	2,130	2,430	5,160	(8)
49,000	9,470	11,100	6,550	3,150	4,540	4,020	3,580	6,580	(9)
16,200	3,040	5,270	2,310	850	1,090	870	880	1,880	(10)
515,400	98,000	106,300	59,500	31,800	54,400	44,100	46,500	74,800	(11)
57,500	9,990	5,040	4,590	4,530	7,820	5,740	5,500	14,300	(12)
130,000	31,000	22,800	14,100	9,460	13,800	8,860	8,490	21,600	(13)
19,000	3,800	3,710	2,260	1,610	2,270	1,540	1,340	2,520	(14)
52,400	10,200	8,080	6,170	4,040	6,330	4,390	5,280	7,900	(15)
40,600	8,190	6,980	4,810	2,990	5,430	4,120	3,030	5,100	(16)
11,000	2,300	2,010	1,320	890	1,420	850	780	1,440	(17)
29,100	4,060	12,500	7,860	690	910	830	690	1,500	(18)
24,900	4,070	5,200	3,180	1,760	2,870	1,890	2,050	3,880	(19)
11,100	2,320	3,540	1,700	490	670	460	570	1,380	(20)
22,200	5,250	3,480	2,400	1,490	2,540	1,840	2,210	2,980	(21)
16,100	3,390	4,450	2,080	790	1,330	1,040	940	2,080	(22)
3,000	450	620	340	200	330	220	270	570	(23)
4,940	1,180	1,140	620	370	490	320	260	570	(24)
440	70	180	80	10	30	20	20	40	(25)
1,000	220	290	170	60	70	60	60	70	(26)
2,390	570	410	330	180	220	170	170	360	(27)
1,270	270	270	170	80	100	100	90	200	(28)
1,170	370	280	120	40	60	50	60	200	(29)
780	170	300	90	30	40	40	40	60	(30)
1,250	310	260	150	110	110	120	80	120	(31)
8,290	1,750	2,800	1,200	440	520	410	380	770	(32)
14,600	3,120	3,480	1,840	800	1,330	1,260	1,140	1,600	(33)
5,430	870	2,890	970	120	160	100	120	200	(34)
6,200	1,410	1,280	830	390	670	400	300	930	(35)
23,800	3,820	12,300	6,440	440	180	140	140	380	(36)
10,900	1,660	5,400	2,570	360	240	160	120	420	(37)
2,720	490	1,130	520	60	110	90	110	190	(38)
260	40	130	70	10	10	10	-	0	(39)
27,500	4,550	7,070	4,350	1,440	1,980	1,740	2,080	4,270	(40)
2,480	460	1,140	600	60	60	50	40	80	(41)
1,060	220	230	110	60	80	80	80	200	(42)
8,500	1,520	2,690	1,570	540	630	390	440	730	(43)
15,700	3,150	3,260	2,130	990	1,470	1,490	1,280	1,930	(44)
9,900	1,900	2,370	1,420	570	780	630	650	1,580	(45)
8,200	1,630	1,790	780	610	830	770	660	1,130	(46)
6,650	1,280	970	650	440	820	730	550	1,210	(47)
5,790	1,080	2,030	930	250	310	310	320	560	(48)
3,990	770	1,300	550	270	310	180	200	400	(49)
3,340	600	1,120	440	140	190	160	190	510	(50)
3,070	590	820	380	190	280	230	170	400	(51)
5,690	1,140	1,360	700	350	560	320	360	910	(52)
26,500	4,570	9,320	4,490	1,060	1,550	1,360	1,310	2,810	(53)
43,800	7,900	7,600	4,850	3,130	5,220	4,040	3,830	7,280	(54)
61,100	12,400	11,100	6,810	4,530	6,820	5,100	4,900	9,460	(55)
24,800	4,340	4,550	2,840	1,830	3,020	2,380	2,200	3,640	(56)
141,900	30,700	24,400	15,700	9,060	16,900	13,700	15,900	15,400	(57)
211,700	36,900	48,000	24,200	11,900	20,300	17,200	18,000	35,300	(58)
57,500	9,990	5,040	4,590	4,530	7,820	5,740	5,500	14,300	(59)
73,800	15,800	19,700	9,720	4,070	6,260	4,590	4,900	8,770	(60)
44,600	8,350	17,100	9,110	1,630	2,180	1,790	1,580	2,910	(61)
65,100	12,500	16,300	8,850	4,000	5,630	4,890	4,460	8,460	(62)

54 肉用牛

(1) 全国農業地域・都道府県別（続き）

ア 飼養戸数・頭数（続き）

全国農業地域・都道府県	飼			養				頭	
	肉			用		種（続き）			
	め		す（続き）			お			す
	子取り用めす牛					小計	1歳未満	1歳	2歳以上
	小計	1歳未満	1歳	2歳	3歳以上				
	(19)	(20)	(21)	(22)	(23)	(24)	(25)	(26)	(27)
	頭	頭	頭	頭	頭	頭	頭	頭	頭
全国 (1)	625,900	38,300	59,500	55,600	472,400	620,300	240,000	276,900	103,400
(全国農業地域)									
北海道 (2)	75,600	6,060	8,360	8,220	52,900	58,700	32,900	19,300	6,440
都府県 (3)	550,300	32,200	51,200	47,400	419,500	561,600	207,100	257,500	97,000
東北 (4)	99,400	6,000	10,100	10,500	72,700	83,700	34,800	34,400	14,400
北陸 (5)	2,960	260	360	360	1,970	5,620	1,810	2,980	830
関東・東山 (6)	33,200	2,340	3,380	3,340	24,200	72,600	20,900	36,700	15,000
東海 (7)	13,100	860	1,660	960	9,590	23,800	7,730	12,000	4,100
近畿 (8)	19,800	1,960	1,960	1,740	14,100	27,600	8,380	13,700	5,520
中国 (9)	26,000	1,920	2,540	2,480	19,100	24,700	10,600	11,000	3,120
四国 (10)	7,250	580	910	850	4,920	11,000	3,520	5,680	1,760
九州 (11)	304,900	16,400	27,300	23,800	237,400	296,000	109,400	138,200	48,400
沖縄 (12)	43,700	1,880	2,950	3,350	35,600	16,700	9,980	2,900	3,820
(都道府県)									
北海道 (13)	75,600	6,060	8,360	8,220	52,900	58,700	32,900	19,300	6,440
青森 (14)	12,500	1,230	1,600	1,200	8,460	9,010	4,190	3,790	1,030
岩手 (15)	32,900	1,480	2,810	3,090	25,600	19,400	10,200	6,290	2,940
宮城 (16)	26,500	2,050	2,570	2,380	19,600	28,900	10,500	12,400	6,010
秋田 (17)	6,300	340	710	470	4,790	6,440	2,530	2,920	1,000
山形 (18)	7,690	450	1,220	1,660	4,360	7,820	2,510	3,720	1,590
福島 (19)	13,400	470	1,190	1,740	10,000	12,100	4,920	5,310	1,870
茨城 (20)	4,240	120	320	370	3,430	18,300	3,820	9,680	4,800
栃木 (21)	13,800	930	1,460	1,570	9,880	18,600	6,880	8,440	3,260
群馬 (22)	7,230	710	640	640	5,240	13,100	4,260	6,740	2,090
埼玉 (23)	1,740	140	180	170	1,250	7,340	1,270	3,950	2,130
千葉 (24)	1,660	170	260	110	1,120	5,420	1,650	2,760	1,010
東京 (25)	170	20	20	20	120	80	50	20	10
神奈川 (26)	420	50	60	80	240	1,410	360	760	290
新潟 (27)	1,420	150	200	180	880	2,630	820	1,380	430
富山 (28)	730	50	80	90	510	950	380	460	120
石川 (29)	530	60	50	40	380	1,440	450	790	200
福井 (30)	290	10	30	50	200	600	170	350	80
山梨 (31)	770	60	140	90	480	810	350	340	130
長野 (32)	3,150	160	290	300	2,400	7,550	2,230	3,990	1,330
岐阜 (33)	7,980	400	870	600	6,120	14,800	4,340	7,720	2,750
静岡 (34)	1,030	80	130	120	700	1,880	600	990	290
愛知 (35)	2,540	310	420	100	1,710	5,390	2,010	2,530	840
三重 (36)	1,510	70	230	150	1,060	1,730	780	730	220
滋賀 (37)	1,730	90	150	200	1,290	4,650	1,340	2,360	960
京都 (38)	720	40	40	70	570	2,730	630	1,260	850
大阪 (39)	50	0	10	10	30	160	50	80	30
兵庫 (40)	16,200	1,760	1,670	1,320	11,500	17,800	5,670	8,770	3,340
奈良 (41)	400	30	40	80	250	940	270	570	110
和歌山 (42)	650	40	60	60	500	1,310	420	660	230
鳥取 (43)	3,890	300	500	400	2,690	3,180	1,360	1,420	400
島根 (44)	8,380	580	840	890	6,080	8,080	3,480	3,500	1,090
岡山 (45)	4,930	440	550	530	3,410	3,790	1,890	1,440	460
広島 (46)	4,650	280	330	370	3,670	4,880	2,060	2,260	560
山口 (47)	4,170	320	320	280	3,240	4,740	1,800	2,340	610
徳島 (48)	2,550	230	320	320	1,690	3,450	1,040	1,850	560
香川 (49)	1,340	60	190	110	980	4,160	1,290	2,210	650
愛媛 (50)	1,530	120	140	160	1,120	1,720	570	880	270
高知 (51)	1,840	180	270	260	1,130	1,640	620	740	280
福岡 (52)	2,430	370	420	350	1,300	7,920	1,810	4,710	1,410
佐賀 (53)	10,100	280	350	1,490	8,030	24,500	6,150	13,700	4,630
長崎 (54)	29,400	1,850	2,420	2,020	23,100	22,400	8,970	9,930	3,450
熊本 (55)	37,700	2,060	3,690	3,040	28,900	33,600	14,800	14,700	4,110
大分 (56)	17,300	1,760	1,710	1,880	11,900	12,200	4,990	5,170	1,990
宮崎 (57)	85,700	4,340	8,200	7,100	66,100	84,400	35,500	37,000	11,800
鹿児島 (58)	122,200	5,790	10,500	7,930	98,000	111,200	37,200	53,000	21,000
沖縄 (59)	43,700	1,880	2,950	3,350	35,600	16,700	9,980	2,900	3,820
関東農政局 (60)	34,200	2,420	3,510	3,460	24,900	74,500	21,500	37,700	15,300
東海農政局 (61)	12,000	780	1,520	840	8,890	21,900	7,130	11,000	3,810
中国四国農政局 (62)	33,300	2,490	3,450	3,330	24,000	35,600	14,100	16,600	4,880

数 （ 続 き ）											
乳 用 種						乳用種頭数割合	交雑種頭数割合	1戸当たり飼養頭数	対前年比		
計	めす	ホルスタイン種他	めす	交雑種	めす	(28)/(3)	(32)/(28)	(3)/(1)	飼養戸数	飼養頭数	
(28)	(29)	(30)	(31)	(32)	(33)	(34)	(35)	(36)	(37)	(38)	
頭	頭	頭	頭	頭	頭	%	%	頭	%	%	
768,600	247,700	274,400	6,980	494,200	240,700	30.7	64.3	54.1	95.9	99.6	(1)
324,100	70,500	184,500	4,210	139,600	66,300	63.2	43.1	200.3	99.6	97.8	(2)
444,500	177,200	89,900	2,770	354,600	174,400	22.3	79.8	45.4	95.6	100.0	(3)
66,200	24,400	19,500	280	46,700	24,100	20.3	70.5	27.7	94.4	98.1	(4)
10,100	3,490	3,090	40	7,040	3,450	47.2	69.7	56.8	93.5	101.9	(5)
129,500	51,900	26,700	570	102,800	51,300	47.9	79.4	93.6	96.0	97.7	(6)
46,000	20,300	5,500	190	40,500	20,100	38.4	88.0	109.0	96.5	98.1	(7)
13,200	6,730	1,200	80	12,000	6,650	15.4	90.9	56.4	96.8	101.7	(8)
45,900	20,900	10,500	310	35,400	20,600	38.4	77.1	45.6	95.6	100.1	(9)
30,900	8,770	4,110	130	26,800	8,650	53.2	86.7	83.6	96.0	99.1	(10)
102,200	40,400	19,200	1,180	83,000	39,300	11.2	81.2	44.8	96.2	101.4	(11)
510	250	70	−	450	250	0.7	88.2	31.4	96.4	101.5	(12)
324,100	70,500	184,500	4,210	139,600	66,300	63.2	43.1	200.3	99.6	97.8	(13)
25,400	6,240	15,200	120	10,200	6,120	47.5	40.2	64.7	93.3	95.7	(14)
16,800	5,460	2,490	20	14,400	5,440	18.9	85.7	20.3	95.6	97.8	(15)
10,300	3,810	1,030	50	9,240	3,770	12.9	89.7	25.3	94.9	98.6	(16)
1,650	530	170	50	1,480	480	8.6	89.7	23.6	93.1	102.1	(17)
1,480	390	220	10	1,260	380	3.9	85.1	57.8	96.5	99.7	(18)
10,500	7,940	310	30	10,200	7,910	22.1	97.1	23.4	91.4	97.7	(19)
19,800	8,070	5,390	30	14,400	8,040	40.2	72.7	95.7	95.2	99.0	(20)
38,800	8,280	9,460	120	29,400	8,160	48.7	75.8	92.1	97.2	97.7	(21)
25,800	15,200	2,640	120	23,200	15,100	46.9	89.9	96.0	98.3	96.5	(22)
6,290	2,290	2,820	40	3,470	2,250	37.9	55.2	113.7	88.0	94.9	(23)
28,300	12,100	5,590	220	22,700	11,900	73.3	80.2	162.9	90.8	98.7	(24)
90	30	40	0	50	30	14.8	55.6	25.4	88.9	103.4	(25)
2,410	1,510	100	0	2,320	1,500	50.0	96.3	77.7	96.9	104.3	(26)
7,550	2,310	2,710	30	4,840	2,290	59.9	64.1	58.6	95.6	105.0	(27)
1,240	670	80	0	1,150	660	35.8	92.7	101.8	89.5	101.2	(28)
410	120	230	0	180	120	13.5	43.9	37.9	89.9	99.7	(29)
930	390	70	0	860	390	40.3	92.5	48.1	94.1	89.5	(30)
3,070	1,800	250	0	2,820	1,800	59.8	91.9	81.4	103.3	98.8	(31)
4,960	2,630	420	40	4,540	2,600	23.8	91.5	51.4	95.7	96.3	(32)
1,960	970	60	−	1,900	970	6.3	96.9	63.0	97.1	98.4	(33)
12,000	4,680	1,460	70	10,600	4,610	62.2	88.3	166.4	93.5	95.1	(34)
29,100	12,700	3,850	120	25,300	12,600	71.5	86.9	130.0	94.3	96.4	(35)
2,930	1,950	140	−	2,790	1,950	10.3	95.2	166.7	99.4	102.2	(36)
3,990	1,120	150	30	3,840	1,090	20.4	96.2	222.7	102.3	101.6	(37)
260	170	30	0	230	170	4.6	88.5	80.3	93.4	97.9	(38)
220	90	30	0	190	90	34.4	86.4	71.1	100.0	95.5	(39)
7,820	4,960	890	20	6,930	4,940	14.7	88.6	42.5	96.2	102.1	(40)
650	210	70	30	580	190	16.0	89.2	88.5	93.9	100.0	(41)
250	180	30	−	220	180	9.6	88.0	49.2	101.9	103.6	(42)
7,070	1,620	3,890	70	3,180	1,550	37.8	45.0	63.4	92.2	102.2	(43)
6,200	980	1,290	110	4,920	870	20.7	79.4	32.9	98.0	100.0	(44)
18,700	9,770	3,420	50	15,300	9,730	57.7	81.8	76.2	93.6	98.2	(45)
10,900	6,490	1,520	70	9,420	6,420	45.4	86.4	41.7	95.4	101.3	(46)
3,000	2,050	420	20	2,580	2,040	20.8	86.0	34.7	95.8	100.0	(47)
13,000	3,690	1,290	30	11,700	3,660	58.6	90.0	118.1	95.4	98.7	(48)
12,000	3,420	930	80	11,000	3,340	59.7	91.7	108.1	93.5	101.0	(49)
5,020	1,520	1,130	20	3,880	1,500	49.7	77.3	61.6	98.8	95.3	(50)
950	150	760	−	200	150	16.8	21.1	36.1	96.9	102.0	(51)
7,970	3,460	2,870	280	5,100	3,180	36.9	64.0	113.1	101.1	98.6	(52)
1,140	860	70	0	1,070	850	2.2	93.9	85.7	97.6	100.8	(53)
13,200	6,110	1,470	130	11,800	5,980	16.6	89.4	32.0	96.9	103.0	(54)
30,600	8,070	5,800	250	24,800	7,820	24.4	81.0	51.8	98.8	98.7	(55)
9,990	3,330	3,640	30	6,340	3,300	21.3	63.5	39.4	98.3	95.9	(56)
24,000	12,000	2,460	350	21,600	11,700	9.6	90.0	43.1	94.9	102.2	(57)
15,200	6,590	2,910	140	12,300	6,450	4.5	80.9	44.1	95.8	102.6	(58)
510	250	70	−	450	250	0.7	88.2	31.4	96.4	101.5	(59)
141,500	56,600	28,100	640	113,300	55,900	48.8	80.1	96.6	95.5	97.5	(60)
34,000	15,600	4,050	120	30,000	15,500	33.8	88.2	102.5	96.2	98.8	(61)
76,800	29,700	14,600	440	62,200	29,200	43.2	81.0	53.5	95.7	99.8	(62)

56 肉用牛

(1) 全国農業地域・都道府県別（続き）

イ 総飼養頭数規模別の飼養戸数

単位：戸

全国農業地域・都道府県	計	1～4頭	5～9	10～19	20～49	50～99	100～199	200頭以上	500頭以上
全国	46,000	11,000	9,520	9,120	8,020	3,910	2,180	2,250	759
(全国農業地域)									
北海道	2,540	121	114	360	660	473	358	449	…
都府県	43,500	10,900	9,400	8,760	7,360	3,430	1,820	1,800	…
東北	11,800	3,820	2,820	2,080	1,930	616	296	226	…
北陸	361	95	68	45	63	46	23	21	…
関東・東山	2,820	475	410	449	592	381	241	275	…
東海	1,070	124	104	135	216	147	168	171	…
近畿	1,500	329	329	316	237	118	84	86	…
中国	2,590	1,060	524	388	286	137	84	103	…
四国	682	150	85	102	140	68	67	70	…
九州	20,300	4,450	4,670	4,570	3,340	1,700	771	801	…
沖縄	2,370	384	400	677	554	218	90	47	…
(都道府県)									
北海道	2,540	121	114	360	660	473	358	449	…
青森	819	105	213	145	185	71	48	52	…
岩手	4,350	1,520	1,060	894	600	149	68	52	…
宮城	3,140	994	725	480	659	172	70	44	…
秋田	803	296	170	145	109	55	12	16	…
山形	656	139	144	117	117	70	41	28	…
福島	2,020	763	501	302	261	99	57	34	…
茨城	500	96	82	80	121	37	32	52	…
栃木	854	113	117	144	207	134	58	81	…
群馬	566	100	80	71	105	101	59	50	…
埼玉	142	21	21	22	32	11	16	19	…
千葉	232	20	37	44	36	25	32	38	…
東京	23	8	4	3	5	2	−	1	…
神奈川	57	4	5	13	15	9	6	5	…
新潟	208	59	44	29	30	27	7	12	…
富山	31	2	4	2	7	7	4	5	…
石川	76	26	15	8	14	5	5	3	…
福井	46	8	5	6	12	7	7	1	…
山梨	60	6	6	11	11	16	5	5	…
長野	389	107	58	61	60	46	33	24	…
岐阜	486	73	66	75	118	61	57	36	…
静岡	112	8	6	12	11	22	22	31	…
愛知	300	21	24	38	48	40	62	67	…
三重	167	22	8	10	39	24	27	37	…
滋賀	85	2	4	7	11	9	29	23	…
京都	68	19	12	11	13	1	4	8	…
大阪	8	−	1	−	2	3	1	1	…
兵庫	1,240	289	293	290	189	84	47	50	…
奈良	44	11	11	5	8	6	−	3	…
和歌山	52	8	8	3	14	15	3	1	…
鳥取	290	96	41	64	28	21	19	21	…
島根	905	466	194	100	85	25	15	20	…
岡山	415	152	63	66	53	33	14	34	…
広島	567	286	87	82	40	33	21	18	…
山口	408	63	139	76	80	25	15	10	…
徳島	186	35	11	13	50	21	22	34	…
香川	182	31	29	28	37	22	18	17	…
愛媛	161	33	17	35	27	19	19	11	…
高知	153	51	28	26	26	6	8	8	…
福岡	185	9	12	27	42	32	36	27	…
佐賀	601	75	83	91	113	97	83	59	…
長崎	2,470	714	580	475	406	156	80	60	…
熊本	2,410	481	286	719	516	170	136	104	…
大分	1,190	308	254	223	233	97	36	34	…
宮崎	5,790	910	1,400	1,620	917	510	195	242	…
鹿児島	7,650	1,960	2,050	1,410	1,110	639	205	275	…
沖縄	2,370	384	400	677	554	218	90	47	…
関東農政局	2,940	483	416	461	603	403	263	306	…
東海農政局	953	116	98	123	205	125	146	140	…
中国四国農政局	3,270	1,210	609	490	426	205	151	173	…

注：1　この表には学校、試験場等の非営利的な飼養者は含まない（ウからチまでの統計表において同じ。）。
　　2　「500頭以上」は、戸数が少なく都道府県別の推定ができないため、全国値のみ表記した（ウ及びカからソまでの統計表において同じ。）。

ウ 総飼養頭数規模別の飼養頭数

単位：頭

全国農業地域・都道府県	計	1～4頭	5～9	10～19	20～49	50～99	100～199	200頭以上	500頭以上
全国	2,478,000	29,100	65,200	133,300	260,600	275,800	310,000	1,404,000	968,500
(全国農業地域)									
北海道	506,300	410	700	5,230	21,600	28,500	46,400	403,400	…
都府県	1,971,000	28,700	64,500	128,100	239,000	247,300	263,600	1,000,000	…
東北	323,500	9,320	19,700	25,600	57,400	43,300	40,600	127,600	…
北陸	20,500	290	460	710	2,330	3,330	3,260	10,100	…
関東・東山	266,900	1,130	3,010	6,610	19,200	28,000	35,000	174,000	…
東海	118,100	310	720	1,910	7,050	10,900	23,800	73,500	…
近畿	83,900	850	2,240	4,370	7,470	8,150	11,500	49,300	…
中国	117,200	2,600	3,480	5,590	9,510	8,910	11,800	75,300	…
四国	57,600	360	580	1,440	4,760	4,580	8,980	36,900	…
九州	909,300	12,800	31,400	72,000	113,200	126,500	117,600	435,700	…
沖縄	74,400	1,040	2,870	9,820	18,200	13,600	11,100	17,800	…
(都道府県)									
北海道	506,300	410	700	5,230	21,600	28,500	46,400	403,400	…
青森	52,500	270	1,770	2,320	5,430	5,360	6,550	30,800	…
岩手	87,700	2,950	6,560	10,700	18,200	9,710	8,820	30,700	…
宮城	79,400	3,110	5,490	4,890	18,700	12,200	9,320	25,700	…
秋田	18,800	980	1,210	1,950	3,280	3,980	1,780	5,620	…
山形	38,100	390	980	1,780	4,350	5,240	6,360	19,000	…
福島	47,000	1,620	3,650	3,950	7,450	6,850	7,800	15,700	…
茨城	48,500	240	470	930	3,770	2,430	4,270	36,400	…
栃木	79,100	280	930	2,020	6,910	10,600	8,560	49,800	…
群馬	54,600	200	620	1,180	3,410	6,950	7,860	34,400	…
埼玉	16,500	40	150	390	1,050	850	2,160	11,900	…
千葉	38,600	60	330	790	1,300	1,920	6,010	28,200	…
東京	560	10	40	50	130	x	-	x	…
神奈川	4,750	10	50	180	490	650	870	2,520	…
新潟	12,500	180	310	430	1,130	2,010	940	7,470	…
富山	3,000	x	30	x	280	490	680	1,490	…
石川	2,850	80	80	160	520	350	690	960	…
福井	2,200	20	40	90	400	480	950	x	…
山梨	4,660	10	40	160	290	1,150	710	2,310	…
長野	19,700	270	390	920	1,810	3,340	4,570	8,420	…
岐阜	30,100	210	460	1,050	3,600	4,420	7,880	12,500	…
静岡	19,200	30	50	220	450	1,730	3,750	13,000	…
愛知	40,400	50	160	530	1,560	2,960	8,270	26,900	…
三重	28,400	30	60	110	1,440	1,760	3,920	21,100	…
滋賀	19,300	x	30	110	390	660	4,340	13,800	…
京都	5,440	60	90	140	410	x	560	4,110	…
大阪	640	-	x	-	x	220	x	x	…
兵庫	52,200	750	2,000	4,010	5,800	5,830	6,080	27,700	…
奈良	3,810	30	60	70	250	400	-	3,000	…
和歌山	2,570	20	60	40	510	960	410	x	…
鳥取	18,200	240	280	880	1,100	1,330	2,860	11,500	…
島根	29,600	920	1,170	1,520	2,970	1,720	2,140	19,200	…
岡山	31,900	420	440	900	1,750	2,000	1,780	24,600	…
広島	23,500	870	680	1,280	1,270	2,270	3,020	14,100	…
山口	13,900	160	910	1,010	2,420	1,590	2,000	5,820	…
徳島	22,200	70	100	160	1,890	1,440	2,650	15,900	…
香川	20,000	60	170	380	1,190	1,420	2,510	14,300	…
愛媛	9,920	100	130	520	810	1,300	2,610	4,450	…
高知	5,460	140	190	380	870	420	1,200	2,260	…
福岡	21,500	10	80	400	1,530	2,110	5,230	12,200	…
佐賀	51,900	200	620	1,350	3,890	7,300	11,500	27,000	…
長崎	79,100	1,850	3,990	6,760	13,000	10,700	11,500	31,300	…
熊本	124,600	1,670	2,760	9,350	18,800	11,900	21,100	59,000	…
大分	46,300	770	2,080	3,370	7,810	6,790	5,350	20,100	…
宮崎	248,700	2,210	7,980	23,100	30,400	35,700	29,200	120,200	…
鹿児島	337,200	6,120	13,900	27,700	37,800	52,000	33,900	165,800	…
沖縄	74,400	1,040	2,870	9,820	18,200	13,600	11,100	17,800	…
関東農政局	286,100	1,160	3,060	6,830	19,600	29,700	38,700	187,000	…
東海農政局	98,900	290	680	1,690	6,600	9,130	20,100	60,500	…
中国四国農政局	174,700	2,960	4,060	7,030	14,300	13,500	20,800	112,200	…

58 肉用牛

(1) 全国農業地域・都道府県別（続き）

エ 子取り用めす牛飼養頭数規模別の飼養戸数

単位：戸

全国農業地域・都道府県	計	子取り用めす牛飼養頭数規模							子取り用めす牛なし
		小計	1～4頭	5～9	10～19	20～49	50～99	100頭以上	
全国	46,000	40,200	15,800	9,530	7,360	5,310	1,650	589	5,810
(全国農業地域)									
北海道	2,540	2,100	327	290	378	652	295	157	436
都府県	43,500	38,100	15,400	9,240	6,980	4,650	1,360	432	5,370
東北	11,800	10,400	5,290	2,550	1,520	799	170	37	1,430
北陸	361	214	105	34	43	24	6	2	147
関東・東山	2,820	1,780	577	384	410	324	63	21	1,040
東海	1,070	566	190	100	109	108	44	15	499
近畿	1,500	1,240	334	349	318	181	44	17	256
中国	2,590	2,340	1,230	534	252	245	67	15	245
四国	682	416	125	90	98	70	25	8	266
九州	20,300	18,800	6,990	4,500	3,680	2,540	843	263	1,480
沖縄	2,370	2,360	605	697	552	360	93	54	9
(都道府県)									
北海道	2,540	2,100	327	290	378	652	295	157	436
青森	819	725	289	162	148	86	34	6	94
岩手	4,350	3,990	2,190	909	565	284	43	4	359
宮城	3,140	2,720	1,360	651	437	218	37	12	425
秋田	803	744	431	164	75	57	11	6	59
山形	656	461	190	99	84	60	25	3	195
福島	2,020	1,720	826	567	208	94	20	6	296
茨城	500	300	161	90	32	12	5	-	200
栃木	854	614	112	124	186	161	18	13	240
群馬	566	311	84	54	60	89	20	4	255
埼玉	142	89	26	6	36	13	5	3	53
千葉	232	134	52	33	32	11	5	1	98
東京	23	16	6	4	1	4	1	-	7
神奈川	57	26	11	4	5	5	1	-	31
新潟	208	142	81	20	27	10	3	1	66
富山	31	17	2	3	4	5	2	1	14
石川	76	35	16	6	5	7	1	-	41
福井	46	20	6	5	7	2	-	-	26
山梨	60	36	12	9	8	7	-	-	24
長野	389	253	113	60	50	22	8	-	136
岐阜	486	380	129	74	66	71	31	9	106
静岡	112	37	7	4	10	12	4	-	75
愛知	300	124	48	18	26	24	5	3	176
三重	167	25	6	4	7	1	4	3	142
滋賀	85	42	10	3	4	11	12	2	43
京都	68	55	24	15	9	5	2	-	13
大阪	8	2	-	-	1	1	-	-	6
兵庫	1,240	1,100	290	325	294	148	29	14	142
奈良	44	11	3	2	2	3	-	1	33
和歌山	52	33	7	4	8	13	1	-	19
鳥取	290	245	128	37	35	33	12	-	45
島根	905	848	542	150	76	58	17	5	57
岡山	415	368	166	92	34	58	15	3	47
広島	567	504	292	102	52	40	13	5	63
山口	408	375	99	153	55	56	10	2	33
徳島	186	76	13	14	17	17	11	4	110
香川	182	94	24	21	26	22	-	1	88
愛媛	161	111	29	24	33	18	7	-	50
高知	153	135	59	31	22	13	7	3	18
福岡	185	87	8	13	20	24	18	4	98
佐賀	601	452	114	94	92	93	47	12	149
長崎	2,470	2,330	1,070	483	397	298	65	24	139
熊本	2,410	2,150	624	630	462	308	99	26	263
大分	1,190	1,090	448	207	194	176	48	19	93
宮崎	5,790	5,470	2,160	1,310	945	752	202	98	322
鹿児島	7,650	7,230	2,560	1,760	1,570	891	364	80	414
沖縄	2,370	2,360	605	697	552	360	93	54	9
関東農政局	2,940	1,820	584	388	420	336	67	21	1,120
東海農政局	953	529	183	96	99	96	40	15	424
中国四国農政局	3,270	2,760	1,350	624	350	315	92	23	511

オ　子取り用めす牛飼養頭数規模別の飼養頭数

単位：頭

全国農業地域・都道府県	計	子取り用めす牛飼養頭数規模 小計	1～4頭	5～9	10～19	20～49	50～99	100頭以上	子取り用めす牛なし
全国	2,478,000	1,336,000	113,300	134,900	188,400	325,100	212,200	362,200	1,142,000
(全国農業地域)									
北海道	506,300	212,900	15,500	20,200	15,900	51,300	32,500	77,500	293,300
都府県	1,971,000	1,123,000	97,700	114,600	172,500	273,800	179,700	284,700	848,300
東北	323,500	208,900	27,900	31,900	39,500	47,300	26,200	36,100	114,600
北陸	20,500	7,170	1,220	930	1,560	1,850	1,070	x	13,300
関東・東山	266,900	76,900	8,610	8,130	11,500	22,300	10,400	15,800	190,100
東海	118,100	42,000	4,960	3,590	4,800	11,300	8,170	9,170	76,100
近畿	83,900	48,800	5,610	5,260	8,090	11,800	7,280	10,800	35,100
中国	117,200	74,300	5,950	7,090	6,360	19,300	14,000	21,600	42,900
四国	57,600	23,000	3,120	2,230	5,290	5,270	3,570	3,480	34,600
九州	909,300	568,900	36,200	47,900	82,100	133,400	98,500	170,700	340,400
沖縄	74,400	73,200	4,150	7,630	13,300	21,300	10,400	16,400	1,250
(都道府県)									
北海道	506,300	212,900	15,500	20,200	15,900	51,300	32,500	77,500	293,300
青森	52,500	27,300	2,760	3,070	4,570	7,010	4,390	5,530	25,200
岩手	87,700	62,400	8,810	9,360	11,400	14,900	7,550	10,400	25,200
宮城	79,400	55,700	8,710	7,950	10,700	11,500	5,850	11,000	23,700
秋田	18,800	14,000	2,630	2,880	2,290	3,500	1,430	1,220	4,850
山形	38,100	23,600	1,280	1,610	3,670	5,350	5,100	6,590	14,500
福島	47,000	25,900	3,750	7,060	6,840	4,980	1,850	1,430	21,100
茨城	48,500	11,500	4,180	2,290	1,750	1,310	1,990	-	36,900
栃木	79,100	31,200	380	2,400	4,690	10,500	2,480	10,800	47,800
群馬	54,600	11,700	240	410	1,140	4,300	1,980	3,630	42,900
埼玉	16,500	4,070	560	550	710	1,260	490	500	12,500
千葉	38,600	6,740	1,640	370	1,270	750	1,840	x	31,800
東京	560	270	10	30	x	160	x	-	290
神奈川	4,750	1,410	110	180	180	520	x	-	3,340
新潟	12,500	3,850	870	550	980	770	460	x	8,620
富山	3,000	1,560	x	60	190	600	x	x	1,440
石川	2,850	850	90	100	100	320	x	-	2,000
福井	2,200	910	240	220	290	x	-	-	1,280
山梨	4,660	1,180	80	290	440	380	-	-	3,480
長野	19,700	8,720	1,410	1,630	1,290	3,200	1,190	-	11,000
岐阜	30,100	18,900	960	1,580	2,570	4,920	5,010	3,880	11,200
静岡	19,200	3,830	40	80	290	2,040	1,380	-	15,400
愛知	40,400	11,000	1,470	1,380	1,660	4,340	820	1,370	29,400
三重	28,400	8,250	2,500	550	270	x	960	3,930	20,200
滋賀	19,300	9,940	740	20	2,180	2,050	2,890	x	9,350
京都	5,440	4,160	2,200	1,100	210	330	x	-	1,280
大阪	640	x	-	-	x	x	-	-	520
兵庫	52,200	31,600	2,500	4,090	5,320	8,520	3,990	7,140	20,600
奈良	3,810	1,800	10	x	x	120	-	x	2,010
和歌山	2,570	1,240	160	30	270	700	x	-	1,340
鳥取	18,200	12,000	590	340	1,520	5,580	3,980	-	6,210
島根	29,600	22,300	2,060	1,280	1,980	3,660	3,680	9,610	7,360
岡山	31,900	13,600	660	1,950	680	4,470	2,270	3,520	18,400
広島	23,500	16,400	2,000	1,330	920	2,120	2,070	7,990	7,070
山口	13,900	10,000	630	2,190	1,250	3,490	1,980	x	3,870
徳島	22,200	7,580	730	450	1,740	870	1,860	1,930	14,600
香川	20,000	6,680	820	660	2,280	2,190	-	x	13,400
愛媛	9,920	4,910	1,340	750	600	1,370	860	-	5,010
高知	5,460	3,790	230	370	670	840	850	840	1,670
福岡	21,500	4,740	30	120	370	1,160	1,370	1,690	16,800
佐賀	51,900	25,200	1,240	2,290	3,070	6,750	5,520	6,340	26,600
長崎	79,100	49,900	6,560	5,300	8,620	12,500	8,680	8,320	29,100
熊本	124,600	71,200	4,690	7,020	10,000	17,500	13,500	18,500	53,400
大分	46,300	25,500	1,300	1,800	3,620	8,130	4,160	6,490	20,800
宮崎	248,700	173,100	11,300	15,000	28,800	44,400	30,900	42,700	75,700
鹿児島	337,200	219,200	11,100	16,300	27,700	43,000	34,400	86,800	117,900
沖縄	74,400	73,200	4,150	7,630	13,300	21,300	10,400	16,400	1,250
関東農政局	286,100	80,700	8,650	8,210	11,800	24,400	11,800	15,800	205,500
東海農政局	98,900	38,200	4,930	3,510	4,510	9,300	6,790	9,170	60,700
中国四国農政局	174,700	97,300	9,070	9,310	11,600	24,600	17,500	25,100	77,500

注：　この表の飼養頭数は、各階層の飼養者が飼っている全ての肉用牛（肉用種（子取り用めす牛、肥育用牛及び育成牛）及び乳用種（交雑種及びホルスタイン種他））の頭数である（キ、ケ及びサの統計表において同じ。）。

60 肉用牛

(1) 全国農業地域・都道府県別（続き）

カ 肉用種の肥育用牛飼養頭数規模別の飼養戸数

単位：戸

全国農業地域・都道府県	計	肥育用牛飼養頭数規模								肥育用牛なし
		小計	1～9頭	10～19	20～29	30～49	50～99	100～199	200頭以上	500頭以上	
全国	46,000	7,100	2,240	692	451	813	1,060	927	919	257	38,900
(全国農業地域)											
北海道	2,540	423	103	72	24	21	96	60	47	…	2,110
都府県	43,500	6,680	2,130	620	427	792	965	867	872	…	36,800
東北	11,800	1,920	821	226	103	249	234	188	98	…	9,870
北陸	361	162	55	28	10	21	29	16	3	…	199
関東・東山	2,820	831	164	92	113	121	128	100	113	…	1,990
東海	1,070	556	146	66	48	57	81	89	69	…	509
近畿	1,500	323	92	22	26	29	52	43	59	…	1,180
中国	2,590	353	123	30	29	32	63	38	38	…	2,230
四国	682	255	72	42	28	28	32	32	21	…	427
九州	20,300	2,110	587	54	56	255	339	358	460	…	18,200
沖縄	2,370	169	74	60	14	-	7	3	11	…	2,200
(都道府県)											
北海道	2,540	423	103	72	24	21	96	60	47	…	2,110
青森	819	144	77	7	-	20	18	15	7	…	675
岩手	4,350	468	259	53	8	65	47	21	15	…	3,880
宮城	3,140	715	314	73	65	94	88	59	22	…	2,430
秋田	803	111	33	24	9	13	8	16	8	…	692
山形	656	286	94	29	12	40	49	34	28	…	370
福島	2,020	195	44	40	9	17	24	43	18	…	1,820
茨城	500	170	23	20	20	24	24	25	34	…	330
栃木	854	218	66	4	49	36	19	19	25	…	636
群馬	566	144	6	35	13	21	34	13	22	…	422
埼玉	142	44	17	3	3	4	-	10	7	…	98
千葉	232	69	6	6	7	11	16	11	12	…	163
東京	23	8	2	1	4	-	-	-	1	…	15
神奈川	57	30	5	9	3	3	5	3	2	…	27
新潟	208	99	34	17	8	15	18	6	1	…	109
富山	31	16	3	4	1	2	4	2	-	-	15
石川	76	23	9	3	1	1	3	4	2	…	53
福井	46	24	9	4	-	3	4	4	-	-	22
山梨	60	33	8	8	4	4	7	2	-	-	27
長野	389	115	31	6	10	18	23	17	10	…	274
岐阜	486	164	24	19	14	14	33	40	20	…	322
静岡	112	55	17	6	1	2	11	12	6	…	57
愛知	300	177	72	33	19	18	13	11	11	…	123
三重	167	160	33	8	14	23	24	26	32	…	7
滋賀	85	74	11	2	4	8	14	16	19	…	11
京都	68	23	8	1	3	2	1	1	7	…	45
大阪	8	8	2	-	1	2	2	1	-	-	-
兵庫	1,240	175	56	11	17	11	28	23	29	…	1,070
奈良	44	24	11	5	-	2	3	-	3	…	20
和歌山	52	19	4	3	1	4	4	2	1	…	33
鳥取	290	43	1	3	10	4	12	9	4	…	247
島根	905	97	43	11	5	7	9	10	12	…	808
岡山	415	63	26	4	4	4	12	4	9	…	352
広島	567	72	29	4	5	5	18	4	7	…	495
山口	408	78	24	8	5	12	12	11	6	…	330
徳島	186	53	8	9	2	10	9	6	9	…	133
香川	182	103	39	21	10	6	11	9	7	…	79
愛媛	161	57	14	11	2	7	11	10	2	…	104
高知	153	42	11	1	14	5	1	7	3	…	111
福岡	185	95	18	7	-	20	17	25	8	…	90
佐賀	601	201	6	10	9	24	45	59	48	…	400
長崎	2,470	160	29	4	13	18	30	37	29	…	2,310
熊本	2,410	406	134	-	15	80	66	68	43	…	2,010
大分	1,190	123	37	11	3	21	16	16	19	…	1,060
宮崎	5,790	429	70	-	9	82	74	64	130	…	5,360
鹿児島	7,650	695	293	22	7	10	91	89	183	…	6,950
沖縄	2,370	169	74	60	14	-	7	3	11	…	2,200
関東農政局	2,940	886	181	98	114	123	139	112	119	…	2,050
東海農政局	953	501	129	60	47	55	70	77	63	…	452
中国四国農政局	3,270	608	195	72	57	60	95	70	59	…	2,660

キ　肉用種の肥育用牛飼養頭数規模別の飼養頭数

単位：頭

全国農業地域・都道府県	計	肥育用牛飼養頭数規模									肥育用牛なし
		小計	1～9頭	10～19	20～29	30～49	50～99	100～199	200頭以上	500頭以上	
全国	2,478,000	1,199,000	81,000	46,400	38,500	48,300	156,400	193,300	634,600	415,400	1,279,000
(全国農業地域)											
北海道	506,300	184,900	16,200	6,740	9,000	1,050	48,500	38,900	64,400	…	321,400
都府県	1,971,000	1,014,000	64,800	39,700	29,500	47,200	107,900	154,400	570,200	…	957,700
東北	323,500	176,100	20,600	8,310	4,940	15,400	27,500	28,900	70,400	…	147,400
北陸	20,500	12,700	1,410	3,360	910	1,110	2,480	2,340	1,070	…	7,840
関東・東山	266,900	134,800	4,830	9,590	10,700	7,520	15,100	18,700	68,400	…	132,100
東海	118,100	81,400	8,260	5,440	4,070	4,590	8,880	18,600	31,600	…	36,700
近畿	83,900	61,200	3,140	680	1,970	1,820	6,550	7,420	39,600	…	22,700
中国	117,200	69,000	3,450	2,200	1,540	3,270	9,570	8,480	40,500	…	48,100
四国	57,600	37,100	3,720	1,460	1,540	2,630	3,420	7,690	16,700	…	20,400
九州	909,300	420,900	14,700	4,710	1,540	10,900	32,000	61,300	295,800	…	488,400
沖縄	74,400	20,500	4,720	3,930	2,300	−	2,410	1,020	6,090	…	54,000
(都道府県)											
北海道	506,300	184,900	16,200	6,740	9,000	1,050	48,500	38,900	64,400	…	321,400
青森	52,500	23,800	3,850	3,100	−	3,550	2,600	2,320	8,360	…	28,700
岩手	87,700	39,700	8,720	620	770	3,220	7,580	3,690	15,100	…	48,000
宮城	79,400	48,800	4,310	2,170	3,360	4,950	7,570	9,050	17,400	…	30,600
秋田	18,800	8,910	1,280	620	200	480	490	2,760	3,090	…	9,890
山形	38,100	31,700	1,340	470	360	1,670	4,120	4,970	18,800	…	6,390
福島	47,000	23,200	1,080	1,330	240	1,560	5,150	6,080	7,730	…	23,800
茨城	48,500	27,000	200	350	590	940	1,490	3,200	20,200	…	21,500
栃木	79,100	38,800	3,290	4,970	3,890	2,780	4,660	3,830	15,400	…	40,300
群馬	54,600	23,900	50	500	380	1,030	3,370	1,700	16,900	…	30,700
埼玉	16,500	9,570	110	930	100	230	−	1,400	6,800	…	6,960
千葉	38,600	14,500	100	2,040	5,110	340	2,020	1,950	2,900	…	24,100
東京	560	440	x	x	90	−	−	−	x	…	120
神奈川	4,750	3,860	220	120	90	240	880	1,490	x	…	900
新潟	12,500	6,840	260	2,840	620	680	1,320	780	x	…	5,630
富山	3,000	1,940	420	350	x	x	430	x	−	−	1,070
石川	2,850	2,290	410	60	x	x	320	640	x	…	550
福井	2,200	1,600	320	120	−	230	410	530	−	−	590
山梨	4,660	3,060	310	430	160	310	500	x	−	−	1,610
長野	19,700	13,800	420	250	320	1,660	2,200	3,740	5,190	…	5,950
岐阜	30,100	20,600	530	570	630	790	3,180	6,930	7,980	…	9,520
静岡	19,200	10,100	1,860	280	x	x	1,220	3,700	2,440	…	9,140
愛知	40,400	24,500	5,580	4,460	2,590	2,760	2,650	2,290	4,180	…	15,900
三重	28,400	26,300	280	140	390	950	1,850	5,670	17,000	…	2,130
滋賀	19,300	18,500	740	x	260	540	1,580	2,760	12,600	…	740
京都	5,440	4,840	170	x	350	x	x	x	3,890	…	610
大阪	640	640	x	−	x	x	x	x	−	−	−
兵庫	52,200	32,000	1,850	380	1,260	720	4,090	4,140	19,600	…	20,200
奈良	3,810	3,600	150	100	−	x	240	−	3,000	…	210
和歌山	2,570	1,580	20	140	x	230	270	x	x	…	1,000
鳥取	18,200	11,000	x	120	500	660	3,560	1,970	4,040	…	7,190
島根	29,600	22,400	690	390	180	700	1,450	2,810	16,100	…	7,250
岡山	31,900	12,700	1,270	1,380	150	190	1,760	710	7,200	…	19,200
広島	23,500	13,300	530	70	420	570	1,550	810	9,340	…	10,200
山口	13,900	9,700	780	240	290	1,150	1,250	2,190	3,800	…	4,220
徳島	22,200	10,600	1,880	290	x	890	1,020	2,500	3,940	…	11,500
香川	20,000	17,800	930	850	900	370	1,360	2,510	10,900	…	2,250
愛媛	9,920	4,880	460	300	x	1,040	910	1,300	x	…	5,040
高知	5,460	3,850	460	x	470	350	x	1,380	1,040	…	1,610
福岡	21,500	12,000	70	130	−	950	1,110	4,250	5,500	…	9,520
佐賀	51,900	39,400	340	360	290	1,120	3,850	9,230	24,200	…	12,400
長崎	79,100	24,800	2,460	70	310	610	1,810	4,730	14,800	…	54,300
熊本	124,600	61,700	8,090	−	430	2,900	6,110	11,100	33,000	…	63,000
大分	46,300	16,200	320	190	80	910	1,450	2,740	10,500	…	30,100
宮崎	248,700	107,100	600	−	220	3,910	4,960	11,900	85,500	…	141,600
鹿児島	337,200	159,700	2,790	3,960	200	470	12,700	17,300	122,200	…	177,500
沖縄	74,400	20,500	4,720	3,930	2,300	−	2,410	1,020	6,090	…	54,000
関東農政局	286,100	144,900	6,690	9,880	11,200	7,610	16,300	22,400	70,800	…	141,200
東海農政局	98,900	71,400	6,390	5,160	3,610	4,500	7,670	14,900	29,200	…	27,500
中国四国農政局	174,700	106,200	7,180	3,650	3,080	5,900	13,000	16,200	57,200	…	68,600

(1) 全国農業地域・都道府県別（続き）

ク 乳用種飼養頭数規模別の飼養戸数

単位：戸

全国農業地域・都道府県	計	乳用種飼養頭数規模								乳用種なし
		小計	1～4頭	5～19	20～49	50～99	100～199	200頭以上	500頭以上	
全国	46,000	4,440	1,430	747	485	385	455	943	409	41,600
（全国農業地域）										
北海道	2,540	932	317	98	91	88	10	328	…	1,600
都府県	43,500	3,510	1,110	649	394	297	445	615	…	40,000
東北	11,800	643	276	107	49	53	91	67	…	11,100
北陸	361	117	43	19	28	9	4	14	…	244
関東・東山	2,820	916	280	162	114	100	98	162	…	1,910
東海	1,070	359	82	67	35	36	62	77	…	706
近畿	1,500	147	48	38	16	10	17	18	…	1,350
中国	2,590	278	107	58	15	20	15	63	…	2,310
四国	682	247	87	46	31	16	30	37	…	435
九州	20,300	783	177	147	102	53	127	177	…	19,500
沖縄	2,370	22	12	5	4	－	1	－	－	2,350
（都道府県）										
北海道	2,540	932	317	98	91	88	10	328	…	1,600
青森	819	160	46	24	14	11	39	26	…	659
岩手	4,350	127	64	13	－	－	34	16	…	4,220
宮城	3,140	140	69	27	16	18	3	7	…	3,000
秋田	803	65	42	10	4	6	1	2	…	738
山形	656	42	13	11	7	4	7	－	－	614
福島	2,020	109	42	22	8	14	7	16	…	1,910
茨城	500	107	27	27	14	8	7	24	…	393
栃木	854	191	76	7	10	33	17	48	…	663
群馬	566	290	93	70	43	22	29	33	…	276
埼玉	142	53	20	12	2	3	7	9	…	89
千葉	232	133	16	28	19	13	23	34	…	99
東京	23	2	－	1	－	1	－	－	－	21
神奈川	57	29	13	1	2	6	4	3	…	28
新潟	208	50	16	8	10	6	－	10	…	158
富山	31	14	1	4	5	－	－	4	…	17
石川	76	32	20	3	8	－	1	－	－	44
福井	46	21	6	4	5	3	3	－	－	25
山梨	60	28	6	5	7	2	3	5	…	32
長野	389	83	29	11	17	12	8	6	…	306
岐阜	486	66	37	14	6	2	5	2	…	420
静岡	112	67	14	7	2	11	11	22	…	45
愛知	300	202	25	37	26	22	44	48	…	98
三重	167	24	6	9	1	1	2	5	…	143
滋賀	85	34	5	8	4	7	6	4	…	51
京都	68	15	10	3	1	－	1	－	－	53
大阪	8	4	1	2	－	－	1	－	－	4
兵庫	1,240	58	15	14	5	3	8	13	…	1,180
奈良	44	23	11	7	4	－	－	1	…	21
和歌山	52	13	6	4	2	－	1	－	－	39
鳥取	290	63	36	8	－	5	3	11	…	227
島根	905	64	36	10	6	4	2	6	…	841
岡山	415	74	19	17	5	4	2	27	…	341
広島	567	43	11	7	1	3	7	14	…	524
山口	408	34	5	16	3	4	1	5	…	374
徳島	186	101	29	17	19	7	12	17	…	85
香川	182	85	32	22	7	5	10	9	…	97
愛媛	161	38	12	3	4	4	6	9	…	123
高知	153	23	14	4	1	－	2	2	…	130
福岡	185	52	9	14	3	2	12	12	…	133
佐賀	601	29	11	10	2	2	3	1	…	572
長崎	2,470	41	2	4	3	4	10	18	…	2,430
熊本	2,410	274	77	76	32	25	23	41	…	2,140
大分	1,190	39	－	9	－	5	10	15	…	1,150
宮崎	5,790	206	36	30	58	12	23	47	…	5,590
鹿児島	7,650	142	42	4	4	3	46	43	…	7,510
沖縄	2,370	22	12	5	4	－	1	－	－	2,350
関東農政局	2,940	983	294	169	116	111	109	184	…	1,950
東海農政局	953	292	68	60	33	25	51	55	…	661
中国四国農政局	3,270	525	194	104	46	36	45	100	…	2,740

ケ　乳用種飼養頭数規模別の飼養頭数

単位：頭

全国農業地域・都道府県	計	乳用種飼養頭数規模 小計	1～4頭	5～19	20～49	50～99	100～199	200頭以上	500頭以上	乳用種なし
全国	2,478,000	1,048,000	62,700	46,000	44,000	44,000	85,400	766,200	586,900	1,430,000
(全国農業地域)										
北海道	506,300	406,200	24,500	6,300	11,400	10,600	7,720	345,700	…	100,100
都府県	1,971,000	642,000	38,200	39,700	32,500	33,400	77,700	420,500	…	1,329,000
東北	323,500	111,000	12,100	14,900	5,380	5,200	15,300	58,100	…	212,500
北陸	20,500	12,800	620	520	2,230	640	720	8,040	…	7,750
関東・東山	266,900	161,800	5,310	2,910	7,380	10,700	18,800	116,700	…	105,100
東海	118,100	56,700	4,080	2,940	1,610	3,320	11,200	33,500	…	61,500
近畿	83,900	25,900	1,670	2,060	900	2,360	2,980	15,900	…	58,000
中国	117,200	68,100	5,360	2,560	800	4,020	2,200	53,100	…	49,100
四国	57,600	39,000	1,970	1,540	1,630	1,970	5,690	26,200	…	18,600
九州	909,300	161,200	4,680	11,400	11,100	5,180	20,000	108,800	…	748,100
沖縄	74,400	5,570	2,420	780	1,530	−	x	−	−	68,900
(都道府県)										
北海道	506,300	406,200	24,500	6,300	11,400	10,600	7,720	345,700	…	100,100
青森	52,500	36,000	1,000	1,720	2,110	570	6,130	24,500	…	16,500
岩手	87,700	23,700	3,260	2,800	−	−	5,750	11,900	…	64,000
宮城	79,400	25,200	3,060	3,810	1,760	2,890	1,100	12,600	…	54,100
秋田	18,800	3,360	1,200	250	260	460	x	x	…	15,400
山形	38,100	6,950	330	5,070	390	330	830	−	−	31,100
福島	47,000	15,700	3,210	1,290	860	950	1,010	8,400	…	31,300
茨城	48,500	24,400	100	380	680	770	1,330	21,200	…	24,000
栃木	79,100	49,100	2,460	50	1,610	3,790	4,020	37,200	…	30,000
群馬	54,600	30,800	240	450	2,110	1,410	4,900	21,700	…	23,800
埼玉	16,500	8,020	340	800	x	430	1,290	5,050	…	8,510
千葉	38,600	34,900	1,150	440	1,400	2,300	4,990	24,600	…	3,680
東京	560	x	−	x	−	x	−	−	−	500
神奈川	4,750	3,270	190	x	x	600	500	1,870	…	1,490
新潟	12,500	8,400	250	150	750	370	−	6,890	…	4,080
富山	3,000	1,960	x	260	520	−	−	1,150	…	1,040
石川	2,850	1,290	300	70	720	−	x	−	−	1,560
福井	2,200	1,120	50	50	240	280	510	−	−	1,070
山梨	4,660	3,910	220	320	390	x	430	2,310	…	750
長野	19,700	7,330	610	440	1,020	1,100	1,310	2,840	…	12,400
岐阜	30,100	5,090	2,580	620	310	x	690	x	…	25,000
静岡	19,200	13,900	340	210	x	840	2,790	9,630	…	5,330
愛知	40,400	32,100	870	1,270	1,220	2,260	7,450	19,000	…	8,320
三重	28,400	5,630	300	840	x	x	x	4,150	…	22,800
滋賀	19,300	8,020	280	270	260	2,100	1,240	3,880	…	11,300
京都	5,440	1,030	470	210	x	−	x	−	−	4,410
大阪	640	410	x	x	−	−	x	−	−	230
兵庫	52,200	13,300	580	570	250	260	1,200	10,500	…	38,800
奈良	3,810	2,560	80	750	120	−	−	x	…	1,250
和歌山	2,570	550	190	120	x	−	x	−	−	2,020
鳥取	18,200	8,610	1,310	900	−	730	300	5,370	…	9,590
島根	29,600	16,100	1,910	490	150	2,110	x	10,700	…	13,600
岡山	31,900	24,500	1,340	430	360	300	x	21,800	…	7,460
広島	23,500	13,500	270	350	x	190	840	11,700	…	10,000
山口	13,900	5,470	540	390	170	690	x	3,560	…	8,450
徳島	22,200	15,300	310	730	970	660	2,180	10,400	…	6,900
香川	20,000	16,400	1,320	450	420	720	2,150	11,300	…	3,660
愛媛	9,920	6,060	220	230	180	590	1,000	3,850	…	3,860
高知	5,460	1,260	120	130	x	−	x	x	…	4,200
福岡	21,500	8,960	10	150	100	x	1,580	6,950	…	12,600
佐賀	51,900	7,050	1,020	2,470	x	x	600	x	…	44,800
長崎	79,100	15,100	x	780	210	350	1,660	12,100	…	64,000
熊本	124,600	51,500	3,140	7,120	4,930	2,900	5,250	28,200	…	73,100
大分	46,300	10,200	−	150	−	430	1,320	8,330	…	36,000
宮崎	248,700	39,000	300	680	3,570	650	3,050	30,800	…	209,700
鹿児島	337,200	29,400	200	70	130	180	6,550	22,200	…	307,800
沖縄	74,400	5,570	2,420	780	1,530	−	x	−	−	68,900
関東農政局	286,100	175,700	5,650	3,120	7,450	11,500	21,600	126,400	…	110,500
東海農政局	98,900	42,800	3,740	2,730	1,540	2,480	8,410	23,900	…	56,100
中国四国農政局	174,700	107,000	7,340	4,100	2,420	5,990	7,900	79,300	…	67,700

(1) 全国農業地域・都道府県別（続き）

コ 肉用種の肥育用牛及び乳用種飼養頭数規模別の飼養戸数

単位：戸

全国農業地域・都道府県	計	肉用種の肥育用牛及び乳用種飼養頭数規模									肉用種の子取り又は育成牛のみ
		小計	1～9頭	10～19	20～29	30～49	50～99	100～199	200頭以上	500頭以上	
全国	46,000	10,200	3,310	956	560	1,010	1,310	1,280	1,760	623	35,800
（全国農業地域）											
北海道	2,540	1,220	350	152	50	107	154	48	360	…	1,310
都府県	43,500	8,970	2,960	804	510	906	1,160	1,230	1,400	…	34,500
東北	11,800	2,310	988	251	138	247	257	255	174	…	9,480
北陸	361	225	79	26	18	29	36	20	17	…	136
関東・東山	2,820	1,470	401	145	125	178	192	183	248	…	1,350
東海	1,070	773	160	73	52	76	108	153	151	…	292
近畿	1,500	398	110	38	25	38	54	59	74	…	1,100
中国	2,590	526	213	46	26	37	58	57	89	…	2,060
四国	682	424	148	46	34	42	41	50	63	…	258
九州	20,300	2,660	785	114	78	259	404	447	572	…	17,600
沖縄	2,370	180	80	65	14	-	7	3	11	…	2,190
（都道府県）											
北海道	2,540	1,220	350	152	50	107	154	48	360	…	1,310
青森	819	269	126	10	8	14	23	41	47	…	550
岩手	4,350	571	309	70	18	64	36	45	29	…	3,780
宮城	3,140	742	316	71	66	101	100	61	27	…	2,400
秋田	803	156	58	28	13	15	14	18	10	…	647
山形	656	303	98	32	16	40	49	40	28	…	353
福島	2,020	269	81	40	17	13	35	50	33	…	1,750
茨城	500	224	45	25	21	33	29	29	42	…	276
栃木	854	366	101	34	40	47	37	36	71	…	488
群馬	566	373	130	43	23	41	48	38	50	…	193
埼玉	142	86	32	9	-	10	2	16	17	…	56
千葉	232	160	35	8	16	9	23	31	38	…	72
東京	23	9	2	1	4	-	1	-	1	…	14
神奈川	57	48	11	8	4	4	6	10	5	…	9
新潟	208	116	34	18	10	15	23	6	10	…	92
富山	31	23	4	1	1	6	5	2	4	…	8
石川	76	50	29	3	6	2	3	5	2	…	26
福井	46	36	12	4	1	6	5	7	1	…	10
山梨	60	45	7	7	5	6	11	4	5	…	15
長野	389	161	38	10	12	28	35	19	19	…	228
岐阜	486	215	58	20	20	13	37	45	22	…	271
静岡	112	107	22	9	-	4	20	23	29	…	5
愛知	300	285	50	35	19	34	26	58	63	…	15
三重	167	166	30	9	13	25	25	27	37	…	1
滋賀	85	82	5	7	3	7	14	26	20	…	3
京都	68	32	14	3	2	4	-	1	8	…	36
大阪	8	8	1	-	-	3	2	1	1	…	-
兵庫	1,240	212	62	19	17	15	30	28	41	…	1,030
奈良	44	36	17	6	3	4	3	-	3	…	8
和歌山	52	28	11	3	-	5	5	3	1	…	24
鳥取	290	95	40	5	8	4	5	18	15	…	195
島根	905	128	70	14	2	10	9	9	14	…	777
岡山	415	114	49	4	4	5	11	7	34	…	301
広島	567	103	40	4	5	6	20	12	16	…	464
山口	408	86	14	19	7	12	13	11	10	…	322
徳島	186	139	43	11	7	23	13	11	31	…	47
香川	182	147	65	22	8	9	12	14	17	…	35
愛媛	161	81	19	11	5	6	14	16	10	…	80
高知	153	57	21	2	14	4	2	9	5	…	96
福岡	185	126	12	7	7	26	15	34	25	…	59
佐賀	601	216	16	8	11	25	45	61	50	…	385
長崎	2,470	195	30	6	13	20	34	46	46	…	2,280
熊本	2,410	622	239	42	14	66	103	80	78	…	1,790
大分	1,190	141	35	9	3	19	18	26	31	…	1,040
宮崎	5,790	600	117	19	24	97	100	87	156	…	5,190
鹿児島	7,650	759	336	23	6	6	89	113	186	…	6,890
沖縄	2,370	180	80	65	14	-	7	3	11	…	2,190
関東農政局	2,940	1,580	423	154	125	182	212	206	277	…	1,360
東海農政局	953	666	138	64	52	72	88	130	122	…	287
中国四国農政局	3,270	950	361	92	60	79	99	107	152	…	2,320

サ　肉用種の肥育用牛及び乳用種飼養頭数規模別の飼養頭数

単位：頭

全国農業地域・都道府県	計	肉用種の肥育用牛及び乳用種飼養頭数規模									肉用種の子取り又は育成牛のみ
		小計	1～9頭	10～19	20～29	30～49	50～99	100～199	200頭以上	500頭以上	
全国	2,478,000	1,787,000	90,200	30,100	22,900	55,400	122,800	205,200	1,260,000	874,700	690,800
(全国農業地域)											
北海道	506,300	452,800	29,300	7,250	1,480	10,800	19,400	11,000	373,600	…	53,500
都府県	1,971,000	1,334,000	60,900	22,800	21,400	44,600	103,400	194,200	886,700	…	637,300
東北	323,500	219,000	18,900	6,650	6,040	12,400	23,100	38,000	113,900	…	104,500
北陸	20,500	18,400	730	460	730	1,700	2,760	2,970	9,040	…	2,140
関東・東山	266,900	234,900	3,130	2,850	3,460	7,960	15,100	31,700	170,800	…	32,000
東海	118,100	111,200	2,320	1,810	2,180	4,020	9,580	24,000	67,300	…	6,950
近畿	83,900	66,700	1,920	940	1,570	2,280	5,000	8,890	46,100	…	17,300
中国	117,200	96,100	4,660	1,000	1,470	2,960	6,230	9,550	70,200	…	21,100
四国	57,600	53,700	2,140	1,200	1,160	2,320	3,690	7,720	35,500	…	3,890
九州	909,300	511,700	20,600	4,100	2,520	11,000	35,600	70,400	367,600	…	397,600
沖縄	74,400	22,400	6,560	3,840	2,300	-	2,410	1,020	6,300	…	52,000
(都道府県)											
北海道	506,300	452,800	29,300	7,250	1,480	10,800	19,400	11,000	373,600	…	53,500
青森	52,500	41,800	2,250	1,160	180	1,060	2,710	5,710	28,700	…	10,700
岩手	87,700	51,700	6,610	1,130	2,110	3,220	5,380	7,250	26,000	…	36,000
宮城	79,400	52,400	4,430	1,870	2,360	5,270	7,720	9,360	21,400	…	27,000
秋田	18,800	11,100	1,970	640	460	510	950	2,790	3,770	…	7,720
山形	38,100	32,600	1,450	650	470	1,660	3,840	5,810	18,700	…	5,470
福島	47,000	29,500	2,190	1,200	460	650	2,520	7,090	15,400	…	17,600
茨城	48,500	45,100	370	470	610	1,500	2,490	4,830	34,900	…	3,350
栃木	79,100	62,200	750	600	1,070	2,010	2,720	6,060	49,000	…	16,900
群馬	54,600	47,700	320	630	520	1,760	3,120	7,010	34,400	…	6,860
埼玉	16,500	15,500	320	440	-	600	x	2,380	11,400	…	1,040
千葉	38,600	37,500	540	220	540	330	1,920	5,800	28,200	…	1,060
東京	560	450	x	x	90	-	x	-	x	…	110
神奈川	4,750	4,440	80	120	120	170	570	1,110	2,280	…	320
新潟	12,500	11,000	250	300	460	680	1,620	780	6,940	…	1,460
富山	3,000	2,720	50	x	x	580	480	x	1,160	…	290
石川	2,850	2,600	320	60	200	x	320	850	x	…	250
福井	2,200	2,050	120	80	x	310	350	950	x	…	140
山梨	4,660	4,560	130	210	120	320	910	570	2,310	…	110
長野	19,700	17,500	560	160	400	1,260	2,950	3,950	8,190	…	2,260
岐阜	30,100	23,300	1,220	700	810	720	3,500	7,620	8,710	…	6,860
静岡	19,200	19,200	500	150	-	160	1,680	3,840	12,900	…	20
愛知	40,400	40,300	510	810	990	2,120	2,490	8,560	24,800	…	70
三重	28,400	28,400	90	150	380	1,030	1,900	4,000	20,900	…	x
滋賀	19,300	19,300	70	130	90	330	1,340	4,250	13,100	…	10
京都	5,440	5,050	140	120	x	430	-	x	4,110	…	390
大阪	640	640	x	-	-	170	x	x	x	…	-
兵庫	52,200	36,100	1,340	550	1,240	920	2,930	4,010	25,100	…	16,100
奈良	3,810	3,710	110	100	90	190	240	-	3,000	…	100
和歌山	2,570	1,870	250	40	-	260	350	410	x	…	710
鳥取	18,200	16,300	1,510	140	500	660	1,070	3,000	9,400	…	1,940
島根	29,600	22,500	500	410	x	720	1,670	1,980	17,200	…	7,070
岡山	31,900	28,700	1,520	40	150	220	880	1,220	24,600	…	3,240
広島	23,500	18,600	690	70	420	680	1,700	1,830	13,200	…	4,950
山口	13,900	10,100	440	340	330	680	920	1,520	5,820	…	3,860
徳島	22,200	21,100	900	320	250	1,370	1,340	1,600	15,300	…	1,090
香川	20,000	19,300	630	520	300	460	1,050	2,080	14,300	…	680
愛媛	9,920	8,770	340	330	140	320	1,110	2,300	4,240	…	1,160
高知	5,460	4,510	270	x	470	180	x	1,750	1,620	…	950
福岡	21,500	18,800	60	120	180	990	1,080	5,100	11,200	…	2,760
佐賀	51,900	40,600	730	250	450	1,170	3,610	9,530	24,900	…	11,300
長崎	79,100	37,900	4,010	90	310	710	2,150	6,230	24,400	…	41,200
熊本	124,600	96,600	11,400	2,580	680	3,570	11,700	14,300	52,300	…	28,100
大分	46,300	25,400	300	160	80	830	1,590	4,210	18,200	…	20,900
宮崎	248,700	126,200	840	340	580	3,400	6,690	13,000	101,300	…	122,600
鹿児島	337,200	166,300	3,190	560	240	320	8,750	18,000	135,300	…	170,900
沖縄	74,400	22,400	6,560	3,840	2,300	-	2,410	1,020	6,300	…	52,000
関東農政局	286,100	254,100	3,620	3,000	3,460	8,120	16,800	35,500	183,600	…	32,000
東海農政局	98,900	92,000	1,830	1,660	2,180	3,860	7,900	20,200	54,400	…	6,930
中国四国農政局	174,700	149,800	6,800	2,190	2,630	5,290	9,920	17,300	105,700	…	24,900

66 肉用牛

(1) 全国農業地域・都道府県別（続き）

シ 交雑種飼養頭数規模別の飼養戸数

単位：戸

全国農業地域・都道府県	計	交雑種飼養頭数規模 小計	1～4頭	5～19	20～49	50～99	100～199	200頭以上	500頭以上	交雑種なし
全国	46,000	3,730	1,260	707	389	332	402	638	256	42,300
(全国農業地域)										
北海道	2,540	635	296	94	40	41	5	159	…	1,900
都府県	43,500	3,100	968	613	349	291	397	479	…	40,400
東北	11,800	570	237	114	41	33	98	47	…	11,200
北陸	361	109	40	24	24	6	5	10	…	252
関東・東山	2,820	800	230	128	123	94	92	133	…	2,020
東海	1,070	340	83	55	37	36	58	71	…	725
近畿	1,500	134	48	31	13	9	17	16	…	1,370
中国	2,590	230	91	44	13	24	12	46	…	2,360
四国	682	187	65	30	21	14	25	32	…	495
九州	20,300	705	162	182	73	75	89	124	…	19,600
沖縄	2,370	22	12	5	4	-	1	-	-	2,350
(都道府県)										
北海道	2,540	635	296	94	40	41	5	159	…	1,900
青森	819	118	49	22	6	7	24	10	…	701
岩手	4,350	127	38	21	-	-	56	12	…	4,220
宮城	3,140	128	69	27	16	6	3	7	…	3,020
秋田	803	56	34	10	4	5	1	2	…	747
山形	656	41	14	12	6	2	7	-	-	615
福島	2,020	100	33	22	9	13	7	16	…	1,920
茨城	500	99	35	21	12	6	6	19	…	401
栃木	854	177	76	11	14	28	11	37	…	677
群馬	566	240	45	46	49	31	31	38	…	326
埼玉	142	48	16	14	4	4	6	4	…	94
千葉	232	110	23	17	20	7	21	22	…	122
東京	23	2	-	-	2	-	-	-	-	21
神奈川	57	27	9	1	2	6	6	3	…	30
新潟	208	48	17	9	12	2	1	7	…	160
富山	31	14	1	4	4	1	1	3	…	17
石川	76	28	17	7	4	-	-	-	-	48
福井	46	19	5	4	4	3	3	-	-	27
山梨	60	26	5	5	8	2	1	5	…	34
長野	389	71	21	13	12	10	10	5	…	318
岐阜	486	59	35	10	5	2	5	2	…	427
静岡	112	66	13	6	4	11	12	20	…	46
愛知	300	192	29	30	27	22	40	44	…	108
三重	167	23	6	9	1	1	1	5	…	144
滋賀	85	33	5	8	5	5	6	4	…	52
京都	68	14	12	-	1	-	1	-	-	54
大阪	8	4	2	1	-	-	1	-	-	4
兵庫	1,240	50	13	10	4	4	8	11	…	1,190
奈良	44	21	11	7	2	-	-	1	…	23
和歌山	52	12	5	5	1	-	1	-	-	40
鳥取	290	44	23	7	-	8	3	3	…	246
島根	905	49	24	12	5	3	2	3	…	856
岡山	415	66	30	4	4	2	2	24	…	349
広島	567	39	10	5	2	6	4	12	…	528
山口	408	32	4	16	2	5	1	4	…	376
徳島	186	90	28	17	11	6	12	16	…	96
香川	182	48	13	8	4	7	8	8	…	134
愛媛	161	31	10	3	5	1	4	8	…	130
高知	153	18	14	2	1	-	1	-	-	135
福岡	185	50	18	6	5	1	12	8	…	135
佐賀	601	27	9	10	2	2	3	1	…	574
長崎	2,470	36	4	-	3	3	11	15	…	2,440
熊本	2,410	240	52	91	36	10	21	30	…	2,170
大分	1,190	22	-	-	3	8	5	6	…	1,160
宮崎	5,790	193	36	68	8	36	8	37	…	5,600
鹿児島	7,650	137	43	7	16	15	29	27	…	7,510
沖縄	2,370	22	12	5	4	-	1	-	-	2,350
関東農政局	2,940	866	243	134	127	105	104	153	…	2,070
東海農政局	953	274	70	49	33	25	46	51	…	679
中国四国農政局	3,270	417	156	74	34	38	37	78	…	2,850

ス 交雑種飼養頭数規模別の交雑種飼養頭数

単位：頭

全国農業地域・都道府県	交雑種飼養頭数規模 計	1～4頭	5～19	20～49	50～99	100～199	200頭以上	500頭以上
全国	492,500	2,710	7,140	12,100	22,600	56,800	391,000	272,800
(全国農業地域)								
北海道	138,400	510	870	1,210	2,320	680	132,800	…
都府県	354,100	2,190	6,270	10,900	20,300	56,200	258,300	…
東北	46,700	620	1,190	1,110	2,410	12,800	28,500	…
北陸	7,040	90	260	750	430	820	4,690	…
関東・東山	102,500	510	1,170	3,690	6,280	13,700	77,200	…
東海	40,500	180	710	1,130	2,650	8,990	26,900	…
近畿	11,900	100	300	480	650	2,400	7,970	…
中国	35,300	180	360	390	1,450	1,430	31,500	…
四国	26,800	120	290	660	1,060	3,420	21,200	…
九州	82,900	370	1,910	2,570	5,380	12,400	60,300	…
沖縄	450	40	90	140	－	x	－	－
(都道府県)								
北海道	138,400	510	870	1,210	2,320	680	132,800	…
青森	10,200	130	200	170	520	4,030	5,120	…
岩手	14,400	180	330	－	－	6,520	7,330	…
宮城	9,240	150	310	460	450	420	7,450	…
秋田	1,470	70	90	80	370	x	x	…
山形	1,250	40	120	140	x	770	－	－
福島	10,200	60	140	260	880	900	7,950	…
茨城	14,300	100	310	350	540	1,070	12,000	…
栃木	29,300	210	80	510	2,130	1,720	24,700	…
群馬	23,200	50	230	1,300	1,550	3,900	16,100	…
埼玉	3,470	50	230	160	300	1,070	1,660	…
千葉	22,700	30	100	550	490	3,500	18,000	…
東京	x	－	－	x	－	－	－	－
神奈川	2,320	30	x	x	370	600	1,220	…
新潟	4,840	60	140	380	x	x	3,950	…
富山	1,150	x	30	130	x	x	740	…
石川	180	20	50	110	－	－	－	－
福井	860	10	30	130	230	460	－	－
山梨	2,810	10	40	300	x	x	2,180	…
長野	4,350	40	170	390	770	1,660	1,320	…
岐阜	1,890	70	90	150	x	690	x	…
静岡	10,600	20	70	140	820	2,130	7,380	…
愛知	25,300	70	470	830	1,610	6,030	16,300	…
三重	2,790	20	80	x	x	x	2,490	…
滋賀	3,830	10	70	200	330	880	2,350	…
京都	200	20	－	x	－	x	－	－
大阪	190	x	x	－	－	x	－	－
兵庫	6,930	30	100	130	320	1,100	5,250	…
奈良	520	20	70	x	－	－	x	…
和歌山	210	10	50	x	－	x	－	－
鳥取	3,180	40	50	－	500	430	2,150	…
島根	4,910	40	90	170	170	x	4,180	…
岡山	15,300	70	50	80	x	x	14,700	…
広島	9,420	20	70	x	360	410	8,480	…
山口	2,560	10	100	x	300	x	1,970	…
徳島	11,700	40	150	360	490	1,710	8,950	…
香川	11,000	30	80	130	510	1,000	9,270	…
愛媛	3,880	20	40	150	x	580	3,020	…
高知	200	30	x	x	－	x	－	－
福岡	5,100	30	80	180	x	1,440	3,300	…
佐賀	1,070	10	100	x	x	410	x	…
長崎	11,700	20	－	110	260	1,950	9,400	…
熊本	24,800	140	1,000	1,300	810	3,260	18,300	…
大分	6,340	－	－	110	690	780	4,750	…
宮崎	21,600	100	620	220	2,440	1,200	17,000	…
鹿児島	12,300	70	110	580	950	3,380	7,230	…
沖縄	450	40	90	140	－	x	－	－
関東農政局	113,100	520	1,240	3,830	7,110	15,800	84,600	…
東海農政局	30,000	160	640	1,000	1,830	6,860	19,500	…
中国四国農政局	62,100	310	650	1,050	2,510	4,850	52,800	…

注：この表の飼養頭数は、各階層の飼養者が飼っている交雑種の頭数である。

68 肉用牛

(1) 全国農業地域・都道府県別（続き）

セ ホルスタイン種他飼養頭数規模別の飼養戸数

単位：戸

全国農業地域・都道府県	計	ホルスタイン種他飼養頭数規模 小計	1～4頭	5～19	20～49	50～99	100～199	200頭以上	500頭以上	ホルスタイン種他なし
全国	46,000	1,720	759	225	157	153	96	333	169	44,300
(全国農業地域)										
北海道	2,540	563	210	25	53	56	−	219	…	1,970
都府県	43,500	1,160	549	200	104	97	96	114	…	42,300
東北	11,800	149	48	9	11	22	30	29	…	11,600
北陸	361	32	16	4	5	2	1	4	…	329
関東・東山	2,820	333	168	69	31	13	19	33	…	2,490
東海	1,070	74	36	12	9	3	7	7	…	991
近畿	1,500	57	30	16	6	3	1	1	…	1,440
中国	2,590	109	68	13	3	8	2	15	…	2,480
四国	682	125	62	28	18	3	7	7	…	557
九州	20,300	272	115	46	21	43	29	18	…	20,000
沖縄	2,370	9	6	3	−	−	−	−	−	2,360
(都道府県)										
北海道	2,540	563	210	25	53	56	−	219	…	1,970
青森	819	46	−	2	8	1	8	27	…	773
岩手	4,350	32	9	1	−	−	21	1	…	4,320
宮城	3,140	19	1	−	2	15	−	1	…	3,130
秋田	803	21	19	−	1	1	−	−	−	782
山形	656	9	1	6	−	2	−	−	−	647
福島	2,020	22	18	−	−	3	1	−	−	2,000
茨城	500	97	56	18	8	2	3	10	…	403
栃木	854	31	7	10	−	−	6	8	…	823
群馬	566	84	43	27	6	−	6	2	…	482
埼玉	142	9	3	−	−	−	2	4	…	133
千葉	232	74	40	4	11	10	−	9	…	158
東京	23	2	−	2	−	−	−	−	−	21
神奈川	57	6	2	2	2	−	−	−	−	51
新潟	208	11	3	−	3	1	−	4	…	197
富山	31	8	6	1	−	1	−	−	−	23
石川	76	8	5	1	1	−	1	−	−	68
福井	46	5	2	2	1	−	−	−	−	41
山梨	60	6	4	−	−	1	1	−	−	54
長野	389	24	13	6	4	−	1	−	−	365
岐阜	486	16	12	3	1	−	−	−	−	470
静岡	112	11	5	2	−	2	1	1	…	101
愛知	300	44	18	6	8	1	5	6	…	256
三重	167	3	1	1	−	−	1	−	−	164
滋賀	85	5	−	3	1	1	−	−	−	80
京都	68	4	1	3	−	−	−	−	−	64
大阪	8	2	1	−	1	−	−	−	−	6
兵庫	1,240	29	15	7	3	2	1	1	…	1,210
奈良	44	12	9	2	1	−	−	−	−	32
和歌山	52	5	4	1	−	−	−	−	−	47
鳥取	290	30	22	−	−	5	−	3	…	260
島根	905	20	15	3	−	−	1	1	…	885
岡山	415	41	21	9	2	3	1	5	…	374
広島	567	11	6	−	−	−	−	5	…	556
山口	408	7	4	1	1	−	−	1	…	401
徳島	186	49	29	3	13	1	−	3	…	137
香川	182	50	24	19	4	−	2	1	…	132
愛媛	161	15	3	4	1	2	4	1	…	146
高知	153	11	6	2	−	−	1	2	…	142
福岡	185	28	12	4	2	−	6	4	…	157
佐賀	601	4	2	1	−	1	−	−	−	597
長崎	2,470	11	4	1	2	2	−	2	…	2,460
熊本	2,410	134	78	24	7	12	12	1	…	2,280
大分	1,190	18	−	9	−	5	1	3	…	1,170
宮崎	5,790	52	19	7	8	13	−	5	…	5,740
鹿児島	7,650	25	−	−	2	10	10	3	…	7,620
沖縄	2,370	9	6	3	−	−	−	−	−	2,360
関東農政局	2,940	344	173	71	31	15	20	34	…	2,590
東海農政局	953	63	31	10	9	1	6	6	…	890
中国四国農政局	3,270	234	130	41	21	11	9	22	…	3,030

注：「ホルスタイン種他」とは、交雑種を除く乳用種をいう（詳細は、「利用者のために」７ページを参照。）（ソの統計表において同じ。）。

ソ ホルスタイン種他飼養頭数規模別のホルスタイン種他飼養頭数

単位：頭

全国農業地域・都道府県	ホルスタイン種他飼養頭数規模							
	計	1～4頭	5～19	20～49	50～99	100～199	200頭以上	500頭以上
全国	271,900	1,630	2,330	4,900	11,200	13,000	238,800	188,500
(全国農業地域)								
北海道	182,400	300	200	1,710	4,860	－	175,400	…
都府県	89,500	1,340	2,130	3,200	6,320	13,000	63,500	…
東北	19,400	80	110	250	1,200	3,250	14,500	…
北陸	3,090	30	50	190	x	x	2,500	…
関東・東山	26,500	440	620	940	990	2,990	20,500	…
東海	5,490	90	130	290	230	1,150	3,610	…
近畿	1,200	60	170	170	230	x	x	…
中国	10,500	180	150	80	530	x	9,210	…
四国	4,100	100	270	700	190	1,140	1,710	…
九州	19,200	340	570	590	2,830	3,870	11,000	…
沖縄	70	10	60	－	－	－	－	－
(都道府県)								
北海道	182,400	300	200	1,710	4,860	－	175,400	…
青森	15,200	－	x	170	x	880	14,100	…
岩手	2,490	10	x	－	－	2,260	x	…
宮城	1,030	x	－	x	750	－	x	…
秋田	150	40	－	x	x	－	－	－
山形	220	x	90	－	x	－	－	－
福島	290	30	－	－	160	x	－	－
茨城	5,350	180	240	300	x	390	4,130	…
栃木	9,440	20	90	－	－	980	8,350	…
群馬	2,570	40	140	120	－	1,060	x	…
埼玉	2,800	10	－	－	－	x	2,520	…
千葉	5,580	160	60	300	780	－	4,280	…
東京	x	－	x	－	－	－	－	－
神奈川	100	x	x	x	－	－	－	－
新潟	2,710	10	－	130	x	－	2,500	…
富山	80	10	x	－	x	－	－	－
石川	230	10	x	x	－	x	－	－
福井	70	x	x	x	－	－	－	－
山梨	250	0	－	－	x	x	－	－
長野	350	20	50	150	－	x	－	－
岐阜	60	20	20	x	－	－	－	－
静岡	1,450	10	x	－	x	x	x	…
愛知	3,830	60	90	270	x	870	2,490	…
三重	140	x	x	－	－	x	－	－
滋賀	150	－	30	x	x	－	－	－
京都	30	x	30	－	－	－	－	－
大阪	x	x	－	x	－	－	－	－
兵庫	890	30	70	90	x	x	x	…
奈良	70	20	x	x	－	－	－	－
和歌山	30	10	x	－	－	－	－	－
鳥取	3,890	60	－	－	330	－	3,500	…
島根	1,290	30	30	－	－	x	x	…
岡山	3,390	70	110	x	190	x	2,800	…
広島	1,520	20	－	－	－	－	1,500	…
山口	410	10	x	x	－	－	x	…
徳島	1,290	30	40	560	x	－	600	…
香川	930	50	170	120	－	x	x	…
愛媛	1,130	10	50	x	x	640	x	…
高知	760	10	x	－	－	x	x	…
福岡	2,870	20	40	x	－	660	2,070	…
佐賀	70	x	x	－	x	－	－	－
長崎	1,460	10	x	x	x	－	x	…
熊本	5,800	270	300	230	890	1,850	x	…
大分	3,640	－	150	－	410	x	2,910	…
宮崎	2,450	50	50	170	760	－	1,430	…
鹿児島	2,910	－	－	x	570	1,190	1,080	…
沖縄	70	10	60	－	－	－	－	－
関東農政局	27,900	450	630	940	1,160	3,140	21,600	…
東海農政局	4,030	80	110	290	x	1,000	2,490	…
中国四国農政局	14,600	280	420	770	710	1,490	10,900	…

注：この表の飼養頭数は、各階層の飼養者が飼っているホルスタイン種他の頭数である。

70 肉用牛

(1) 全国農業地域・都道府県別（続き）

タ 経営タイプ別飼養戸数

単位：戸

全国農業地域・都道府県	計	肉用種経営					乳用種経営			
		小計	子取り経営	肥育経営	その他経営	一貫経営	小計	育成経営	肥育経営	一貫経営
全国	46,000	43,800	37,900	3,820	2,130	1,720	2,170	339	1,560	270
(全国農業地域)										
北海道	2,540	2,110	1,710	58	341	184	427	203	91	133
都府県	43,500	41,700	36,200	3,760	1,790	1,540	1,740	136	1,470	137
東北	11,800	11,600	9,990	1,130	473	394	198	8	186	4
北陸	361	301	150	92	59	38	60	13	36	11
関東・東山	2,820	2,320	1,490	508	325	204	503	26	450	27
東海	1,070	819	387	304	128	116	246	9	207	30
近畿	1,500	1,420	1,130	240	49	45	82	14	60	8
中国	2,590	2,470	2,200	144	132	121	114	28	80	6
四国	682	522	300	143	79	79	160	15	132	13
九州	20,300	19,900	18,200	1,190	487	487	379	23	318	38
沖縄	2,370	2,370	2,310	10	53	53	-	-	-	-
(都道府県)										
北海道	2,540	2,110	1,710	58	341	184	427	203	91	133
青森	819	757	661	55	41	25	62	-	62	-
岩手	4,350	4,290	3,920	331	38	38	57	-	56	1
宮城	3,140	3,130	2,550	392	186	176	17	2	15	-
秋田	803	789	702	49	38	37	14	-	13	1
山形	656	644	375	211	58	58	12	2	8	2
福島	2,020	1,980	1,780	89	112	60	36	4	32	-
茨城	500	448	256	134	58	25	52	-	52	-
栃木	854	748	549	110	89	65	106	6	100	-
群馬	566	400	265	97	38	20	166	1	164	1
埼玉	142	113	81	28	4	4	29	3	26	-
千葉	232	156	87	33	36	36	76	10	49	17
東京	23	22	15	6	1	1	1	-	-	1
神奈川	57	38	16	19	3	3	19	-	19	-
新潟	208	190	102	62	26	25	18	-	13	5
富山	31	21	10	7	4	4	10	1	7	2
石川	76	59	29	9	21	4	17	11	5	1
福井	46	31	9	14	8	5	15	1	11	3
山梨	60	42	17	9	16	15	18	-	18	-
長野	389	353	201	72	80	35	36	6	22	8
岐阜	486	469	296	94	79	67	17	2	13	2
静岡	112	64	21	27	16	16	48	-	46	2
愛知	300	132	64	53	15	15	168	5	138	25
三重	167	154	6	130	18	18	13	2	10	1
滋賀	85	70	5	42	23	23	15	-	12	3
京都	68	65	48	13	4	3	3	1	2	-
大阪	8	7	-	5	2	2	1	-	1	-
兵庫	1,240	1,200	1,040	149	13	13	43	2	39	2
奈良	44	31	10	16	5	2	13	9	4	-
和歌山	52	45	28	15	2	2	7	2	2	3
鳥取	290	274	237	19	18	15	16	4	9	3
島根	905	876	830	29	17	15	29	-	29	-
岡山	415	388	329	28	31	29	27	13	14	-
広島	567	540	477	46	17	17	27	10	14	3
山口	408	393	322	22	49	45	15	1	14	-
徳島	186	123	53	53	17	17	63	6	57	-
香川	182	121	50	47	24	24	61	6	48	7
愛媛	161	136	89	32	15	15	25	2	18	5
高知	153	142	108	11	23	23	11	1	9	1
福岡	185	137	59	53	25	25	48	2	42	4
佐賀	601	594	398	176	20	20	7	-	6	1
長崎	2,470	2,440	2,300	123	9	9	35	3	32	-
熊本	2,410	2,330	2,020	166	142	142	80	6	69	5
大分	1,190	1,160	1,070	72	24	24	23	1	22	-
宮崎	5,790	5,700	5,350	254	95	95	91	11	52	28
鹿児島	7,650	7,550	7,030	348	172	172	95	-	95	-
沖縄	2,370	2,370	2,310	10	53	53	-	-	-	-
関東農政局	2,940	2,380	1,510	535	341	220	551	26	496	29
東海農政局	953	755	366	277	112	100	198	9	161	28
中国四国農政局	3,270	2,990	2,500	287	211	200	274	43	212	19

チ　経営タイプ別飼養頭数

単位：頭

全国農業地域・都道府県	計	肉用種経営					乳用種経営			
		小計	子取り経営	肥育経営	その他経営	一貫経営	小計	育成経営	肥育経営	一貫経営
全国	2,478,000	1,748,000	814,100	582,100	351,400	336,900	730,100	105,200	460,400	164,500
(全国農業地域)										
北海道	506,300	181,100	100,200	28,800	52,000	43,000	325,200	83,100	117,600	124,500
都府県	1,971,000	1,567,000	713,900	553,200	299,400	293,900	404,900	22,000	342,800	40,000
東北	323,500	274,900	132,500	89,800	52,500	51,200	48,600	1,330	45,700	1,530
北陸	20,500	11,000	2,820	5,310	2,840	2,360	9,550	100	7,930	1,520
関東・東山	266,900	140,200	32,500	74,900	32,800	29,600	126,700	4,920	105,100	16,700
東海	118,100	73,900	10,900	40,600	22,500	22,300	44,200	2,580	37,200	4,450
近畿	83,900	72,200	18,200	41,700	12,300	12,300	11,700	230	9,600	1,880
中国	117,200	78,400	27,200	23,000	28,200	28,000	38,700	6,590	30,400	1,790
四国	57,600	27,800	6,650	12,800	8,310	8,310	29,800	2,800	21,300	5,700
九州	909,300	813,700	420,600	263,100	129,900	129,900	95,600	3,490	85,600	6,460
沖縄	74,400	74,400	62,500	1,940	10,000	10,000	–	–	–	–
(都道府県)										
北海道	506,300	181,100	100,200	28,800	52,000	43,000	325,200	83,100	117,600	124,500
青森	52,500	30,800	18,000	6,550	6,330	5,980	21,700	–	21,700	–
岩手	87,700	75,200	43,600	13,800	17,900	17,900	12,500	–	11,200	x
宮城	79,400	76,000	34,400	23,600	17,900	17,000	3,390	x	3,090	–
秋田	18,800	17,600	9,920	4,990	2,720	2,700	1,180	–	1,090	x
山形	38,100	37,400	6,350	27,600	3,520	3,520	660	x	480	x
福島	47,000	37,800	20,300	13,300	4,180	4,070	9,240	980	8,260	–
茨城	48,500	28,200	3,270	22,600	2,260	2,020	20,300	–	20,300	–
栃木	79,100	43,100	15,900	9,520	17,600	15,300	36,000	4,140	31,900	–
群馬	54,600	28,900	7,080	18,000	3,810	3,580	25,700	x	24,800	x
埼玉	16,500	10,300	1,710	7,950	600	600	6,270	50	6,220	–
千葉	38,600	10,200	1,410	3,520	5,290	5,290	28,300	430	13,200	14,700
東京	560	550	180	320	x	x	x	–	–	x
神奈川	4,750	2,340	390	1,780	180	180	2,410	–	2,410	–
新潟	12,500	5,500	1,540	2,520	1,440	1,160	6,970	–	5,970	1,000
富山	3,000	1,640	650	510	490	490	1,360	x	1,030	x
石川	2,850	2,460	460	1,470	540	370	390	50	300	x
福井	2,200	1,360	180	820	370	350	830	x	640	200
山梨	4,660	1,270	160	350	770	680	3,390	–	3,390	–
長野	19,700	15,500	2,420	10,800	2,240	1,890	4,220	250	2,980	990
岐阜	30,100	28,400	7,680	10,000	10,700	10,400	1,740	x	960	x
静岡	19,200	8,720	480	4,890	3,350	3,350	10,500	–	10,400	x
愛知	40,400	10,600	2,570	4,960	3,110	3,110	29,800	900	24,600	4,220
三重	28,400	26,200	120	20,700	5,360	5,360	2,200	x	1,200	x
滋賀	19,300	15,900	60	10,600	5,260	5,260	3,360	–	1,570	1,790
京都	5,440	5,210	800	2,640	1,780	1,770	230	x	x	–
大阪	640	440	–	320	x	x	x	–	x	–
兵庫	52,200	44,600	16,200	25,600	2,820	2,820	7,580	x	7,390	x
奈良	3,810	3,680	200	1,240	2,240	x	130	40	90	–
和歌山	2,570	2,370	930	1,320	x	x	210	x	x	30
鳥取	18,200	12,500	4,410	5,530	2,590	2,560	5,680	2,070	2,590	1,020
島根	29,600	27,400	8,730	6,860	11,800	11,800	2,200	–	2,200	–
岡山	31,900	16,300	4,400	3,580	8,270	8,130	15,700	3,470	12,200	–
広島	23,500	10,700	5,480	3,110	2,130	2,130	12,800	1,030	11,000	770
山口	13,900	11,500	4,160	3,920	3,430	3,420	2,410	x	2,390	–
徳島	22,200	11,500	2,690	5,430	3,360	3,360	10,700	340	10,300	–
香川	20,000	6,680	1,230	3,800	1,640	1,640	13,400	2,250	7,050	4,050
愛媛	9,920	5,210	1,540	2,490	1,180	1,180	4,720	x	3,090	1,480
高知	5,460	4,420	1,180	1,110	2,130	2,130	1,040	x	810	x
福岡	21,500	14,600	2,760	9,900	1,960	1,960	6,910	x	6,260	610
佐賀	51,900	51,100	12,200	34,500	4,360	4,360	770	–	620	x
長崎	79,100	67,500	45,100	19,700	2,610	2,610	11,600	30	11,500	–
熊本	124,600	95,600	55,200	26,200	14,300	14,300	29,000	1,410	25,800	1,810
大分	46,300	37,000	21,200	11,600	4,230	4,230	9,240	x	8,880	–
宮崎	248,700	231,400	125,300	60,400	45,600	45,600	17,400	1,660	11,800	3,890
鹿児島	337,200	316,400	158,800	100,800	56,900	56,900	20,800	–	20,800	–
沖縄	74,400	74,400	62,500	1,940	10,000	10,000	–	–	–	–
関東農政局	286,100	149,000	33,000	79,800	36,200	32,900	137,200	4,920	115,500	16,800
東海農政局	98,900	65,200	10,400	35,700	19,100	18,900	33,700	2,580	26,800	4,330
中国四国農政局	174,700	106,200	33,800	35,800	36,500	36,400	68,500	9,380	51,600	7,490

72 肉 用 牛

(1) 全国農業地域・都道府県別（続き）

ツ 肉用種月別出生頭数（めす・おす計）

全国農業地域・都道府県		計	平成29年 8月	9	10	11	12
全国	(1)	533,000	45,700	43,400	41,400	41,600	44,500
(全国農業地域)							
北海道	(2)	76,100	6,520	6,340	5,860	6,050	6,340
都府県	(3)	456,900	39,200	37,000	35,500	35,600	38,100
東北	(4)	82,900	7,140	6,860	6,200	6,090	6,450
北陸	(5)	3,160	280	290	270	250	270
関東・東山	(6)	34,600	3,020	2,920	2,580	2,720	2,980
東海	(7)	14,300	1,240	1,210	1,060	1,180	1,190
近畿	(8)	14,500	1,250	1,100	970	970	1,130
中国	(9)	23,600	2,110	1,870	1,760	1,750	1,970
四国	(10)	5,740	520	480	480	440	490
九州	(11)	246,400	20,800	19,600	19,500	19,600	21,000
沖縄	(12)	31,700	2,800	2,700	2,650	2,570	2,640
(都道府県)							
北海道	(13)	76,100	6,520	6,340	5,860	6,050	6,340
青森	(14)	9,150	750	800	650	580	630
岩手	(15)	29,600	2,540	2,460	2,200	2,160	2,200
宮城	(16)	21,900	1,850	1,780	1,630	1,640	1,810
秋田	(17)	5,590	480	410	420	430	440
山形	(18)	4,430	390	370	370	350	370
福島	(19)	12,200	1,130	1,040	920	920	990
茨城	(20)	4,500	370	400	320	330	350
栃木	(21)	13,100	1,220	1,110	1,020	960	1,090
群馬	(22)	7,690	610	640	550	640	690
埼玉	(23)	1,400	130	100	100	110	120
千葉	(24)	3,200	280	300	240	280	320
東京	(25)	110	10	10	10	10	10
神奈川	(26)	460	40	50	40	40	40
新潟	(27)	1,430	110	130	130	110	130
富山	(28)	660	50	70	50	40	50
石川	(29)	770	80	60	70	70	60
福井	(30)	300	30	30	20	30	20
山梨	(31)	650	60	60	30	60	50
長野	(32)	3,490	310	270	280	290	300
岐阜	(33)	7,460	640	610	530	610	590
静岡	(34)	1,130	110	90	110	110	110
愛知	(35)	3,910	370	350	310	280	360
三重	(36)	1,790	130	160	120	170	140
滋賀	(37)	1,310	110	100	100	120	130
京都	(38)	740	70	60	60	60	70
大阪	(39)	50	0	0	0	10	-
兵庫	(40)	11,200	940	840	720	700	850
奈良	(41)	630	80	60	50	40	40
和歌山	(42)	550	50	40	50	50	50
鳥取	(43)	3,200	320	250	240	220	270
島根	(44)	7,680	660	590	600	530	610
岡山	(45)	5,110	450	420	370	420	460
広島	(46)	4,190	340	340	300	310	360
山口	(47)	3,420	340	280	250	280	280
徳島	(48)	1,680	150	150	140	130	140
香川	(49)	1,530	150	130	140	110	150
愛媛	(50)	1,140	90	80	90	90	100
高知	(51)	1,390	120	120	110	110	110
福岡	(52)	3,020	230	250	240	250	290
佐賀	(53)	8,180	700	640	630	690	760
長崎	(54)	23,900	1,950	1,800	1,850	1,890	2,000
熊本	(55)	34,000	2,900	2,780	2,590	2,600	2,860
大分	(56)	13,500	1,150	1,080	1,070	1,050	1,140
宮崎	(57)	70,700	6,170	5,610	5,630	5,580	5,920
鹿児島	(58)	93,200	7,750	7,440	7,540	7,560	8,060
沖縄	(59)	31,700	2,800	2,700	2,650	2,570	2,640
関東農政局	(60)	35,800	3,130	3,010	2,690	2,830	3,080
東海農政局	(61)	13,200	1,130	1,120	960	1,070	1,090
中国四国農政局	(62)	29,300	2,630	2,350	2,240	2,190	2,460

注：　この表は、調査実施時点（平成31年２月）において牛個体識別全国データベースにより得られた集計結果から、算出可能な期間（平成29年８月から平成30年７月まで）の数値を整理したものである（テ及びトの統計表において同じ。）。

単位：頭

平成30年 1月	2	3	4	5	6	7	
44,400	40,400	47,300	46,100	45,800	45,100	47,400	(1)
6,160	5,380	6,500	6,610	6,830	6,660	6,830	(2)
38,200	35,000	40,800	39,500	39,000	38,500	40,500	(3)
6,690	6,020	7,580	7,710	7,380	7,240	7,550	(4)
250	220	290	280	270	220	290	(5)
2,970	2,670	3,020	3,020	2,940	2,790	3,020	(6)
1,230	1,120	1,270	1,220	1,140	1,230	1,210	(7)
1,250	1,210	1,400	1,400	1,260	1,230	1,340	(8)
1,940	1,830	2,190	2,010	1,980	2,040	2,150	(9)
450	420	510	490	470	470	520	(10)
20,800	19,200	21,800	20,800	20,800	20,700	21,700	(11)
2,590	2,320	2,660	2,590	2,800	2,600	2,780	(12)
6,160	5,380	6,500	6,610	6,830	6,660	6,830	(13)
690	600	850	960	850	880	910	(14)
2,340	2,210	2,960	2,810	2,620	2,560	2,580	(15)
1,870	1,590	1,880	1,950	1,940	1,930	2,060	(16)
420	400	510	560	520	510	490	(17)
400	330	360	360	400	340	390	(18)
980	900	1,020	1,070	1,050	1,020	1,120	(19)
360	310	410	400	430	400	450	(20)
1,160	970	1,090	1,120	1,150	1,060	1,180	(21)
680	620	710	680	610	610	660	(22)
120	120	130	130	120	110	110	(23)
260	300	280	270	210	240	240	(24)
10	10	10	0	10	10	20	(25)
40	40	50	40	30	20	20	(26)
110	100	140	130	120	100	130	(27)
70	50	60	60	60	40	60	(28)
60	50	60	60	70	50	80	(29)
20	20	30	20	30	20	30	(30)
60	40	60	60	60	60	50	(31)
290	260	290	320	320	280	290	(32)
650	610	690	660	600	630	640	(33)
70	90	100	90	80	100	90	(34)
350	270	350	320	270	370	330	(35)
160	160	140	150	180	140	160	(36)
130	100	120	110	100	110	110	(37)
60	50	60	80	60	50	70	(38)
10	0	10	0	0	0	0	(39)
970	960	1,100	1,110	1,020	980	1,050	(40)
40	60	70	50	50	60	50	(41)
50	30	40	40	40	40	60	(42)
250	250	330	270	240	240	330	(43)
610	630	730	680	710	660	680	(44)
470	400	430	370	410	450	470	(45)
340	290	400	390	350	410	370	(46)
270	270	300	310	260	280	300	(47)
140	130	170	170	130	120	130	(48)
120	100	120	100	130	160	140	(49)
100	90	110	110	90	70	100	(50)
90	110	120	120	120	120	150	(51)
260	230	300	260	230	230	260	(52)
690	710	700	690	690	620	660	(53)
2,050	1,940	2,140	2,040	2,050	2,010	2,130	(54)
2,820	2,700	3,040	2,860	2,840	2,940	3,040	(55)
1,100	1,050	1,190	1,170	1,130	1,140	1,200	(56)
5,930	5,410	6,160	5,980	6,000	5,960	6,330	(57)
7,980	7,150	8,300	7,790	7,800	7,760	8,070	(58)
2,590	2,320	2,660	2,590	2,800	2,600	2,780	(59)
3,040	2,750	3,120	3,110	3,020	2,890	3,110	(60)
1,160	1,040	1,170	1,130	1,060	1,130	1,120	(61)
2,390	2,250	2,700	2,500	2,450	2,500	2,670	(62)

74 肉用牛

(1) 全国農業地域・都道府県別（続き）

テ 肉用種月別出生頭数（めす）

全国農業地域・都道府県		計	平成29年 8月	9	10	11	12
全国	(1)	252,500	21,700	20,500	19,500	19,700	20,900
(全国農業地域)							
北海道	(2)	35,700	3,040	2,980	2,820	2,880	2,930
都府県	(3)	216,800	18,700	17,500	16,700	16,900	17,900
東北	(4)	39,000	3,370	3,160	2,890	2,870	2,960
北陸	(5)	1,480	130	140	120	120	120
関東・東山	(6)	15,900	1,420	1,350	1,170	1,260	1,330
東海	(7)	6,400	540	530	470	510	560
近畿	(8)	6,770	600	510	440	440	530
中国	(9)	11,000	950	890	790	820	890
四国	(10)	2,700	250	220	210	220	240
九州	(11)	118,700	10,100	9,430	9,410	9,460	10,000
沖縄	(12)	14,900	1,320	1,270	1,200	1,160	1,250
(都道府県)							
北海道	(13)	35,700	3,040	2,980	2,820	2,880	2,930
青森	(14)	4,240	350	360	320	260	280
岩手	(15)	13,900	1,180	1,160	1,040	1,020	1,020
宮城	(16)	10,400	900	820	760	770	830
秋田	(17)	2,710	230	190	200	210	210
山形	(18)	2,050	170	170	170	170	160
福島	(19)	5,670	530	460	410	440	460
茨城	(20)	2,100	180	190	160	170	150
栃木	(21)	6,150	560	520	460	450	530
群馬	(22)	3,420	290	290	250	290	290
埼玉	(23)	640	70	50	50	50	60
千葉	(24)	1,380	120	120	90	110	130
東京	(25)	50	10	0	0	0	10
神奈川	(26)	190	10	30	20	20	10
新潟	(27)	650	60	50	50	60	60
富山	(28)	320	30	30	30	20	20
石川	(29)	370	30	30	40	40	30
福井	(30)	150	10	20	10	10	10
山梨	(31)	290	30	20	20	30	20
長野	(32)	1,670	150	130	130	140	140
岐阜	(33)	3,430	270	300	240	270	280
静岡	(34)	470	50	30	40	40	50
愛知	(35)	1,600	150	140	120	110	170
三重	(36)	900	70	70	60	90	70
滋賀	(37)	590	50	40	50	50	70
京都	(38)	360	40	20	30	30	40
大阪	(39)	20	0	0	0	-	-
兵庫	(40)	5,290	450	400	320	310	400
奈良	(41)	260	40	20	20	20	10
和歌山	(42)	250	30	20	20	20	20
鳥取	(43)	1,550	130	120	120	100	140
島根	(44)	3,590	310	290	260	260	280
岡山	(45)	2,340	210	200	150	190	210
広島	(46)	1,910	150	160	130	150	150
山口	(47)	1,600	150	120	120	120	110
徳島	(48)	820	80	70	60	70	60
香川	(49)	690	70	60	60	50	70
愛媛	(50)	530	50	40	40	50	50
高知	(51)	660	60	60	50	50	50
福岡	(52)	1,390	100	110	100	110	140
佐賀	(53)	3,930	360	310	310	330	360
長崎	(54)	11,600	950	870	920	930	1,000
熊本	(55)	15,900	1,400	1,300	1,220	1,200	1,310
大分	(56)	6,390	540	500	500	500	560
宮崎	(57)	34,100	2,980	2,690	2,700	2,680	2,790
鹿児島	(58)	45,500	3,780	3,650	3,660	3,720	3,900
沖縄	(59)	14,900	1,320	1,270	1,200	1,160	1,250
関東農政局	(60)	16,400	1,460	1,380	1,220	1,300	1,380
東海農政局	(61)	5,930	490	500	430	480	510
中国四国農政局	(62)	13,700	1,200	1,120	1,000	1,040	1,120

単位：頭

平成30年 1月	2	3	4	5	6	7	
21,100	19,100	22,400	21,900	21,700	21,500	22,500	(1)
2,950	2,570	3,020	3,050	3,140	3,060	3,240	(2)
18,100	16,600	19,400	18,800	18,500	18,400	19,300	(3)
3,100	2,860	3,560	3,690	3,450	3,480	3,590	(4)
120	100	140	140	130	90	130	(5)
1,350	1,230	1,410	1,390	1,330	1,280	1,370	(6)
550	480	570	540	520	580	550	(7)
610	540	640	660	600	580	610	(8)
890	860	1,040	930	920	980	1,020	(9)
230	190	260	220	220	210	230	(10)
10,000	9,220	10,500	9,980	10,100	9,990	10,500	(11)
1,220	1,100	1,280	1,250	1,320	1,210	1,320	(12)
2,950	2,570	3,020	3,050	3,140	3,060	3,240	(13)
320	290	390	440	390	420	410	(14)
1,090	1,020	1,400	1,340	1,210	1,220	1,240	(15)
860	760	900	930	900	950	990	(16)
200	200	250	290	250	230	230	(17)
180	150	160	180	200	160	180	(18)
450	430	460	510	500	500	520	(19)
160	150	190	190	200	180	190	(20)
540	470	520	520	540	490	540	(21)
290	270	320	310	260	270	300	(22)
50	50	60	60	50	50	50	(23)
120	130	120	120	90	120	100	(24)
0	0	0	0	10	10	10	(25)
10	20	20	20	10	10	10	(26)
50	40	60	60	60	40	50	(27)
30	30	30	30	30	20	30	(28)
30	20	30	40	30	20	40	(29)
10	10	10	10	10	10	10	(30)
30	20	30	30	30	30	20	(31)
150	120	150	140	150	130	140	(32)
310	270	320	300	290	300	290	(33)
30	30	40	40	30	50	40	(34)
140	110	140	130	110	160	140	(35)
80	70	70	80	100	70	70	(36)
60	40	50	50	50	50	40	(37)
30	20	30	40	20	20	40	(38)
0	0	0	-	-	0	0	(39)
470	440	510	530	500	480	480	(40)
20	20	30	30	20	20	20	(41)
20	10	20	20	20	20	30	(42)
130	120	160	120	120	120	170	(43)
270	300	360	310	340	310	310	(44)
230	170	200	180	170	220	220	(45)
150	140	170	180	160	190	180	(46)
120	140	150	140	130	150	150	(47)
70	60	100	70	70	60	60	(48)
60	40	50	50	60	70	60	(49)
50	40	40	50	40	30	50	(50)
50	50	60	50	50	60	70	(51)
130	90	120	130	110	120	120	(52)
330	340	310	340	340	310	310	(53)
980	930	1,040	970	1,000	960	1,020	(54)
1,300	1,240	1,440	1,350	1,300	1,390	1,440	(55)
530	490	600	530	550	530	570	(56)
2,860	2,600	2,970	2,870	2,940	2,880	3,090	(57)
3,930	3,530	4,010	3,790	3,810	3,800	3,930	(58)
1,220	1,100	1,280	1,250	1,320	1,210	1,320	(59)
1,380	1,260	1,460	1,430	1,370	1,330	1,410	(60)
520	450	530	500	490	540	500	(61)
1,120	1,060	1,300	1,160	1,140	1,190	1,260	(62)

76 肉用牛

(1) 全国農業地域・都道府県別（続き）

ト 肉用種月別出生頭数（おす）

全国農業地域・都道府県	計	平成29年 8月	9	10	11	12
全国 (1)	280,500	24,000	22,900	21,800	21,900	23,600
(全国農業地域)						
北海道 (2)	40,400	3,480	3,360	3,040	3,170	3,410
都府県 (3)	240,100	20,500	19,500	18,800	18,700	20,200
東北 (4)	43,900	3,770	3,700	3,300	3,220	3,490
北陸 (5)	1,680	140	150	150	130	150
関東・東山 (6)	18,700	1,610	1,570	1,410	1,460	1,640
東海 (7)	7,890	700	680	600	660	640
近畿 (8)	7,750	650	600	530	540	600
中国 (9)	12,600	1,160	980	970	930	1,090
四国 (10)	3,040	270	250	280	220	260
九州 (11)	127,600	10,700	10,200	10,100	10,200	11,000
沖縄 (12)	16,800	1,480	1,440	1,450	1,410	1,390
(都道府県)						
北海道 (13)	40,400	3,480	3,360	3,040	3,170	3,410
青森 (14)	4,920	400	440	330	320	350
岩手 (15)	15,700	1,360	1,310	1,160	1,140	1,180
宮城 (16)	11,600	960	960	870	870	980
秋田 (17)	2,880	250	220	220	220	230
山形 (18)	2,380	220	200	200	180	210
福島 (19)	6,500	600	570	520	480	540
茨城 (20)	2,400	190	210	160	150	210
栃木 (21)	6,980	650	590	560	510	560
群馬 (22)	4,270	330	350	300	350	400
埼玉 (23)	750	60	50	50	60	60
千葉 (24)	1,820	160	180	150	170	190
東京 (25)	60	10	0	0	10	10
神奈川 (26)	270	20	30	20	20	30
新潟 (27)	780	50	70	80	50	70
富山 (28)	340	30	40	30	30	30
石川 (29)	400	50	30	40	40	30
福井 (30)	150	20	10	10	20	10
山梨 (31)	360	30	30	20	40	30
長野 (32)	1,820	150	130	140	160	160
岐阜 (33)	4,020	370	320	290	340	320
静岡 (34)	660	60	60	60	70	60
愛知 (35)	2,310	220	220	180	180	190
三重 (36)	900	50	90	60	80	70
滋賀 (37)	720	60	60	50	70	60
京都 (38)	380	30	40	30	30	40
大阪 (39)	30	0	0	−	10	−
兵庫 (40)	5,950	490	440	390	390	450
奈良 (41)	370	40	40	30	20	20
和歌山 (42)	300	20	20	30	20	30
鳥取 (43)	1,650	190	120	130	120	130
島根 (44)	4,080	350	300	330	270	330
岡山 (45)	2,770	240	220	210	230	260
広島 (46)	2,280	190	180	160	160	210
山口 (47)	1,820	190	160	130	160	170
徳島 (48)	860	80	80	80	60	80
香川 (49)	840	80	70	80	60	80
愛媛 (50)	610	50	40	50	50	50
高知 (51)	730	70	60	60	50	50
福岡 (52)	1,630	120	140	140	140	160
佐賀 (53)	4,250	340	330	320	360	400
長崎 (54)	12,300	1,000	930	930	960	1,000
熊本 (55)	18,100	1,490	1,480	1,380	1,400	1,550
大分 (56)	7,070	600	580	570	550	580
宮崎 (57)	36,600	3,190	2,920	2,930	2,900	3,130
鹿児島 (58)	47,700	3,980	3,790	3,880	3,840	4,170
沖縄 (59)	16,800	1,480	1,440	1,450	1,410	1,390
関東農政局 (60)	19,400	1,670	1,630	1,470	1,530	1,700
東海農政局 (61)	7,230	640	620	530	590	580
中国四国農政局 (62)	15,600	1,430	1,230	1,240	1,150	1,340

単位：頭

平成30年 1月	2	3	4	5	6	7	
23, 300	21, 200	24, 800	24, 200	24, 100	23, 700	24, 800	(1)
3, 210	2, 810	3, 480	3, 560	3, 690	3, 610	3, 590	(2)
20, 100	18, 400	21, 400	20, 700	20, 400	20, 100	21, 200	(3)
3, 600	3, 160	4, 020	4, 020	3, 940	3, 760	3, 960	(4)
130	120	150	130	140	120	160	(5)
1, 620	1, 440	1, 610	1, 630	1, 600	1, 510	1, 650	(6)
680	640	700	670	620	640	670	(7)
640	670	760	740	660	650	720	(8)
1, 050	960	1, 150	1, 080	1, 060	1, 050	1, 130	(9)
220	230	250	270	250	260	290	(10)
10, 800	9, 960	11, 300	10, 800	10, 700	10, 700	11, 200	(11)
1, 370	1, 220	1, 380	1, 340	1, 480	1, 400	1, 460	(12)
3, 210	2, 810	3, 480	3, 560	3, 690	3, 610	3, 590	(13)
360	310	460	520	460	460	500	(14)
1, 250	1, 180	1, 560	1, 470	1, 410	1, 340	1, 330	(15)
1, 010	830	980	1, 020	1, 040	990	1, 060	(16)
220	190	260	270	270	280	260	(17)
220	170	200	180	200	180	210	(18)
540	470	560	560	550	520	600	(19)
200	160	220	210	230	210	250	(20)
620	500	560	600	620	580	650	(21)
390	350	380	380	350	340	360	(22)
70	70	70	70	70	60	60	(23)
130	170	160	150	120	120	140	(24)
0	10	0	0	10	0	10	(25)
20	20	40	20	20	20	10	(26)
60	60	80	70	60	60	80	(27)
30	30	30	20	30	30	30	(28)
30	30	20	30	30	30	40	(29)
10	10	20	10	20	10	20	(30)
40	20	30	30	30	30	30	(31)
150	150	140	180	170	160	150	(32)
350	330	370	370	310	320	350	(33)
40	50	50	50	50	50	50	(34)
210	160	210	190	170	210	190	(35)
80	90	70	70	90	60	80	(36)
70	60	70	70	50	60	70	(37)
30	30	30	40	30	30	30	(38)
0	0	10	0	0	-	-	(39)
490	520	590	580	520	500	570	(40)
20	40	40	30	30	30	30	(41)
30	20	20	30	20	30	30	(42)
120	130	170	140	120	120	170	(43)
340	330	380	370	370	350	370	(44)
240	230	230	190	240	230	250	(45)
190	150	230	210	190	220	190	(46)
150	130	150	160	140	130	150	(47)
60	70	70	90	60	60	70	(48)
60	60	70	50	70	90	80	(49)
50	60	60	50	50	50	50	(50)
50	50	50	70	70	70	80	(51)
130	140	180	130	110	110	140	(52)
360	380	400	350	350	310	350	(53)
1, 080	1, 010	1, 100	1, 070	1, 050	1, 060	1, 110	(54)
1, 530	1, 460	1, 600	1, 510	1, 550	1, 540	1, 600	(55)
570	560	590	640	580	610	630	(56)
3, 070	2, 810	3, 190	3, 110	3, 060	3, 080	3, 240	(57)
4, 050	3, 620	4, 290	4, 000	4, 000	3, 960	4, 140	(58)
1, 370	1, 220	1, 380	1, 340	1, 480	1, 400	1, 460	(59)
1, 660	1, 490	1, 660	1, 670	1, 650	1, 560	1, 700	(60)
630	590	650	620	570	590	620	(61)
1, 270	1, 200	1, 400	1, 350	1, 310	1, 310	1, 420	(62)

78 肉用牛

(1) 全国農業地域・都道府県別（続き）

ナ 肉用牛飼養者の飼料作物作付実面積

全国農業地域・都道府県	飼養戸数	飼料作物作付戸数	飼料作物作付実面積	飼料作物作付戸数割合 (2) / (1)
	(1)	(2)	(3)	(4)
	戸	戸	ha	%
全国	46,000	36,700	195,100	79.8
(全国農業地域)				
北海道	2,540	2,310	86,800	90.9
都府県	43,500	34,400	108,300	79.1
東北	11,800	9,770	34,600	82.8
北陸	361	211	850	58.4
関東・東山	2,820	1,720	5,810	61.0
東海	1,070	576	1,460	53.8
近畿	1,500	976	790	65.1
中国	2,590	1,900	3,930	73.4
四国	682	413	790	60.6
九州	20,300	16,700	54,300	82.3
沖縄	2,370	2,150	5,770	90.7
(都道府県)				
北海道	2,540	2,310	86,800	90.9
青森	819	634	6,490	77.4
岩手	4,350	3,610	12,900	83.0
宮城	3,140	2,720	8,800	86.6
秋田	803	678	2,950	84.4
山形	656	495	1,010	75.5
福島	2,020	1,630	2,390	80.7
茨城	500	345	910	69.0
栃木	854	570	2,260	66.7
群馬	566	270	1,150	47.7
埼玉	142	86	200	60.6
千葉	232	138	310	59.5
東京	23	14	10	60.9
神奈川	57	13	10	22.8
新潟	208	129	330	62.0
富山	31	13	70	41.9
石川	76	48	380	63.2
福井	46	21	80	45.7
山梨	60	23	40	38.3
長野	389	263	930	67.6
岐阜	486	373	900	76.7
静岡	112	32	70	28.6
愛知	300	142	330	47.3
三重	167	29	160	17.4
滋賀	85	36	120	42.4
京都	68	41	90	60.3
大阪	8	–	–	–
兵庫	1,240	874	550	70.5
奈良	44	11	10	25.0
和歌山	52	14	30	26.9
鳥取	290	207	630	71.4
島根	905	555	790	61.3
岡山	415	337	920	81.2
広島	567	443	790	78.1
山口	408	354	800	86.8
徳島	186	71	360	38.2
香川	182	103	130	56.6
愛媛	161	110	150	68.3
高知	153	129	150	84.3
福岡	185	98	420	53.0
佐賀	601	453	980	75.4
長崎	2,470	2,110	5,340	85.4
熊本	2,410	2,090	7,000	86.7
大分	1,190	1,060	4,250	89.1
宮崎	5,790	5,230	19,500	90.3
鹿児島	7,650	5,660	16,800	74.0
沖縄	2,370	2,150	5,770	90.7
関東農政局	2,940	1,750	5,880	59.5
東海農政局	953	544	1,390	57.1
中国四国農政局	3,270	2,310	4,720	70.6

注：この表には学校、試験場等の非営利的な飼養者は含まない。

(2) 全国農業地域別・飼養頭数規模別

ア 経営タイプ別飼養戸数（子取り用めす牛飼養頭数規模別）

単位：戸

区分	計	肉用種経営					乳用種経営
		小計	子取り経営	肥育経営	その他経営	一貫経営	
全国	**46,000**	**43,800**	**37,900**	**3,820**	**2,130**	**1,720**	**2,170**
小計	40,200	39,900	37,700	497	1,760	1,630	248
1 ～ 4頭	15,800	15,600	15,100	245	307	216	114
5 ～ 9	9,530	9,470	9,140	70	268	254	55
10 ～ 19	7,360	7,320	6,980	56	280	278	44
20 ～ 49	5,310	5,280	4,740	78	465	448	21
50 ～ 99	1,650	1,650	1,340	33	275	275	4
100頭以上	589	579	402	15	162	162	10
子取り用めす牛なし	5,810	3,890	197	3,320	369	88	1,920
北海道	**2,540**	**2,110**	**1,710**	**58**	**341**	**184**	**427**
小計	2,100	1,980	1,710	5	270	180	115
1 ～ 4頭	327	278	169	5	104	29	49
5 ～ 9	290	260	192	-	68	67	30
10 ～ 19	378	353	353	-	-	-	25
20 ～ 49	652	646	609	-	37	23	6
50 ～ 99	295	295	255	-	40	40	-
100頭以上	157	152	131	-	21	21	5
子取り用めす牛なし	436	124	-	53	71	4	312
都府県	**43,500**	**41,700**	**36,200**	**3,760**	**1,790**	**1,540**	**1,740**
小計	38,100	38,000	36,000	492	1,490	1,450	133
1 ～ 4頭	15,400	15,400	14,900	240	203	187	65
5 ～ 9	9,240	9,210	8,940	70	200	187	25
10 ～ 19	6,980	6,960	6,630	56	280	278	19
20 ～ 49	4,650	4,640	4,130	78	428	425	15
50 ～ 99	1,360	1,350	1,080	33	235	235	4
100頭以上	432	427	271	15	141	141	5
子取り用めす牛なし	5,370	3,760	197	3,270	298	84	1,610
東北	**11,800**	**11,600**	**9,990**	**1,130**	**473**	**394**	**198**
小計	10,400	10,300	9,820	119	397	385	21
1 ～ 4頭	5,290	5,280	5,130	72	79	78	6
5 ～ 9	2,550	2,550	2,410	14	123	113	4
10 ～ 19	1,520	1,510	1,430	21	58	58	9
20 ～ 49	799	799	709	3	87	86	-
50 ～ 99	170	170	129	6	35	35	-
100頭以上	37	35	17	3	15	15	2
子取り用めす牛なし	1,430	1,250	167	1,010	76	9	177
北陸	**361**	**301**	**150**	**92**	**59**	**38**	**60**
小計	214	207	149	18	40	38	7
1 ～ 4頭	105	101	84	8	9	8	4
5 ～ 9	34	32	24	5	3	3	2
10 ～ 19	43	43	25	4	14	14	-
20 ～ 49	24	23	13	-	10	9	1
50 ～ 99	6	6	1	1	4	4	-
100頭以上	2	2	2	-	-	-	-
子取り用めす牛なし	147	94	1	74	19	-	53

注：この表には学校、試験場等の非営利的な飼養者は含まない（以下(2)において同じ。）。

単位:戸

区分	計	肉用種経営					乳用種経営
		小計	子取り経営	肥育経営	その他経営		
						一貫経営	
関東・東山	**2,820**	**2,320**	**1,490**	**508**	**325**	**204**	**503**
小計	1,780	1,760	1,490	64	209	204	20
1 ～ 4頭	577	563	471	45	47	45	14
5 ～ 9	384	380	353	4	23	22	4
10 ～ 19	410	409	344	2	63	62	1
20 ～ 49	324	323	274	8	41	40	1
50 ～ 99	63	63	39	4	20	20	−
100頭以上	21	21	5	1	15	15	−
子取り用めす牛なし	1,040	561	1	444	116	−	483
東海	**1,070**	**819**	**387**	**304**	**128**	**116**	**246**
小計	566	549	386	39	124	112	17
1 ～ 4頭	190	182	141	23	18	9	8
5 ～ 9	100	96	73	9	14	12	4
10 ～ 19	109	108	85	3	20	19	1
20 ～ 49	108	104	63	3	38	38	4
50 ～ 99	44	44	19	−	25	25	−
100頭以上	15	15	5	1	9	9	−
子取り用めす牛なし	499	270	1	265	4	4	229
近畿	**1,500**	**1,420**	**1,130**	**240**	**49**	**45**	**82**
小計	1,240	1,230	1,130	54	44	44	17
1 ～ 4頭	334	326	311	12	3	3	8
5 ～ 9	349	345	335	9	1	1	4
10 ～ 19	318	315	301	7	7	7	3
20 ～ 49	181	179	153	12	14	14	2
50 ～ 99	44	44	23	9	12	12	−
100頭以上	17	17	5	5	7	7	−
子取り用めす牛なし	256	191	−	186	5	1	65
中国	**2,590**	**2,470**	**2,200**	**144**	**132**	**121**	**114**
小計	2,340	2,320	2,170	28	124	121	17
1 ～ 4頭	1,230	1,220	1,190	13	21	18	5
5 ～ 9	534	530	512	5	13	13	4
10 ～ 19	252	252	233	4	15	15	−
20 ～ 49	245	243	200	5	38	38	2
50 ～ 99	67	64	36	1	27	27	3
100頭以上	15	12	2	−	10	10	3
子取り用めす牛なし	245	148	24	116	8	−	97
四国	**682**	**522**	**300**	**143**	**79**	**79**	**160**
小計	416	400	300	21	79	79	16
1 ～ 4頭	125	119	105	7	7	7	6
5 ～ 9	90	87	70	8	9	9	3
10 ～ 19	98	95	69	−	26	26	3
20 ～ 49	70	66	41	3	22	22	4
50 ～ 99	25	25	13	3	9	9	−
100頭以上	8	8	2	−	6	6	−
子取り用めす牛なし	266	122	−	122	−	−	144

(2) 全国農業地域別・飼養頭数規模別（続き）

ア 経営タイプ別飼養戸数（子取り用めす牛飼養頭数規模別）（続き）

単位:戸

区分	計	肉用種経営					乳用種経営
		小計	子取り経営	肥育経営	その他経営	一貫経営	
九州	**20,300**	**19,900**	**18,200**	**1,190**	**487**	**487**	**379**
小計	18,800	18,800	18,200	145	417	417	18
1 ～ 4頭	6,990	6,970	6,900	57	19	19	14
5 ～ 9	4,500	4,500	4,470	16	14	14	-
10 ～ 19	3,680	3,680	3,590	14	76	76	2
20 ～ 49	2,540	2,540	2,340	44	153	153	1
50 ～ 99	843	842	744	9	89	89	1
100頭以上	263	263	192	5	66	66	-
子取り用めす牛なし	1,480	1,120	-	1,050	70	70	361
沖縄	**2,370**	**2,370**	**2,310**	**10**	**53**	**53**	**-**
小計	2,360	2,360	2,300	4	53	53	-
1 ～ 4頭	605	605	602	3	-	-	-
5 ～ 9	697	697	697	-	-	-	-
10 ～ 19	552	552	550	1	1	1	-
20 ～ 49	360	360	335	-	25	25	-
50 ～ 99	93	93	79	-	14	14	-
100頭以上	54	54	41	-	13	13	-
子取り用めす牛なし	9	9	3	6	-	-	-
関東農政局	**2,940**	**2,380**	**1,510**	**535**	**341**	**220**	**551**
小計	1,820	1,800	1,510	64	225	220	20
1 ～ 4頭	584	570	478	45	47	45	14
5 ～ 9	388	384	355	4	25	24	4
10 ～ 19	420	419	352	2	65	64	1
20 ～ 49	336	335	278	8	49	48	1
50 ～ 99	67	67	39	4	24	24	-
100頭以上	21	21	5	1	15	15	-
子取り用めす牛なし	1,120	588	1	471	116	-	531
東海農政局	**953**	**755**	**366**	**277**	**112**	**100**	**198**
小計	529	512	365	39	108	96	17
1 ～ 4頭	183	175	134	23	18	9	8
5 ～ 9	96	92	71	9	12	10	4
10 ～ 19	99	98	77	3	18	17	1
20 ～ 49	96	92	59	3	30	30	4
50 ～ 99	40	40	19	-	21	21	-
100頭以上	15	15	5	1	9	9	-
子取り用めす牛なし	424	243	1	238	4	4	181
中国四国農政局	**3,270**	**2,990**	**2,500**	**287**	**211**	**200**	**274**
小計	2,760	2,720	2,470	49	203	200	33
1 ～ 4頭	1,350	1,340	1,290	20	28	25	11
5 ～ 9	624	617	582	13	22	22	7
10 ～ 19	350	347	302	4	41	41	3
20 ～ 49	315	309	241	8	60	60	6
50 ～ 99	92	89	49	4	36	36	3
100頭以上	23	20	4	-	16	16	3
子取り用めす牛なし	511	270	24	238	8	-	241

イ　経営タイプ別飼養頭数（子取り用めす牛飼養頭数規模別）

単位:頭

区分	計	肉用種経営					乳用種経営
		小計	子取り経営	肥育経営	その他経営		
						一貫経営	
全国	**2,478,000**	**1,748,000**	**814,100**	**582,100**	**351,400**	**336,900**	**730,100**
小計	1,336,000	1,237,000	813,600	85,500	337,500	331,000	99,500
1 ～ 4頭	113,300	95,600	65,600	19,300	10,700	6,550	17,600
5 ～ 9	134,900	113,600	93,300	10,400	9,920	8,900	21,300
10 ～ 19	188,400	178,300	146,200	11,300	20,800	20,700	10,100
20 ～ 49	325,100	303,400	234,100	17,800	51,500	50,300	21,700
50 ～ 99	212,200	208,300	139,100	9,560	59,600	59,600	3,940
100頭以上	362,200	337,300	135,400	17,100	184,900	184,900	24,800
子取り用めす牛なし	1,142,000	511,100	560	496,600	14,000	5,910	630,600
北海道	**506,300**	**181,100**	**100,200**	**28,800**	**52,000**	**43,000**	**325,200**
小計	212,900	147,600	100,200	620	46,700	41,700	65,300
1 ～ 4頭	15,500	6,020	900	620	4,500	510	9,490
5 ～ 9	20,200	4,140	1,930	−	2,220	2,220	16,100
10 ～ 19	15,900	10,200	10,200	−	−	−	5,740
20 ～ 49	51,300	33,900	30,100	−	3,750	2,650	17,400
50 ～ 99	32,500	32,500	25,300	−	7,180	7,180	−
100頭以上	77,500	60,800	31,700	−	29,100	29,100	16,600
子取り用めす牛なし	293,300	33,500	−	28,200	5,250	1,310	259,900
都府県	**1,971,000**	**1,567,000**	**713,900**	**553,200**	**299,400**	**293,900**	**404,900**
小計	1,123,000	1,089,000	713,300	84,900	290,700	289,300	34,200
1 ～ 4頭	97,700	89,600	64,700	18,700	6,240	6,050	8,130
5 ～ 9	114,600	109,500	91,300	10,400	7,700	6,680	5,180
10 ～ 19	172,500	168,100	136,000	11,300	20,800	20,700	4,380
20 ～ 49	273,800	269,500	204,000	17,800	47,700	47,700	4,320
50 ～ 99	179,700	175,700	113,700	9,560	52,400	52,400	3,940
100頭以上	284,700	276,500	103,600	17,100	155,800	155,800	8,210
子取り用めす牛なし	848,300	477,600	560	468,300	8,730	4,600	370,700
東北	**323,500**	**274,900**	**132,500**	**89,800**	**52,500**	**51,200**	**48,600**
小計	208,900	206,400	132,300	23,300	50,900	50,000	2,440
1 ～ 4頭	27,900	27,700	21,600	5,440	680	660	230
5 ～ 9	31,900	31,400	25,300	2,020	4,140	3,250	500
10 ～ 19	39,500	38,300	30,600	4,210	3,530	3,520	1,130
20 ～ 49	47,300	47,300	34,800	2,100	10,300	10,300	−
50 ～ 99	26,200	26,200	13,200	2,890	10,100	10,100	−
100頭以上	36,100	35,600	6,850	6,590	22,100	22,100	x
子取り用めす牛なし	114,600	68,400	230	66,600	1,630	1,190	46,200
北陸	**20,500**	**11,000**	**2,820**	**5,310**	**2,840**	**2,360**	**9,550**
小計	7,170	6,550	2,810	1,360	2,370	2,360	630
1 ～ 4頭	1,220	1,070	390	540	140	120	150
5 ～ 9	930	760	320	350	90	90	x
10 ～ 19	1,560	1,560	640	320	600	600	−
20 ～ 49	1,850	1,540	730	−	810	810	x
50 ～ 99	1,070	1,070	x	x	740	740	−
100頭以上	x	x	x	−	−	−	−
子取り用めす牛なし	13,300	4,420	x	3,950	460	−	8,930

注：　この表の飼養頭数は、各階層の飼養者が飼っている全ての肉用牛（肉用種（子取り用めす牛、肥育用牛及び育成牛）及び乳用種（交雑種及びホルスタイン種他））の頭数である（エ、カ及びクの統計表において同じ。）。

(2) 全国農業地域別・飼養頭数規模別（続き）

イ 経営タイプ別飼養頭数（子取り用めす牛飼養頭数規模別）（続き）

単位:頭

区分	計	肉用種経営 小計	子取り経営	肥育経営	その他経営	一貫経営	乳用種経営
関東・東山	**266,900**	**140,200**	**32,500**	**74,900**	**32,800**	**29,600**	**126,700**
小計	76,900	73,200	32,500	10,800	29,800	29,600	3,670
1～4頭	8,610	6,010	1,980	2,230	1,810	1,790	2,600
5～9	8,130	7,260	4,020	2,130	1,110	1,020	880
10～19	11,500	11,300	7,090	x	2,960	2,920	x
20～49	22,300	22,300	14,800	3,040	4,460	4,410	x
50～99	10,400	10,400	3,960	1,350	5,150	5,150	−
100頭以上	15,800	15,800	720	x	14,300	14,300	−
子取り用めす牛なし	190,100	67,100	x	64,000	3,020	−	123,000
東海	**118,100**	**73,900**	**10,900**	**40,600**	**22,500**	**22,300**	**44,200**
小計	42,000	38,700	10,900	5,920	21,900	21,700	3,320
1～4頭	4,960	4,530	650	3,460	430	320	430
5～9	3,590	2,670	1,020	1,120	540	490	920
10～19	4,800	4,420	2,300	220	1,910	1,860	x
20～49	11,300	9,740	3,470	820	5,460	5,460	1,600
50～99	8,170	8,170	1,830	−	6,350	6,350	−
100頭以上	9,170	9,170	1,600	x	7,270	7,270	−
子取り用めす牛なし	76,100	35,200	x	34,700	530	530	40,900
近畿	**83,900**	**72,200**	**18,200**	**41,700**	**12,300**	**12,300**	**11,700**
小計	48,800	45,000	18,200	15,100	11,700	11,700	3,810
1～4頭	5,610	4,030	920	1,590	1,520	1,520	1,580
5～9	5,260	4,150	2,630	1,500	x	x	1,110
10～19	8,090	7,890	5,050	2,500	350	350	200
20～49	11,800	10,900	6,370	2,990	1,510	1,510	x
50～99	7,280	7,280	2,230	2,500	2,550	2,550	−
100頭以上	10,800	10,800	1,010	4,050	5,750	5,750	−
子取り用めす牛なし	35,100	27,200	−	26,600	640	x	7,900
中国	**117,200**	**78,400**	**27,200**	**23,000**	**28,200**	**28,000**	**38,700**
小計	74,300	60,200	26,900	5,210	28,100	28,000	14,100
1～4頭	5,950	4,660	3,690	340	630	600	1,280
5～9	7,090	6,150	4,950	340	860	860	930
10～19	6,360	6,360	4,930	330	1,100	1,100	−
20～49	19,300	18,400	9,050	3,500	5,820	5,820	x
50～99	14,000	10,700	3,940	x	6,030	6,030	3,310
100頭以上	21,600	14,000	x	−	13,600	13,600	7,630
子取り用めす牛なし	42,900	18,200	270	17,800	160	−	24,600
四国	**57,600**	**27,800**	**6,650**	**12,800**	**8,310**	**8,310**	**29,800**
小計	23,000	18,000	6,650	3,050	8,310	8,310	4,950
1～4頭	3,120	1,750	1,130	540	90	90	1,370
5～9	2,230	1,560	900	520	150	150	670
10～19	5,290	2,830	1,370	−	1,460	1,460	2,470
20～49	5,270	4,820	1,700	1,450	1,670	1,670	450
50～99	3,570	3,570	980	550	2,040	2,040	−
100頭以上	3,480	3,480	x	−	2,910	2,910	−
子取り用めす牛なし	34,600	9,780	−	9,780	−	−	24,800

単位:頭

区分	計	肉用種経営					乳用種経営
		小計	子取り経営	肥育経営	その他経営	一貫経営	
九州	**909,300**	**813,700**	**420,600**	**263,100**	**129,900**	**129,900**	**95,600**
小計	568,900	567,600	420,600	19,400	127,600	127,600	1,240
1 ～ 4頭	36,200	35,700	30,700	4,110	940	940	500
5 ～ 9	47,900	47,900	44,600	2,440	800	800	-
10 ～ 19	82,100	82,100	71,200	2,170	8,730	8,730	x
20 ～ 49	133,400	133,400	114,300	3,890	15,100	15,100	x
50 ～ 99	98,500	97,900	78,600	1,420	17,900	17,900	x
100頭以上	170,700	170,700	81,200	5,350	84,200	84,200	-
子取り用めす牛なし	340,400	246,100	-	243,800	2,280	2,280	94,400
沖縄	**74,400**	**74,400**	**62,500**	**1,940**	**10,000**	**10,000**	**-**
小計	73,200	73,200	62,400	740	10,000	10,000	-
1 ～ 4頭	4,150	4,150	3,680	460	-	-	-
5 ～ 9	7,630	7,630	7,630	-	-	-	-
10 ～ 19	13,300	13,300	12,900	x	x	x	-
20 ～ 49	21,300	21,300	18,700	-	2,590	2,590	-
50 ～ 99	10,400	10,400	8,850	-	1,590	1,590	-
100頭以上	16,400	16,400	10,700	-	5,660	5,660	-
子取り用めす牛なし	1,250	1,250	50	1,200	-	-	-
関東農政局	**286,100**	**149,000**	**33,000**	**79,800**	**36,200**	**32,900**	**137,200**
小計	80,700	77,000	33,000	10,800	33,100	32,900	3,670
1 ～ 4頭	8,650	6,050	2,010	2,230	1,810	1,790	2,600
5 ～ 9	8,210	7,340	4,050	2,130	1,160	1,070	880
10 ～ 19	11,800	11,600	7,290	x	3,050	3,010	x
20 ～ 49	24,400	24,300	15,000	3,040	6,290	6,230	x
50 ～ 99	11,800	11,800	3,960	1,350	6,530	6,530	-
100頭以上	15,800	15,800	720	x	14,300	14,300	-
子取り用めす牛なし	205,500	71,900	x	68,900	3,020	-	133,500
東海農政局	**98,900**	**65,200**	**10,400**	**35,700**	**19,100**	**18,900**	**33,700**
小計	38,200	34,900	10,400	5,920	18,600	18,400	3,320
1 ～ 4頭	4,930	4,500	610	3,460	430	320	430
5 ～ 9	3,510	2,590	980	1,120	490	440	920
10 ～ 19	4,510	4,130	2,100	220	1,810	1,760	x
20 ～ 49	9,300	7,700	3,250	820	3,630	3,630	1,600
50 ～ 99	6,790	6,790	1,830	-	4,970	4,970	-
100頭以上	9,170	9,170	1,600	x	7,270	7,270	-
子取り用めす牛なし	60,700	30,300	x	29,800	530	530	30,400
中国四国農政局	**174,700**	**106,200**	**33,800**	**35,800**	**36,500**	**36,400**	**68,500**
小計	97,300	78,200	33,600	8,260	36,400	36,400	19,100
1 ～ 4頭	9,070	6,420	4,820	880	720	690	2,650
5 ～ 9	9,310	7,710	5,850	860	1,010	1,010	1,600
10 ～ 19	11,600	9,180	6,290	330	2,560	2,560	2,470
20 ～ 49	24,600	23,200	10,700	4,950	7,480	7,480	1,400
50 ～ 99	17,500	14,200	4,920	1,240	8,070	8,070	3,310
100頭以上	25,100	17,500	930	-	16,500	16,500	7,630
子取り用めす牛なし	77,500	28,000	270	27,600	160	-	49,500

(2) 全国農業地域別・飼養頭数規模別（続き）

ウ 経営タイプ別飼養戸数（肉用種の肥育用牛飼養頭数規模別）

単位:戸

区分	計	肉用種経営					乳用種経営
		小計	子取り経営	肥育経営	その他経営	一貫経営	
全国	**46,000**	**43,800**	**37,900**	**3,820**	**2,130**	**1,720**	**2,170**
小計	7,100	6,700	1,210	3,760	1,730	1,660	397
1 ～ 9頭	2,240	2,080	1,030	756	292	263	158
10 ～ 19	692	630	120	311	199	195	62
20 ～ 29	451	420	18	223	179	156	31
30 ～ 49	813	787	30	516	241	240	26
50 ～ 99	1,060	999	11	643	345	330	62
100 ～ 199	927	899	2	635	262	259	28
200頭以上	919	889	2	675	212	212	30
うち500頭以上	257	246	2	172	72	72	11
肥育用牛なし	38,900	37,100	36,700	59	396	66	1,770
北海道	**2,540**	**2,110**	**1,710**	**58**	**341**	**184**	**427**
小計	423	363	77	58	228	183	60
1 ～ 9頭	103	103	51	18	34	28	－
10 ～ 19	72	72	24	－	48	47	－
20 ～ 29	24	21	－	－	21	－	3
30 ～ 49	21	21	－	－	21	21	－
50 ～ 99	96	62	2	12	48	34	34
100 ～ 199	60	49	－	9	40	37	11
200頭以上	47	35	－	19	16	16	12
肥育用牛なし	2,110	1,750	1,630	－	113	1	367
都府県	**43,500**	**41,700**	**36,200**	**3,760**	**1,790**	**1,540**	**1,740**
小計	6,680	6,340	1,140	3,700	1,500	1,470	337
1 ～ 9頭	2,130	1,980	980	738	258	235	158
10 ～ 19	620	558	96	311	151	148	62
20 ～ 29	427	399	18	223	158	156	28
30 ～ 49	792	766	30	516	220	219	26
50 ～ 99	965	937	9	631	297	296	28
100 ～ 199	867	850	2	626	222	222	17
200頭以上	872	854	2	656	196	196	18
肥育用牛なし	36,800	35,400	35,000	59	283	65	1,410
東北	**11,800**	**11,600**	**9,990**	**1,130**	**473**	**394**	**198**
小計	1,920	1,890	350	1,130	411	392	31
1 ～ 9頭	821	801	313	328	160	143	20
10 ～ 19	226	223	27	152	44	43	3
20 ～ 29	103	102	1	72	29	29	1
30 ～ 49	249	245	7	170	68	68	4
50 ～ 99	234	232	2	169	61	60	2
100 ～ 199	188	188	－	156	32	32	－
200頭以上	98	97	－	80	17	17	1
肥育用牛なし	9,870	9,700	9,640	－	62	2	167
北陸	**361**	**301**	**150**	**92**	**59**	**38**	**60**
小計	162	148	17	92	39	38	14
1 ～ 9頭	55	49	13	29	7	7	6
10 ～ 19	28	23	3	13	7	6	5
20 ～ 29	10	8	－	3	5	5	2
30 ～ 49	21	20	1	10	9	9	1
50 ～ 99	29	29	－	23	6	6	－
100 ～ 199	16	16	－	11	5	5	－
200頭以上	3	3	－	3	－	－	－
肥育用牛なし	199	153	133	－	20	－	46

注：「うち500頭以上」は、戸数が少なく全国農業地域別の推定ができないため、全国値のみ表章した（以下(2)において同じ。）。

単位:戸

区分	計	肉用種経営					乳用種経営
		小計	子取り経営	肥育経営	その他経営	一貫経営	
関東・東山	**2,820**	**2,320**	**1,490**	**508**	**325**	**204**	**503**
小計	831	738	38	508	192	190	93
1 ～ 9頭	164	139	38	78	23	22	25
10 ～ 19	92	68	−	43	25	25	24
20 ～ 29	113	102	−	70	32	31	11
30 ～ 49	121	113	−	68	45	45	8
50 ～ 99	128	116	−	86	30	30	12
100 ～ 199	100	93	−	67	26	26	7
200頭以上	113	107	−	96	11	11	6
肥育用牛なし	1,990	1,580	1,450	−	133	14	410
東海	**1,070**	**819**	**387**	**304**	**128**	**116**	**246**
小計	556	477	65	295	117	111	79
1 ～ 9頭	146	104	36	50	18	15	42
10 ～ 19	66	51	11	25	15	14	15
20 ～ 29	48	38	10	16	12	11	10
30 ～ 49	57	51	6	32	13	12	6
50 ～ 99	81	77	2	56	19	19	4
100 ～ 199	89	88	−	63	25	25	1
200頭以上	69	68	−	53	15	15	1
肥育用牛なし	509	342	322	9	11	5	167
近畿	**1,500**	**1,420**	**1,130**	**240**	**49**	**45**	**82**
小計	323	292	28	221	43	41	31
1 ～ 9頭	92	74	21	46	7	5	18
10 ～ 19	22	20	4	14	2	2	2
20 ～ 29	26	25	1	20	4	4	1
30 ～ 49	29	27	1	21	5	5	2
50 ～ 99	52	49	−	40	9	9	3
100 ～ 199	43	40	1	32	7	7	3
200頭以上	59	57	−	48	9	9	2
肥育用牛なし	1,180	1,130	1,100	19	6	4	51
中国	**2,590**	**2,470**	**2,200**	**144**	**132**	**121**	**114**
小計	353	334	75	139	120	120	19
1 ～ 9頭	123	118	48	45	25	25	5
10 ～ 19	30	26	13	6	7	7	4
20 ～ 29	29	29	6	10	13	13	−
30 ～ 49	32	31	5	12	14	14	1
50 ～ 99	63	61	3	28	30	30	2
100 ～ 199	38	35	−	21	14	14	3
200頭以上	38	34	−	17	17	17	4
肥育用牛なし	2,230	2,140	2,120	5	12	1	95
四国	**682**	**522**	**300**	**143**	**79**	**79**	**160**
小計	255	221	25	117	79	79	34
1 ～ 9頭	72	54	21	22	11	11	18
10 ～ 19	42	39	2	22	15	15	3
20 ～ 29	28	25	−	6	19	19	3
30 ～ 49	28	26	−	14	12	12	2
50 ～ 99	32	29	2	17	10	10	3
100 ～ 199	32	30	−	25	5	5	2
200頭以上	21	18	−	11	7	7	3
肥育用牛なし	427	301	275	26	−	−	126

(2) 全国農業地域別・飼養頭数規模別（続き）

ウ 経営タイプ別飼養戸数（肉用種の肥育用牛飼養頭数規模別）（続き）

単位:戸

区 分	計	肉用種経営					乳用種経営
		小 計	子取り経営	肥育経営	その他経営	一貫経営	
九 州	**20,300**	**19,900**	**18,200**	**1,190**	**487**	**487**	**379**
小 計	2,110	2,070	433	1,190	448	448	36
1 ～ 9頭	587	563	419	137	7	7	24
10 ～ 19	54	48	3	36	9	9	6
20 ～ 29	56	56	−	26	30	30	−
30 ～ 49	255	253	10	189	54	54	2
50 ～ 99	339	337	−	210	127	127	2
100 ～199	358	357	−	251	106	106	1
200頭 以 上	460	459	1	343	115	115	1
肥育用牛なし	18,200	17,800	17,800	−	39	39	343
沖 縄	**2,370**	**2,370**	**2,310**	**10**	**53**	**53**	**−**
小 計	169	169	106	10	53	53	−
1 ～ 9頭	74	74	71	3	−	−	−
10 ～ 19	60	60	33	−	27	27	−
20 ～ 29	14	14	−	−	14	14	−
30 ～ 49	−	−	−	−	−	−	−
50 ～ 99	7	7	−	2	5	5	−
100 ～199	3	3	1	−	2	2	−
200頭 以 上	11	11	1	5	5	5	−
肥育用牛なし	2,200	2,200	2,200	−	−	−	−
関 東 農 政 局	**2,940**	**2,380**	**1,510**	**535**	**341**	**220**	**551**
小 計	886	785	42	535	208	206	101
1 ～ 9頭	181	150	42	82	26	25	31
10 ～ 19	98	72	−	45	27	27	26
20 ～ 29	114	103	−	70	33	32	11
30 ～ 49	123	115	−	68	47	47	8
50 ～ 99	139	127	−	94	33	33	12
100 ～199	112	105	−	76	29	29	7
200頭 以 上	119	113	−	100	13	13	6
肥育用牛なし	2,050	1,600	1,470	−	133	14	450
東 海 農 政 局	**953**	**755**	**366**	**277**	**112**	**100**	**198**
小 計	501	430	61	268	101	95	71
1 ～ 9頭	129	93	32	46	15	12	36
10 ～ 19	60	47	11	23	13	12	13
20 ～ 29	47	37	10	16	11	10	10
30 ～ 49	55	49	6	32	11	10	6
50 ～ 99	70	66	2	48	16	16	4
100 ～199	77	76	−	54	22	22	1
200頭 以 上	63	62	−	49	13	13	1
肥育用牛なし	452	325	305	9	11	5	127
中国四国農政局	**3,270**	**2,990**	**2,500**	**287**	**211**	**200**	**274**
小 計	608	555	100	256	199	199	53
1 ～ 9頭	195	172	69	67	36	36	23
10 ～ 19	72	65	15	28	22	22	7
20 ～ 29	57	54	6	16	32	32	3
30 ～ 49	60	57	5	26	26	26	3
50 ～ 99	95	90	5	45	40	40	5
100 ～199	70	65	−	46	19	19	5
200頭 以 上	59	52	−	28	24	24	7
肥育用牛なし	2,660	2,440	2,400	31	12	1	221

エ　経営タイプ別飼養頭数（肉用種の肥育用牛飼養頭数規模別）

単位:頭

区　　分	計	肉用種経営					乳用種経営
		小　計	子取り経営	肥育経営	その他経営	一貫経営	
全　　　国	**2,478,000**	**1,748,000**	**814,100**	**582,100**	**351,400**	**336,900**	**730,100**
小　　計	1,199,000	999,700	83,500	579,300	336,900	332,300	198,900
1 ～ 9頭	81,000	61,200	48,800	6,960	5,390	4,810	19,800
10 ～ 19	46,400	28,000	12,600	8,360	7,000	6,870	18,500
20 ～ 29	38,500	18,900	1,840	6,030	11,000	9,420	19,600
30 ～ 49	48,300	42,600	3,990	23,200	15,400	15,400	5,670
50 ～ 99	156,400	103,000	4,890	49,400	48,800	47,300	53,400
100 ～ 199	193,300	155,600	x	95,500	59,100	58,400	37,800
200頭以上	634,600	590,500	x	390,000	190,100	190,100	44,200
うち500頭以上	415,400	385,300	x	244,700	130,200	130,200	30,100
肥育用牛なし	1,279,000	747,900	730,600	2,730	14,600	4,540	531,200
北　海　道	**506,300**	**181,100**	**100,200**	**28,800**	**52,000**	**43,000**	**325,200**
小　　計	184,900	97,600	22,200	28,800	46,600	42,500	87,300
1 ～ 9頭	16,200	16,200	15,100	110	980	510	−
10 ～ 19	6,740	6,740	5,580	−	1,170	1,170	−
20 ～ 29	9,000	1,480	−	−	1,480	−	7,520
30 ～ 49	1,050	1,050	−	−	1,050	1,050	−
50 ～ 99	48,500	9,460	x	770	7,190	5,700	39,000
100 ～ 199	38,900	11,800	−	1,180	10,700	10,000	27,100
200頭以上	64,400	50,800	−	26,800	24,000	24,000	13,600
肥育用牛なし	321,400	83,400	78,000	−	5,440	x	238,000
都　府　県	**1,971,000**	**1,567,000**	**713,900**	**553,200**	**299,400**	**293,900**	**404,900**
小　　計	1,014,000	902,100	61,300	550,500	290,300	289,900	111,600
1 ～ 9頭	64,800	45,000	33,700	6,850	4,410	4,310	19,800
10 ～ 19	39,700	21,200	7,030	8,360	5,830	5,700	18,500
20 ～ 29	29,500	17,400	1,840	6,030	9,530	9,420	12,100
30 ～ 49	47,200	41,600	3,990	23,200	14,400	14,300	5,670
50 ～ 99	107,900	93,600	3,390	48,600	41,600	41,600	14,400
100 ～ 199	154,400	143,700	x	94,300	48,400	48,400	10,700
200頭以上	570,200	539,700	x	363,200	166,100	166,100	30,600
肥育用牛なし	957,700	664,500	652,600	2,730	9,130	4,040	293,200
東　　　北	**323,500**	**274,900**	**132,500**	**89,800**	**52,500**	**51,200**	**48,600**
小　　計	176,100	160,900	20,100	89,800	51,000	50,900	15,200
1 ～ 9頭	20,600	17,400	12,100	2,890	2,430	2,410	3,150
10 ～ 19	8,310	6,570	3,390	2,010	1,160	1,060	1,750
20 ～ 29	4,940	3,660	x	1,740	1,320	1,320	x
30 ～ 49	15,400	14,500	2,100	7,770	4,630	4,630	910
50 ～ 99	27,500	23,900	x	13,400	8,670	8,670	x
100 ～ 199	28,900	28,900	−	21,300	7,540	7,530	−
200頭以上	70,400	65,900	−	40,700	25,200	25,200	x
肥育用牛なし	147,400	114,000	112,500	−	1,540	x	33,400
北　　　陸	**20,500**	**11,000**	**2,820**	**5,310**	**2,840**	**2,360**	**9,550**
小　　計	12,700	8,020	340	5,310	2,360	2,360	4,660
1 ～ 9頭	1,410	480	190	140	150	150	920
10 ～ 19	3,360	450	60	200	190	190	2,920
20 ～ 29	910	220	−	70	150	150	x
30 ～ 49	1,110	990	x	380	520	520	x
50 ～ 99	2,480	2,480	−	1,970	510	510	−
100 ～ 199	2,340	2,340	−	1,490	850	850	−
200頭以上	1,070	1,070	−	1,070	−	−	−
肥育用牛なし	7,840	2,950	2,470	−	470	−	4,900

(2) 全国農業地域別・飼養頭数規模別（続き）

エ 経営タイプ別飼養頭数（肉用種の肥育用牛飼養頭数規模別）（続き）

単位:頭

区分	計	肉用種経営					乳用種経営
		小計	子取り経営	肥育経営	その他経営	一貫経営	
関東・東山	**266,900**	**140,200**	**32,500**	**74,900**	**32,800**	**29,600**	**126,700**
小計	134,800	104,300	1,110	74,900	28,400	28,300	30,500
1 ～ 9頭	4,830	1,950	1,110	550	290	280	2,880
10 ～ 19	9,590	1,240	-	660	580	570	8,350
20 ～ 29	10,700	3,020	-	1,870	1,150	1,060	7,700
30 ～ 49	7,520	6,260	-	3,300	2,970	2,970	1,250
50 ～ 99	15,100	10,800	-	6,870	3,960	3,960	4,280
100 ～ 199	18,700	15,500	-	9,740	5,800	5,800	3,130
200頭以上	68,400	65,500	-	51,900	13,600	13,600	2,890
肥育用牛なし	132,100	35,900	31,400	-	4,460	1,330	96,200
東海	**118,100**	**73,900**	**10,900**	**40,600**	**22,500**	**22,300**	**44,200**
小計	81,400	65,300	2,780	40,200	22,300	22,200	16,100
1 ～ 9頭	8,260	1,560	630	320	610	560	6,700
10 ～ 19	5,440	1,510	460	420	630	610	3,930
20 ～ 29	4,070	2,360	860	480	1,030	1,000	1,710
30 ～ 49	4,590	2,940	610	1,340	990	940	1,650
50 ～ 99	8,880	7,410	x	4,500	2,670	2,670	1,480
100 ～ 199	18,600	18,200	-	10,500	7,700	7,700	x
200頭以上	31,600	31,300	-	22,600	8,710	8,710	x
肥育用牛なし	36,700	8,650	8,070	440	140	90	28,000
近畿	**83,900**	**72,200**	**18,200**	**41,700**	**12,300**	**12,300**	**11,700**
小計	61,200	53,400	1,300	39,900	12,100	12,100	7,860
1 ～ 9頭	3,140	1,220	640	370	210	180	1,920
10 ～ 19	680	540	140	270	x	x	x
20 ～ 29	1,970	1,800	x	740	930	930	x
30 ～ 49	1,820	1,590	x	1,120	360	360	x
50 ～ 99	6,550	4,840	-	3,430	1,410	1,410	1,710
100 ～ 199	7,420	6,210	x	4,650	1,290	1,290	1,200
200頭以上	39,600	37,200	-	29,300	7,830	7,830	x
肥育用牛なし	22,700	18,900	16,900	1,770	180	170	3,850
中国	**117,200**	**78,400**	**27,200**	**23,000**	**28,200**	**28,000**	**38,700**
小計	69,000	54,200	4,000	22,700	27,500	27,500	14,800
1 ～ 9頭	3,450	2,590	1,850	250	500	500	860
10 ～ 19	2,200	1,480	470	120	890	890	710
20 ～ 29	1,540	1,540	260	300	980	980	-
30 ～ 49	3,270	2,770	580	540	1,640	1,640	x
50 ～ 99	9,570	7,330	830	1,850	4,640	4,640	x
100 ～ 199	8,480	6,730	-	3,250	3,480	3,480	1,750
200頭以上	40,500	31,800	-	16,400	15,400	15,400	8,740
肥育用牛なし	48,100	24,200	23,200	320	710	x	23,900
四国	**57,600**	**27,800**	**6,650**	**12,800**	**8,310**	**8,310**	**29,800**
小計	37,100	22,600	1,610	12,600	8,310	8,310	14,600
1 ～ 9頭	3,720	2,260	1,040	1,060	170	170	1,460
10 ～ 19	1,460	1,080	x	490	480	480	370
20 ～ 29	1,540	970	-	180	800	800	570
30 ～ 49	2,630	1,740	-	880	860	860	x
50 ～ 99	3,420	2,790	x	1,280	1,040	1,040	630
100 ～ 199	7,690	5,750	-	4,230	1,520	1,520	x
200頭以上	16,700	7,960	-	4,510	3,440	3,440	8,730
肥育用牛なし	20,400	5,230	5,040	200	-	-	15,200

単位:頭

区分	計	肉用種経営					乳用種経営
		小計	子取り経営	肥育経営	その他経営		
						一貫経営	
九州	**909,300**	**813,700**	**420,600**	**263,100**	**129,900**	**129,900**	**95,600**
小計	420,900	413,000	21,500	263,100	128,300	128,300	7,910
1 ～ 9頭	14,700	12,800	11,500	1,240	60	60	1,920
10 ～ 19	4,710	4,430	60	4,190	180	180	280
20 ～ 29	1,540	1,540	-	660	880	880	-
30 ～ 49	10,900	10,800	490	7,850	2,420	2,420	x
50 ～ 99	32,000	31,600	-	15,100	16,400	16,400	x
100 ～ 199	61,300	59,100	-	39,200	19,900	19,900	x
200頭以上	295,800	292,800	x	194,900	88,400	88,400	x
肥育用牛なし	488,400	400,700	399,100	-	1,640	1,640	87,700
沖縄	**74,400**	**74,400**	**62,500**	**1,940**	**10,000**	**10,000**	**-**
小計	20,500	20,500	8,520	1,940	10,000	10,000	-
1 ～ 9頭	4,720	4,720	4,690	30	-	-	-
10 ～ 19	3,930	3,930	2,330	-	1,600	1,600	-
20 ～ 29	2,300	2,300	-	-	2,300	2,300	-
30 ～ 49	-	-	-	-	-	-	-
50 ～ 99	2,410	2,410	-	x	2,260	2,260	-
100 ～ 199	1,020	1,020	x	-	x	x	-
200頭以上	6,090	6,090	x	1,760	3,500	3,500	-
肥育用牛なし	54,000	54,000	54,000	-	-	-	-
関東農政局	**286,100**	**149,000**	**33,000**	**79,800**	**36,200**	**32,900**	**137,200**
小計	144,900	112,700	1,230	79,800	31,700	31,600	32,200
1 ～ 9頭	6,690	2,250	1,230	580	440	430	4,440
10 ～ 19	9,880	1,390	-	690	690	690	8,490
20 ～ 29	11,200	3,470	-	1,870	1,610	1,520	7,700
30 ～ 49	7,610	6,360	-	3,300	3,060	3,060	1,250
50 ～ 99	16,300	12,000	-	7,740	4,310	4,310	4,280
100 ～ 199	22,400	19,200	-	12,400	6,830	6,830	3,130
200頭以上	70,800	67,900	-	53,200	14,800	14,800	2,890
肥育用牛なし	141,200	36,300	31,800	-	4,460	1,330	105,000
東海農政局	**98,900**	**65,200**	**10,400**	**35,700**	**19,100**	**18,900**	**33,700**
小計	71,400	56,900	2,660	35,300	19,000	18,800	14,500
1 ～ 9頭	6,390	1,260	500	290	460	410	5,140
10 ～ 19	5,160	1,360	460	390	520	500	3,800
20 ～ 29	3,610	1,900	860	480	570	540	1,710
30 ～ 49	4,500	2,840	610	1,340	900	850	1,650
50 ～ 99	7,670	6,190	x	3,640	2,320	2,320	1,480
100 ～ 199	14,900	14,500	-	7,800	6,670	6,670	x
200頭以上	29,200	28,900	-	21,400	7,550	7,550	x
肥育用牛なし	27,500	8,300	7,720	440	140	90	19,300
中国四国農政局	**174,700**	**106,200**	**33,800**	**35,800**	**36,500**	**36,400**	**68,500**
小計	106,200	76,800	5,610	35,300	35,800	35,800	29,400
1 ～ 9頭	7,180	4,850	2,890	1,310	660	660	2,320
10 ～ 19	3,650	2,570	590	620	1,360	1,360	1,090
20 ～ 29	3,080	2,510	260	480	1,780	1,780	570
30 ～ 49	5,900	4,510	580	1,420	2,500	2,500	1,400
50 ～ 99	13,000	10,100	1,290	3,130	5,690	5,690	2,870
100 ～ 199	16,200	12,500	-	7,480	5,010	5,010	3,690
200頭以上	57,200	39,700	-	20,900	18,800	18,800	17,500
肥育用牛なし	68,600	29,400	28,200	520	710	x	39,100

(2) 全国農業地域別・飼養頭数規模別（続き）

オ 経営タイプ別飼養戸数（乳用種飼養頭数規模別）

単位:戸

区分	計	肉用種経営	乳用種経営			
			小計	育成経営	肥育経営	一貫経営
全国	**46,000**	**43,800**	**2,170**	**339**	**1,560**	**270**
小計	4,440	2,350	2,100	339	1,490	270
1 ～ 4頭	1,430	1,200	227	25	195	7
5 ～ 19	747	500	247	65	150	32
20 ～ 49	485	269	216	42	156	18
50 ～ 99	385	134	251	62	177	12
100 ～ 199	455	134	321	15	285	21
200頭以上	943	109	834	130	524	180
うち500頭以上	409	38	371	62	221	88
乳用種なし	41,600	41,500	73	-	73	-
北海道	**2,540**	**2,110**	**427**	**203**	**91**	**133**
小計	932	505	427	203	91	133
1 ～ 4頭	317	317	-	-	-	-
5 ～ 19	98	64	34	34	-	-
20 ～ 49	91	65	26	26	-	-
50 ～ 99	88	40	48	48	-	-
100 ～ 199	10	10	-	-	-	-
200頭以上	328	9	319	95	91	133
乳用種なし	1,600	1,600	-	-	-	-
都府県	**43,500**	**41,700**	**1,740**	**136**	**1,470**	**137**
小計	3,510	1,840	1,670	136	1,400	137
1 ～ 4頭	1,110	885	227	25	195	7
5 ～ 19	649	436	213	31	150	32
20 ～ 49	394	204	190	16	156	18
50 ～ 99	297	94	203	14	177	12
100 ～ 199	445	124	321	15	285	21
200頭以上	615	100	515	35	433	47
乳用種なし	40,000	39,900	73	-	73	-
東北	**11,800**	**11,600**	**198**	**8**	**186**	**4**
小計	643	445	198	8	186	4
1 ～ 4頭	276	245	31	-	31	-
5 ～ 19	107	104	3	-	3	-
20 ～ 49	49	24	25	2	23	-
50 ～ 99	53	25	28	-	25	3
100 ～ 199	91	32	59	2	57	-
200頭以上	67	15	52	4	47	1
乳用種なし	11,100	11,100	-	-	-	-
北陸	**361**	**301**	**60**	**13**	**36**	**11**
小計	117	58	59	13	35	11
1 ～ 4頭	43	30	13	11	-	2
5 ～ 19	19	13	6	1	5	-
20 ～ 49	28	10	18	1	13	4
50 ～ 99	9	3	6	-	5	1
100 ～ 199	4	1	3	-	2	1
200頭以上	14	1	13	-	10	3
乳用種なし	244	243	1	-	1	-

単位:戸

区分	計	肉用種経営	乳用種経営			
			小計	育成経営	肥育経営	一貫経営
関東・東山	**2,820**	**2,320**	**503**	**26**	**450**	**27**
小計	916	413	503	26	450	27
1 ～ 4頭	280	201	79	1	75	3
5 ～ 19	162	106	56	4	51	1
20 ～ 49	114	41	73	8	58	7
50 ～ 99	100	30	70	7	62	1
100 ～ 199	98	24	74	-	73	1
200頭以上	162	11	151	6	131	14
乳用種なし	1,910	1,910	-	-	-	-
東海	**1,070**	**819**	**246**	**9**	**207**	**30**
小計	359	115	244	9	205	30
1 ～ 4頭	82	71	11	-	11	-
5 ～ 19	67	28	39	-	35	4
20 ～ 49	35	9	26	-	22	4
50 ～ 99	36	1	35	1	28	6
100 ～ 199	62	2	60	3	46	11
200頭以上	77	4	73	5	63	5
乳用種なし	706	704	2	-	2	-
近畿	**1,500**	**1,420**	**82**	**14**	**60**	**8**
小計	147	69	78	14	56	8
1 ～ 4頭	48	31	17	7	9	1
5 ～ 19	38	22	16	4	8	4
20 ～ 49	16	7	9	2	6	1
50 ～ 99	10	3	7	1	6	-
100 ～ 199	17	1	16	-	15	1
200頭以上	18	5	13	-	12	1
乳用種なし	1,350	1,350	4	-	4	-
中国	**2,590**	**2,470**	**114**	**28**	**80**	**6**
小計	278	164	114	28	80	6
1 ～ 4頭	107	87	20	-	20	-
5 ～ 19	58	41	17	9	8	-
20 ～ 49	15	10	5	-	4	1
50 ～ 99	20	14	6	1	5	-
100 ～ 199	15	1	14	8	6	-
200頭以上	63	11	52	10	37	5
乳用種なし	2,310	2,310	-	-	-	-
四国	**682**	**522**	**160**	**15**	**132**	**13**
小計	247	87	160	15	132	13
1 ～ 4頭	87	41	46	5	40	1
5 ～ 19	46	19	27	3	22	2
20 ～ 49	31	15	16	1	14	1
50 ～ 99	16	4	12	2	9	1
100 ～ 199	30	4	26	-	22	4
200頭以上	37	4	33	4	25	4
乳用種なし	435	435	-	-	-	-

(2) 全国農業地域別・飼養頭数規模別（続き）

オ 経営タイプ別飼養戸数（乳用種飼養頭数規模別）（続き）

単位:戸

区分	計	肉用種経営	乳用種経営			
			小計	育成経営	肥育経営	一貫経営
九州	**20,300**	**19,900**	**379**	**23**	**318**	**38**
小計	783	470	313	23	252	38
1 ～ 4頭	177	167	10	1	9	-
5 ～ 19	147	98	49	10	18	21
20 ～ 49	102	84	18	2	16	-
50 ～ 99	53	14	39	2	37	-
100 ～ 199	127	58	69	2	64	3
200頭以上	177	49	128	6	108	14
乳用種なし	19,500	19,400	66	-	66	-
沖縄	**2,370**	**2,370**	**-**	**-**	**-**	**-**
小計	22	22	-	-	-	-
1 ～ 4頭	12	12	-	-	-	-
5 ～ 19	5	5	-	-	-	-
20 ～ 49	4	4	-	-	-	-
50 ～ 99	-	-	-	-	-	-
100 ～ 199	1	1	-	-	-	-
200頭以上	-	-	-	-	-	-
乳用種なし	2,350	2,350	-	-	-	-
関東農政局	**2,940**	**2,380**	**551**	**26**	**496**	**29**
小計	983	432	551	26	496	29
1 ～ 4頭	294	213	81	1	77	3
5 ～ 19	169	109	60	4	55	1
20 ～ 49	116	41	75	8	60	7
50 ～ 99	111	30	81	7	71	3
100 ～ 199	109	26	83	-	82	1
200頭以上	184	13	171	6	151	14
乳用種なし	1,950	1,950	-	-	-	-
東海農政局	**953**	**755**	**198**	**9**	**161**	**28**
小計	292	96	196	9	159	28
1 ～ 4頭	68	59	9	-	9	-
5 ～ 19	60	25	35	-	31	4
20 ～ 49	33	9	24	-	20	4
50 ～ 99	25	1	24	1	19	4
100 ～ 199	51	-	51	3	37	11
200頭以上	55	2	53	5	43	5
乳用種なし	661	659	2	-	2	-
中国四国農政局	**3,270**	**2,990**	**274**	**43**	**212**	**19**
小計	525	251	274	43	212	19
1 ～ 4頭	194	128	66	5	60	1
5 ～ 19	104	60	44	12	30	2
20 ～ 49	46	25	21	1	18	2
50 ～ 99	36	18	18	3	14	1
100 ～ 199	45	5	40	8	28	4
200頭以上	100	15	85	14	62	9
乳用種なし	2,740	2,740	-	-	-	-

カ 経営タイプ別飼養頭数（乳用種飼養頭数規模別）

単位:頭

区分	計	肉用種経営	乳用種経営			
			小計	育成経営	肥育経営	一貫経営
全国	**2,478,000**	**1,748,000**	**730,100**	**105,200**	**460,400**	**164,500**
小計	1,048,000	333,000	715,200	105,200	445,600	164,500
1 ～ 4頭	62,700	62,100	610	80	500	30
5 ～ 19	46,000	42,500	3,460	990	2,020	450
20 ～ 49	44,000	35,800	8,160	1,370	6,000	790
50 ～ 99	44,000	24,000	20,000	5,350	13,700	980
100 ～ 199	85,400	35,700	49,700	2,140	44,100	3,460
200頭以上	766,200	132,900	633,300	95,200	379,300	158,800
うち500頭以上	586,900	99,100	487,900	77,300	279,700	130,800
乳用種なし	1,430,000	1,415,000	14,900	-	14,900	-
北海道	**506,300**	**181,100**	**325,200**	**83,100**	**117,600**	**124,500**
小計	406,200	81,000	325,200	83,100	117,600	124,500
1 ～ 4頭	24,500	24,500	-	-	-	-
5 ～ 19	6,300	5,690	610	610	-	-
20 ～ 49	11,400	10,600	860	860	-	-
50 ～ 99	10,600	6,380	4,210	4,210	-	-
100 ～ 199	7,720	7,720	-	-	-	-
200頭以上	345,700	26,100	319,500	77,500	117,600	124,500
乳用種なし	100,100	100,100	-	-	-	-
都府県	**1,971,000**	**1,567,000**	**404,900**	**22,000**	**342,800**	**40,000**
小計	642,000	252,000	390,000	22,000	328,000	40,000
1 ～ 4頭	38,200	37,600	610	80	500	30
5 ～ 19	39,700	36,800	2,850	380	2,020	450
20 ～ 49	32,500	25,200	7,300	510	6,000	790
50 ～ 99	33,400	17,600	15,800	1,140	13,700	980
100 ～ 199	77,700	28,000	49,700	2,140	44,100	3,460
200頭以上	420,500	106,800	313,700	17,800	261,700	34,300
乳用種なし	1,329,000	1,315,000	14,900	-	14,900	-
東北	**323,500**	**274,900**	**48,600**	**1,330**	**45,700**	**1,530**
小計	111,000	62,400	48,600	1,330	45,700	1,530
1 ～ 4頭	12,100	12,000	110	-	110	-
5 ～ 19	14,900	14,900	20	-	20	-
20 ～ 49	5,380	4,660	720	x	680	-
50 ～ 99	5,200	3,460	1,740	-	1,510	230
100 ～ 199	15,300	7,150	8,160	x	7,860	-
200頭以上	58,100	20,300	37,900	980	35,600	x
乳用種なし	212,500	212,500	-	-	-	-
北陸	**20,500**	**11,000**	**9,550**	**100**	**7,930**	**1,520**
小計	12,800	3,220	9,550	100	7,930	1,520
1 ～ 4頭	620	570	50	40	-	x
5 ～ 19	520	450	80	x	70	-
20 ～ 49	2,230	1,540	690	x	480	150
50 ～ 99	640	160	480	-	430	x
100 ～ 199	720	x	500	-	x	x
200頭以上	8,040	x	7,750	-	6,640	1,120
乳用種なし	7,750	7,740	x	-	x	-

(2) 全国農業地域別・飼養頭数規模別（続き）

カ 経営タイプ別飼養頭数（乳用種飼養頭数規模別）（続き）

単位:頭

区分	計	肉用種経営	乳用種経営			
			小計	育成経営	肥育経営	一貫経営
関東・東山	**266,900**	**140,200**	**126,700**	**4,920**	**105,100**	**16,700**
小計	161,800	35,100	126,700	4,920	105,100	16,700
1 ～ 4頭	5,310	5,080	220	x	200	10
5 ～ 19	2,910	2,330	580	60	500	x
20 ～ 49	7,380	4,100	3,280	190	2,770	320
50 ～ 99	10,700	5,200	5,490	520	4,880	x
100 ～ 199	18,800	6,500	12,300	-	12,100	x
200頭以上	116,700	11,900	104,800	4,140	84,700	16,000
乳用種なし	105,100	105,100	-	-	-	-
東海	**118,100**	**73,900**	**44,200**	**2,580**	**37,200**	**4,450**
小計	56,700	12,800	43,800	2,580	36,800	4,450
1 ～ 4頭	4,080	4,040	40	-	40	-
5 ～ 19	2,940	2,100	840	-	750	80
20 ～ 49	1,610	730	880	-	760	120
50 ～ 99	3,320	x	3,220	x	2,670	480
100 ～ 199	11,200	x	10,100	420	7,780	1,920
200頭以上	33,500	4,780	28,700	2,090	24,800	1,850
乳用種なし	61,500	61,100	x	-	x	-
近畿	**83,900**	**72,200**	**11,700**	**230**	**9,600**	**1,880**
小計	25,900	14,400	11,500	230	9,400	1,880
1 ～ 4頭	1,670	1,620	40	10	20	x
5 ～ 19	2,060	1,830	230	40	140	50
20 ～ 49	900	520	370	x	230	x
50 ～ 99	2,360	1,720	650	x	570	-
100 ～ 199	2,980	x	2,540	-	2,370	x
200頭以上	15,900	8,280	7,670	-	6,070	x
乳用種なし	58,000	57,800	200	-	200	-
中国	**117,200**	**78,400**	**38,700**	**6,590**	**30,400**	**1,790**
小計	68,100	29,400	38,700	6,590	30,400	1,790
1 ～ 4頭	5,360	5,340	20	-	20	-
5 ～ 19	2,560	2,400	160	90	60	-
20 ～ 49	800	560	240	-	120	x
50 ～ 99	4,020	3,580	440	x	370	-
100 ～ 199	2,200	x	1,670	900	770	-
200頭以上	53,100	16,900	36,200	5,520	29,000	1,680
乳用種なし	49,100	49,100	-	-	-	-
四国	**57,600**	**27,800**	**29,800**	**2,800**	**21,300**	**5,700**
小計	39,000	9,170	29,800	2,800	21,300	5,700
1 ～ 4頭	1,970	1,870	110	20	90	x
5 ～ 19	1,540	1,260	280	50	200	x
20 ～ 49	1,630	1,060	560	x	470	x
50 ～ 99	1,970	970	1,000	x	720	x
100 ～ 199	5,690	1,660	4,040	-	3,390	640
200頭以上	26,200	2,360	23,800	2,530	16,400	4,860
乳用種なし	18,600	18,600	-	-	-	-

単位:頭

区分	計	肉用種経営	乳用種経営			
			小計	育成経営	肥育経営	一貫経営
九州	**909,300**	**813,700**	**95,600**	**3,490**	**85,600**	**6,460**
小計	161,200	79,900	81,300	3,490	71,300	6,460
1 ～ 4頭	4,680	4,670	10	x	10	-
5 ～ 19	11,400	10,700	680	140	270	280
20 ～ 49	11,100	10,500	560	x	480	-
50 ～ 99	5,180	2,410	2,770	x	2,530	-
100 ～ 199	20,000	9,570	10,400	x	9,550	360
200頭以上	108,800	42,000	66,800	2,520	58,500	5,820
乳用種なし	748,100	733,800	14,300	-	14,300	-
沖縄	**74,400**	**74,400**	-	-	-	-
小計	5,570	5,570	-	-	-	-
1 ～ 4頭	2,420	2,420	-	-	-	-
5 ～ 19	780	780	-	-	-	-
20 ～ 49	1,530	1,530	-	-	-	-
50 ～ 99	-	-	-	-	-	-
100 ～ 199	x	x	-	-	-	-
200頭以上	-	-	-	-	-	-
乳用種なし	68,900	68,900	-	-	-	-
関東農政局	**286,100**	**149,000**	**137,200**	**4,920**	**115,500**	**16,800**
小計	175,700	38,500	137,200	4,920	115,500	16,800
1 ～ 4頭	5,650	5,420	230	x	210	10
5 ～ 19	3,120	2,480	640	60	560	x
20 ～ 49	7,450	4,100	3,340	190	2,840	320
50 ～ 99	11,500	5,200	6,330	520	5,600	210
100 ～ 199	21,600	7,590	14,000	-	13,800	x
200頭以上	126,400	13,700	112,700	4,140	92,500	16,000
乳用種なし	110,500	110,500	-	-	-	-
東海農政局	**98,900**	**65,200**	**33,700**	**2,580**	**26,800**	**4,330**
小計	42,800	9,440	33,400	2,580	26,500	4,330
1 ～ 4頭	3,740	3,710	40	-	40	-
5 ～ 19	2,730	1,950	780	-	700	80
20 ～ 49	1,540	730	810	-	690	120
50 ～ 99	2,480	x	2,380	x	1,950	360
100 ～ 199	8,410	-	8,410	420	6,070	1,920
200頭以上	23,900	x	20,900	2,090	17,000	1,850
乳用種なし	56,100	55,800	x	-	x	-
中国四国農政局	**174,700**	**106,200**	**68,500**	**9,380**	**51,600**	**7,490**
小計	107,000	38,500	68,500	9,380	51,600	7,490
1 ～ 4頭	7,340	7,210	130	20	110	x
5 ～ 19	4,100	3,660	430	140	260	x
20 ～ 49	2,420	1,630	800	x	590	x
50 ～ 99	5,990	4,550	1,440	220	1,090	x
100 ～ 199	7,900	2,200	5,700	900	4,160	640
200頭以上	79,300	19,300	60,000	8,050	45,400	6,540
乳用種なし	67,700	67,700	-	-	-	-

98 肉用牛

(2) 全国農業地域別・飼養頭数規模別（続き）

キ 経営タイプ別飼養戸数（肉用種の肥育用牛及び乳用種飼養頭数規模別）

単位：戸

区分	計	肉用種経営					乳用種経営			
		小計	子取り経営	肥育経営	その他経営	一貫経営	小計	育成経営	肥育経営	一貫経営
全国	**46,000**	**43,800**	**37,900**	**3,820**	**2,130**	**1,720**	**2,170**	**339**	**1,560**	**270**
小計	10,200	8,090	2,410	3,780	1,900	1,670	2,100	339	1,490	270
1 ～ 9頭	3,310	2,960	1,850	759	347	216	354	51	283	20
10 ～ 19	956	821	261	328	232	224	135	38	81	16
20 ～ 29	560	473	54	220	199	146	87	9	66	12
30 ～ 49	1,010	868	132	473	263	260	145	33	103	9
50 ～ 99	1,310	1,090	85	651	349	319	226	63	152	11
100 ～ 199	1,280	952	13	665	274	271	323	15	286	22
200頭以上	1,760	928	7	681	240	238	831	130	521	180
うち500頭以上	623	261	3	186	72	72	362	62	211	89
肉用種の子取り用めす及び育成のみ	35,800	35,700	35,500	41	222	47	68	−	68	−
北海道	**2,540**	**2,110**	**1,710**	**58**	**341**	**184**	**427**	**203**	**91**	**133**
小計	1,220	794	443	58	293	183	427	203	91	133
1 ～ 9頭	350	334	275	18	41	−	16	16	−	−
10 ～ 19	152	134	61	−	73	73	18	18	−	−
20 ～ 29	50	50	−	−	50	−	−	−	−	−
30 ～ 49	107	81	60	−	21	21	26	26	−	−
50 ～ 99	154	106	46	12	48	34	48	48	−	−
100 ～ 199	48	48	1	9	38	35	−	−	−	−
200頭以上	360	41	−	19	22	20	319	95	91	133
肉用種の子取り用めす及び育成のみ	1,310	1,310	1,270	−	48	1	−	−	−	−
都府県	**43,500**	**41,700**	**36,200**	**3,760**	**1,790**	**1,540**	**1,740**	**136**	**1,470**	**137**
小計	8,970	7,290	1,960	3,720	1,610	1,490	1,670	136	1,400	137
1 ～ 9頭	2,960	2,630	1,580	741	306	216	338	35	283	20
10 ～ 19	804	687	200	328	159	151	117	20	81	16
20 ～ 29	510	423	54	220	149	146	87	9	66	12
30 ～ 49	906	787	72	473	242	239	119	7	103	9
50 ～ 99	1,160	979	39	639	301	285	178	15	152	11
100 ～ 199	1,230	904	12	656	236	236	323	15	286	22
200頭以上	1,400	887	7	662	218	218	512	35	430	47
肉用種の子取り用めす及び育成のみ	34,500	34,400	34,200	41	174	46	68	−	68	−
東北	**11,800**	**11,600**	**9,990**	**1,130**	**473**	**394**	**198**	**8**	**186**	**4**
小計	2,310	2,110	548	1,130	437	392	198	8	186	4
1 ～ 9頭	988	953	479	308	166	134	35	−	35	−
10 ～ 19	251	251	33	171	47	45	−	−	−	−
20 ～ 29	138	119	18	72	29	29	19	2	17	−
30 ～ 49	247	241	7	166	68	67	6	−	6	−
50 ～ 99	257	232	6	156	70	60	25	−	22	3
100 ～ 199	255	196	−	163	33	33	59	2	57	−
200頭以上	174	120	5	91	24	24	54	4	49	1
肉用種の子取り用めす及び育成のみ	9,480	9,480	9,440	−	36	2	−	−	−	−
北陸	**361**	**301**	**150**	**92**	**59**	**38**	**60**	**13**	**36**	**11**
小計	225	166	25	92	49	38	59	13	35	11
1 ～ 9頭	79	63	19	28	16	7	16	12	2	2
10 ～ 19	26	23	3	14	6	5	3	−	3	−
20 ～ 29	18	11	1	3	7	6	7	−	6	1
30 ～ 49	29	19	2	9	8	8	10	1	6	3
50 ～ 99	36	30	−	23	7	7	6	−	5	1
100 ～ 199	20	16	−	11	5	5	4	−	3	1
200頭以上	17	4	−	4	−	−	13	−	10	3
肉用種の子取り用めす及び育成のみ	136	135	125	−	10	−	1	−	1	−

単位:戸

区分	計	肉用種経営					乳用種経営			
		小計	子取り経営	肥育経営	その他経営		小計	育成経営	肥育経営	一貫経営
						一貫経営				
関東・東山	**2,820**	**2,320**	**1,490**	**508**	**325**	**204**	**503**	**26**	**450**	**27**
小計	1,470	969	223	508	238	195	503	26	450	27
1 ～ 9頭	401	294	161	89	44	11	107	1	104	2
10 ～ 19	145	124	58	42	24	21	21	3	17	1
20 ～ 29	125	96	3	67	26	26	29	7	15	7
30 ～ 49	178	125	1	68	56	55	53	2	50	1
50 ～ 99	192	123	−	89	34	28	69	7	61	1
100 ～ 199	183	97	−	62	35	35	86	−	85	1
200頭以上	248	110	−	91	19	19	138	6	118	14
肉用種の子取り用めす及び育成のみ	1,350	1,350	1,260	−	87	9	−	−	−	−
東海	**1,070**	**819**	**387**	**304**	**128**	**116**	**246**	**9**	**207**	**30**
小計	773	527	103	298	126	115	246	9	207	30
1 ～ 9頭	160	139	70	48	21	14	21	−	20	1
10 ～ 19	73	49	12	22	15	13	24	−	22	2
20 ～ 29	52	41	8	23	10	9	11	−	8	3
30 ～ 49	76	52	9	31	12	11	24	−	22	2
50 ～ 99	108	79	4	54	21	21	29	1	22	6
100 ～ 199	153	90	−	65	25	25	63	3	49	11
200頭以上	151	77	−	55	22	22	74	5	64	5
肉用種の子取り用めす及び育成のみ	292	292	284	6	2	1	−	−	−	−
近畿	**1,500**	**1,420**	**1,130**	**240**	**49**	**45**	**82**	**14**	**60**	**8**
小計	398	318	51	223	44	41	80	14	58	8
1 ～ 9頭	110	87	40	41	6	4	23	10	11	2
10 ～ 19	38	27	5	19	3	3	11	1	7	3
20 ～ 29	25	24	2	19	3	2	1	−	1	−
30 ～ 49	38	30	2	21	7	7	8	2	5	1
50 ～ 99	54	49	1	41	7	7	5	1	4	−
100 ～ 199	59	43	1	33	9	9	16	−	15	1
200頭以上	74	58	−	49	9	9	16	−	15	1
肉用種の子取り用めす及び育成のみ	1,100	1,100	1,080	17	5	4	2	−	2	−
中国	**2,590**	**2,470**	**2,200**	**144**	**132**	**121**	**114**	**28**	**80**	**6**
小計	526	412	140	144	128	121	114	28	80	6
1 ～ 9頭	213	183	110	52	21	14	30	4	26	−
10 ～ 19	46	37	15	5	17	17	9	5	4	−
20 ～ 29	26	25	4	7	14	14	1	−	1	−
30 ～ 49	37	34	8	12	14	14	3	−	2	1
50 ～ 99	58	49	3	26	20	20	9	1	8	−
100 ～ 199	57	44	−	25	19	19	13	8	5	−
200頭以上	89	40	−	17	23	23	49	10	34	5
肉用種の子取り用めす及び育成のみ	2,060	2,060	2,060	−	4	−	−	−	−	−
四国	**682**	**522**	**300**	**143**	**79**	**79**	**160**	**15**	**132**	**13**
小計	424	264	60	125	79	79	160	15	132	13
1 ～ 9頭	148	83	44	28	11	11	65	6	57	2
10 ～ 19	46	39	3	21	15	15	7	2	5	−
20 ～ 29	34	25	1	6	18	18	9	−	8	1
30 ～ 49	42	34	10	12	12	12	8	−	7	1
50 ～ 99	41	29	2	17	10	10	12	3	9	−
100 ～ 199	50	24	−	20	4	4	26	−	21	5
200頭以上	63	30	−	21	9	9	33	4	25	4
肉用種の子取り用めす及び育成のみ	258	258	240	18	−	−	−	−	−	−

(2) 全国農業地域別・飼養頭数規模別（続き）

キ 経営タイプ別飼養戸数（肉用種の肥育用牛及び乳用種飼養頭数規模別）（続き）

単位:戸

区分	計	肉用種経営					乳用種経営			
		小計	子取り経営	肥育経営	その他経営	一貫経営	小計	育成経営	肥育経営	一貫経営
九州	**20,300**	**19,900**	**18,200**	**1,190**	**487**	**487**	**379**	**23**	**318**	**38**
小計	2,660	2,350	696	1,190	457	457	314	23	253	38
1 ～ 9頭	785	744	579	144	21	21	41	2	28	11
10 ～ 19	114	72	33	34	5	5	42	9	23	10
20 ～ 29	78	68	17	23	28	28	10	-	10	-
30 ～ 49	259	252	33	154	65	65	7	2	5	-
50 ～ 99	404	381	23	231	127	127	23	2	21	-
100 ～ 199	447	391	10	277	104	104	56	2	51	3
200頭以上	572	437	1	329	107	107	135	6	115	14
肉用種の子取り用めす及び育成のみ	17,600	17,600	17,500	-	30	30	65	-	65	-
沖縄	**2,370**	**2,370**	**2,310**	**10**	**53**	**53**	**-**	**-**	**-**	**-**
小計	180	180	117	10	53	53	-	-	-	-
1 ～ 9頭	80	80	77	3	-	-	-	-	-	-
10 ～ 19	65	65	38	-	27	27	-	-	-	-
20 ～ 29	14	14	-	-	14	14	-	-	-	-
30 ～ 49	-	-	-	-	-	-	-	-	-	-
50 ～ 99	7	7	-	2	5	5	-	-	-	-
100 ～ 199	3	3	1	-	2	2	-	-	-	-
200頭以上	11	11	1	5	5	5	-	-	-	-
肉用種の子取り用めす及び育成のみ	2,190	2,190	2,190	-	-	-	-	-	-	-
関東農政局	**2,940**	**2,380**	**1,510**	**535**	**341**	**220**	**551**	**26**	**496**	**29**
小計	1,580	1,030	239	535	254	211	551	26	496	29
1 ～ 9頭	423	314	177	93	44	11	109	1	106	2
10 ～ 19	154	129	58	44	27	24	25	3	21	1
20 ～ 29	125	96	3	67	26	26	29	7	15	7
30 ～ 49	182	127	1	68	58	57	55	2	52	1
50 ～ 99	212	132	-	95	37	31	80	7	70	3
100 ～ 199	206	109	-	71	38	38	97	-	96	1
200頭以上	277	121	-	97	24	24	156	6	136	14
肉用種の子取り用めす及び育成のみ	1,360	1,360	1,270	-	87	9	-	-	-	-
東海農政局	**953**	**755**	**366**	**277**	**112**	**100**	**198**	**9**	**161**	**28**
小計	666	468	87	271	110	99	198	9	161	28
1 ～ 9頭	138	119	54	44	21	14	19	-	18	1
10 ～ 19	64	44	12	20	12	10	20	-	18	2
20 ～ 29	52	41	8	23	10	9	11	-	8	3
30 ～ 49	72	50	9	31	10	9	22	-	20	2
50 ～ 99	88	70	4	48	18	18	18	1	13	4
100 ～ 199	130	78	-	56	22	22	52	3	38	11
200頭以上	122	66	-	49	17	17	56	5	46	5
肉用種の子取り用めす及び育成のみ	287	287	279	6	2	1	-	-	-	-
中国四国農政局	**3,270**	**2,990**	**2,500**	**287**	**211**	**200**	**274**	**43**	**212**	**19**
小計	950	676	200	269	207	200	274	43	212	19
1 ～ 9頭	361	266	154	80	32	25	95	10	83	2
10 ～ 19	92	76	18	26	32	32	16	7	9	-
20 ～ 29	60	50	5	13	32	32	10	-	9	1
30 ～ 49	79	68	18	24	26	26	11	-	9	2
50 ～ 99	99	78	5	43	30	30	21	4	17	-
100 ～ 199	107	68	-	45	23	23	39	8	26	5
200頭以上	152	70	-	38	32	32	82	14	59	9
肉用種の子取り用めす及び育成のみ	2,320	2,320	2,300	18	4	-	-	-	-	-

ク　経営タイプ別飼養頭数（肉用種の肥育用牛及び乳用種飼養頭数規模別）

単位:頭

区分	計	肉用種経営					乳用種経営			
		小計	子取り経営	肥育経営	その他経営		小計	育成経営	肥育経営	一貫経営
						一貫経営				
全国	**2,478,000**	**1,748,000**	**814,100**	**582,100**	**351,400**	**336,900**	**730,100**	**105,200**	**460,400**	**164,500**
小計	1,787,000	1,071,000	144,900	581,000	344,900	335,700	716,100	105,200	446,500	164,500
1 ～ 9頭	90,200	88,500	77,600	5,060	5,810	3,310	1,700	420	1,130	150
10 ～ 19	30,100	27,500	15,400	5,550	6,560	6,420	2,550	640	1,630	280
20 ～ 29	22,900	20,400	4,360	5,810	10,300	8,670	2,460	190	1,870	400
30 ～ 49	55,400	49,300	15,000	18,800	15,500	15,400	6,140	1,180	4,470	490
50 ～ 99	122,800	105,300	14,300	48,600	42,400	39,600	17,400	5,360	11,300	770
100 ～199	205,200	156,400	4,180	97,800	54,400	53,700	48,900	2,180	43,500	3,170
200頭以上	1,260,000	623,300	14,000	399,300	209,900	208,600	637,000	95,200	382,600	159,200
うち500頭以上	874,700	391,700	11,100	244,500	136,000	136,000	483,000	77,300	274,400	131,400
肉用種の子取り用めす及び育成のみ	690,800	676,900	669,200	1,040	6,580	1,190	14,000	-	14,000	-
北海道	**506,300**	**181,100**	**100,200**	**28,800**	**52,000**	**43,000**	**325,200**	**83,100**	**117,600**	**124,500**
小計	452,800	127,600	49,800	28,800	48,900	42,500	325,200	83,100	117,600	124,500
1 ～ 9頭	29,300	29,000	27,300	110	1,570	-	270	270	-	-
10 ～ 19	7,250	6,900	5,230	-	1,670	1,670	340	340	-	-
20 ～ 29	1,480	1,480	-	-	1,480	-	-	-	-	-
30 ～ 49	10,800	9,990	8,940	-	1,050	1,050	860	860	-	-
50 ～ 99	19,400	15,100	7,180	770	7,190	5,700	4,210	4,210	-	-
100 ～199	11,000	11,000	x	1,180	8,720	8,070	-	-	-	-
200頭以上	373,600	54,000	-	26,800	27,300	26,000	319,500	77,500	117,600	124,500
肉用種の子取り用めす及び育成のみ	53,500	53,500	50,400	-	3,040	x	-	-	-	-
都府県	**1,971,000**	**1,567,000**	**713,900**	**553,200**	**299,400**	**293,900**	**404,900**	**22,000**	**342,800**	**40,000**
小計	1,334,000	943,200	95,100	552,200	295,900	293,200	390,900	22,000	328,900	40,000
1 ～ 9頭	60,900	59,500	50,300	4,950	4,240	3,310	1,430	150	1,130	150
10 ～ 19	22,800	20,600	10,200	5,550	4,880	4,750	2,210	290	1,630	280
20 ～ 29	21,400	19,000	4,360	5,810	8,780	8,670	2,460	190	1,870	400
30 ～ 49	44,600	39,300	6,020	18,800	14,500	14,300	5,290	320	4,470	490
50 ～ 99	103,400	90,200	7,130	47,800	35,300	33,900	13,200	1,150	11,300	770
100 ～199	194,200	145,400	3,050	96,700	45,600	45,600	48,900	2,180	43,500	3,170
200頭以上	886,700	569,300	14,000	372,600	182,700	182,700	317,400	17,700	265,000	34,700
肉用種の子取り用めす及び育成のみ	637,300	623,400	618,800	1,040	3,540	690	14,000	-	14,000	-
東北	**323,500**	**274,900**	**132,500**	**89,800**	**52,500**	**51,200**	**48,600**	**1,330**	**45,700**	**1,530**
小計	219,000	170,400	28,300	89,800	52,200	50,800	48,600	1,330	45,700	1,530
1 ～ 9頭	18,900	18,800	15,300	1,180	2,260	1,820	140	-	140	-
10 ～ 19	6,650	6,650	3,010	2,580	1,050	1,030	-	-	-	-
20 ～ 29	6,040	5,580	2,510	1,740	1,320	1,320	460	x	420	-
30 ～ 49	12,400	12,100	1,080	6,410	4,630	4,620	230	-	230	-
50 ～ 99	23,100	21,400	2,230	11,300	7,950	7,060	1,690	-	1,460	230
100 ～199	38,000	29,800	-	22,200	7,560	7,560	8,240	x	7,930	-
200頭以上	113,900	76,100	4,190	44,500	27,400	27,400	37,800	980	35,600	x
肉用種の子取り用めす及び育成のみ	104,500	104,500	104,200	-	340	x	-	-	-	-
北陸	**20,500**	**11,000**	**2,820**	**5,310**	**2,840**	**2,360**	**9,550**	**100**	**7,930**	**1,520**
小計	18,400	8,830	1,010	5,310	2,510	2,360	9,550	100	7,930	1,520
1 ～ 9頭	730	660	280	130	240	150	70	50	x	x
10 ～ 19	460	410	60	210	140	140	50	-	50	-
20 ～ 29	730	560	x	70	250	190	170	-	140	x
30 ～ 49	1,700	1,220	x	340	470	470	470	x	290	130
50 ～ 99	2,760	2,350	-	1,790	560	560	410	-	360	x
100 ～199	2,970	2,340	-	1,490	850	850	630	-	440	x
200頭以上	9,040	1,280	-	1,280	-	-	7,750	-	6,640	1,120
肉用種の子取り用めす及び育成のみ	2,140	2,140	1,810	-	320	-	x	-	x	-

(2) 全国農業地域別・飼養頭数規模別（続き）

ク 経営タイプ別飼養頭数（肉用種の肥育用牛及び乳用種飼養頭数規模別）（続き）

単位:頭

区分	計	肉用種経営					乳用種経営			
		小計	子取り経営	肥育経営	その他経営	一貫経営	小計	育成経営	肥育経営	一貫経営
関東・東山	**266,900**	**140,200**	**32,500**	**74,900**	**32,800**	**29,600**	**126,700**	**4,920**	**105,100**	**16,700**
小計	234,900	108,300	3,120	74,900	30,300	29,500	126,700	4,920	105,100	16,700
1 ～ 9頭	3,130	2,680	1,710	680	290	170	450	x	420	x
10 ～ 19	2,850	2,510	1,180	760	580	510	330	50	270	x
20 ～ 29	3,460	2,710	90	1,790	830	830	750	150	340	260
30 ～ 49	7,960	5,550	x	2,930	2,470	2,390	2,410	x	2,240	x
50 ～ 99	15,100	9,710	-	7,150	2,560	2,100	5,360	510	4,740	x
100 ～ 199	31,700	17,500	-	11,000	6,490	6,490	14,200	-	14,100	x
200頭以上	170,800	67,600	-	50,600	17,000	17,000	103,200	4,140	83,100	16,000
肉用種の子取り用めす及び育成のみ	32,000	32,000	29,400	-	2,560	60	-	-	-	-
東海	**118,100**	**73,900**	**10,900**	**40,600**	**22,500**	**22,300**	**44,200**	**2,580**	**37,200**	**4,450**
小計	111,200	67,000	3,930	40,600	22,500	22,300	44,200	2,580	37,200	4,450
1 ～ 9頭	2,320	2,210	1,530	280	410	320	110	-	90	x
10 ～ 19	1,810	1,430	400	400	640	590	380	-	360	x
20 ～ 29	2,180	1,740	570	630	540	510	440	-	350	90
30 ～ 49	4,020	2,990	780	1,390	830	780	1,030	-	960	x
50 ～ 99	9,580	7,450	670	4,200	2,580	2,580	2,130	x	1,700	360
100 ～ 199	24,000	14,700	-	9,620	5,090	5,090	9,310	350	7,440	1,520
200頭以上	67,300	36,500	-	24,100	12,400	12,400	30,800	2,170	26,300	2,380
肉用種の子取り用めす及び育成のみ	6,950	6,950	6,920	20	x	x	-	-	-	-
近畿	**83,900**	**72,200**	**18,200**	**41,700**	**12,300**	**12,300**	**11,700**	**230**	**9,600**	**1,880**
小計	66,700	55,000	2,000	40,800	12,200	12,100	11,700	230	9,560	1,880
1 ～ 9頭	1,920	1,830	1,080	640	120	110	80	40	30	x
10 ～ 19	940	730	160	360	210	210	210	x	150	50
20 ～ 29	1,570	1,540	x	670	710	x	x	-	x	-
30 ～ 49	2,280	1,940	x	1,090	600	600	340	x	200	x
50 ～ 99	5,000	4,590	x	3,440	1,080	1,080	410	x	330	-
100 ～ 199	8,890	6,660	x	4,770	1,610	1,610	2,220	-	2,050	x
200頭以上	46,100	37,700	-	29,900	7,830	7,830	8,360	-	6,760	x
肉用種の子取り用めす及び育成のみ	17,300	17,200	16,200	850	180	170	x	-	x	-
中国	**117,200**	**78,400**	**27,200**	**23,000**	**28,200**	**28,000**	**38,700**	**6,590**	**30,400**	**1,790**
小計	96,100	57,400	6,130	23,000	28,200	28,000	38,700	6,590	30,400	1,790
1 ～ 9頭	4,660	4,560	3,570	440	550	370	100	30	70	-
10 ～ 19	1,000	890	500	80	300	300	110	60	40	-
20 ～ 29	1,470	1,430	250	200	980	980	x	-	x	-
30 ～ 49	2,960	2,780	710	480	1,590	1,590	190	-	x	x
50 ～ 99	6,230	5,570	1,090	1,630	2,850	2,850	670	x	600	-
100 ～ 199	9,550	7,870	-	3,830	4,040	4,040	1,680	980	700	-
200頭以上	70,200	34,300	-	16,300	17,900	17,900	36,000	5,440	28,800	1,680
肉用種の子取り用めす及び育成のみ	21,100	21,100	21,000	-	10	-	-	-	-	-
四国	**57,600**	**27,800**	**6,650**	**12,800**	**8,310**	**8,310**	**29,800**	**2,800**	**21,300**	**5,700**
小計	53,700	23,900	2,940	12,700	8,310	8,310	29,800	2,800	21,300	5,700
1 ～ 9頭	2,140	1,880	1,610	110	170	170	260	20	220	x
10 ～ 19	1,200	1,090	160	460	470	470	100	x	70	-
20 ～ 29	1,160	920	x	150	720	720	240	-	220	x
30 ～ 49	2,320	2,060	640	600	820	820	270	-	240	x
50 ～ 99	3,690	2,780	x	1,240	1,060	1,060	910	210	700	-
100 ～ 199	7,720	3,790	-	2,850	940	940	3,930	-	3,150	780
200頭以上	35,500	11,400	-	7,240	4,140	4,140	24,100	2,530	16,700	4,860
肉用種の子取り用めす及び育成のみ	3,890	3,890	3,710	170	-	-	-	-	-	-

単位:頭

区分	計	肉用種経営					乳用種経営			
		小計	子取り経営	肥育経営	その他経営	一貫経営	小計	育成経営	肥育経営	一貫経営
九州	**909,300**	**813,700**	**420,600**	**263,100**	**129,900**	**129,900**	**95,600**	**3,490**	**85,600**	**6,460**
小計	511,700	430,100	37,100	263,100	129,800	129,800	81,700	3,490	71,700	6,460
1 ～ 9頭	20,600	20,300	18,700	1,470	210	210	230	x	140	90
10 ～ 19	4,100	3,080	2,270	700	100	100	1,020	130	700	190
20 ～ 29	2,520	2,180	490	570	1,130	1,130	340	-	340	-
30 ～ 49	11,000	10,600	1,990	5,590	3,060	3,060	350	x	240	-
50 ～ 99	35,600	33,900	2,600	17,000	14,400	14,400	1,640	x	1,430	-
100 ～ 199	70,400	61,700	2,110	40,900	18,700	18,700	8,650	x	7,730	360
200頭以上	367,600	298,200	x	196,900	92,200	92,200	69,500	2,480	61,100	5,820
肉用種の子取り用めす及び育成のみ	397,600	383,600	383,500	-	120	120	13,900	-	13,900	-
沖縄	**74,400**	**74,400**	**62,500**	**1,940**	**10,000**	**10,000**	**-**	**-**	**-**	**-**
小計	22,400	22,400	10,500	1,940	10,000	10,000	-	-	-	-
1 ～ 9頭	6,560	6,560	6,530	30	-	-	-	-	-	-
10 ～ 19	3,840	3,840	2,450	-	1,390	1,390	-	-	-	-
20 ～ 29	2,300	2,300	-	-	2,300	2,300	-	-	-	-
30 ～ 49	-	-	-	-	-	-	-	-	-	-
50 ～ 99	2,410	2,410	-	x	2,260	2,260	-	-	-	-
100 ～ 199	1,020	1,020	x	-	x	x	-	-	-	-
200頭以上	6,300	6,300	x	1,760	3,700	3,700	-	-	-	-
肉用種の子取り用めす及び育成のみ	52,000	52,000	52,000	-	-	-	-	-	-	-
関東農政局	**286,100**	**149,000**	**33,000**	**79,800**	**36,200**	**32,900**	**137,200**	**4,920**	**115,500**	**16,800**
小計	254,100	117,000	3,580	79,800	33,600	32,900	137,200	4,920	115,500	16,800
1 ～ 9頭	3,620	3,170	2,180	710	290	170	450	x	420	x
10 ～ 19	3,000	2,610	1,180	790	640	560	390	50	330	x
20 ～ 29	3,460	2,710	90	1,790	830	830	750	150	340	260
30 ～ 49	8,120	5,640	x	2,930	2,570	2,480	2,480	x	2,300	x
50 ～ 99	16,800	10,600	-	7,700	2,860	2,400	6,200	510	5,450	240
100 ～ 199	35,500	19,600	-	12,600	6,990	6,990	15,900	-	15,800	x
200頭以上	183,600	72,700	-	53,200	19,400	19,400	111,000	4,140	90,900	16,000
肉用種の子取り用めす及び育成のみ	32,000	32,000	29,400	-	2,560	60	-	-	-	-
東海農政局	**98,900**	**65,200**	**10,400**	**35,700**	**19,100**	**18,900**	**33,700**	**2,580**	**26,800**	**4,330**
小計	92,000	58,300	3,470	35,700	19,100	18,900	33,700	2,580	26,800	4,330
1 ～ 9頭	1,830	1,720	1,060	250	410	320	100	-	90	x
10 ～ 19	1,660	1,340	400	360	580	540	320	-	300	x
20 ～ 29	2,180	1,740	570	630	540	510	440	-	350	90
30 ～ 49	3,860	2,900	780	1,390	730	680	960	-	900	x
50 ～ 99	7,900	6,600	670	3,650	2,280	2,280	1,300	x	990	240
100 ～ 199	20,200	12,600	-	7,990	4,590	4,590	7,600	350	5,730	1,520
200頭以上	54,400	31,400	-	21,400	9,990	9,990	23,000	2,170	18,400	2,380
肉用種の子取り用めす及び育成のみ	6,930	6,930	6,900	20	x	x	-	-	-	-
中国四国農政局	**174,700**	**106,200**	**33,800**	**35,800**	**36,500**	**36,400**	**68,500**	**9,380**	**51,600**	**7,490**
小計	149,800	81,300	9,070	35,700	36,500	36,400	68,500	9,380	51,600	7,490
1 ～ 9頭	6,800	6,440	5,180	550	710	540	360	50	290	x
10 ～ 19	2,190	1,980	670	550	770	770	210	100	110	-
20 ～ 29	2,630	2,350	310	350	1,700	1,700	280	-	260	x
30 ～ 49	5,290	4,830	1,350	1,080	2,400	2,400	450	-	310	x
50 ～ 99	9,920	8,350	1,560	2,870	3,910	3,910	1,580	280	1,300	-
100 ～ 199	17,300	11,700	-	6,680	4,990	4,980	5,610	980	3,850	780
200頭以上	105,700	45,600	-	23,600	22,100	22,100	60,000	7,970	45,500	6,540
肉用種の子取り用めす及び育成のみ	24,900	24,900	24,800	170	10	-	-	-	-	-

104 肉 用 牛

(2) 全国農業地域別・飼養頭数規模別（続き）

ケ 経営タイプ別飼養戸数（交雑種飼養頭数規模別）

単位:戸

区分	計	肉用種経営	乳用種経営			
			小計	育成経営	肥育経営	一貫経営
全国	**46,000**	**43,800**	**2,170**	**339**	**1,560**	**270**
小計	3,730	2,040	1,700	215	1,290	190
1 ～ 4頭	1,260	1,070	196	54	132	10
5 ～ 19	707	468	239	67	139	33
20 ～ 49	389	191	198	15	166	17
50 ～ 99	332	115	217	15	194	8
100 ～ 199	402	102	300	8	273	19
200頭以上	638	93	545	56	386	103
うち500頭以上	256	30	226	33	133	60
交雑種なし	42,300	41,800	474	124	270	80
北海道	**2,540**	**2,110**	**427**	**203**	**91**	**133**
小計	635	405	230	98	62	70
1 ～ 4頭	296	266	30	27	−	3
5 ～ 19	94	47	47	47	−	−
20 ～ 49	40	40	−	−	−	−
50 ～ 99	41	41	−	−	−	−
100 ～ 199	5	5	−	−	−	−
200頭以上	159	6	153	24	62	67
交雑種なし	1,900	1,700	197	105	29	63
都府県	**43,500**	**41,700**	**1,740**	**136**	**1,470**	**137**
小計	3,100	1,630	1,470	117	1,230	120
1 ～ 4頭	968	802	166	27	132	7
5 ～ 19	613	421	192	20	139	33
20 ～ 49	349	151	198	15	166	17
50 ～ 99	291	74	217	15	194	8
100 ～ 199	397	97	300	8	273	19
200頭以上	479	87	392	32	324	36
交雑種なし	40,400	40,100	277	19	241	17
東北	**11,800**	**11,600**	**198**	**8**	**186**	**4**
小計	570	417	153	8	143	2
1 ～ 4頭	237	228	9	−	8	1
5 ～ 19	114	110	4	−	4	−
20 ～ 49	41	25	16	2	14	−
50 ～ 99	33	13	20	−	20	−
100 ～ 199	98	29	69	2	67	−
200頭以上	47	12	35	4	30	1
交雑種なし	11,200	11,200	45	−	43	2
北陸	**361**	**301**	**60**	**13**	**36**	**11**
小計	109	54	55	13	34	8
1 ～ 4頭	40	27	13	11	−	2
5 ～ 19	24	13	11	1	9	1
20 ～ 49	24	12	12	−	9	3
50 ～ 99	6	−	6	1	5	−
100 ～ 199	5	1	4	−	2	2
200頭以上	10	1	9	−	9	−
交雑種なし	252	247	5	−	2	3

単位:戸

区分	計	肉用種経営	乳用種経営			
			小計	育成経営	肥育経営	一貫経営
関東・東山	**2,820**	**2,320**	**503**	**26**	**450**	**27**
小計	800	341	459	21	412	26
1 ～ 4頭	230	186	44	2	42	-
5 ～ 19	128	62	66	3	60	3
20 ～ 49	123	43	80	7	65	8
50 ～ 99	94	16	78	3	73	2
100 ～ 199	92	22	70	-	69	1
200頭以上	133	12	121	6	103	12
交雑種なし	2,020	1,980	44	5	38	1
東海	**1,070**	**819**	**246**	**9**	**207**	**30**
小計	340	108	232	8	199	25
1 ～ 4頭	83	67	16	-	16	-
5 ～ 19	55	26	29	-	25	4
20 ～ 49	37	8	29	-	26	3
50 ～ 99	36	-	36	1	30	5
100 ～ 199	58	2	56	2	46	8
200頭以上	71	5	66	5	56	5
交雑種なし	725	711	14	1	8	5
近畿	**1,500**	**1,420**	**82**	**14**	**60**	**8**
小計	134	64	70	13	49	8
1 ～ 4頭	48	33	15	8	6	1
5 ～ 19	31	18	13	2	7	4
20 ～ 49	13	5	8	2	5	1
50 ～ 99	9	2	7	1	6	-
100 ～ 199	17	1	16	-	15	1
200頭以上	16	5	11	-	10	1
交雑種なし	1,370	1,350	12	1	11	-
中国	**2,590**	**2,470**	**114**	**28**	**80**	**6**
小計	230	136	94	23	68	3
1 ～ 4頭	91	77	14	-	13	1
5 ～ 19	44	30	14	5	9	-
20 ～ 49	13	8	5	-	3	2
50 ～ 99	24	10	14	7	7	-
100 ～ 199	12	1	11	2	9	-
200頭以上	46	10	36	9	27	-
交雑種なし	2,360	2,340	20	5	12	3
四国	**682**	**522**	**160**	**15**	**132**	**13**
小計	187	72	115	14	91	10
1 ～ 4頭	65	37	28	6	20	2
5 ～ 19	30	18	12	2	10	-
20 ～ 49	21	7	14	1	13	-
50 ～ 99	14	2	12	1	10	1
100 ～ 199	25	4	21	-	17	4
200頭以上	32	4	28	4	21	3
交雑種なし	495	450	45	1	41	3

(2) 全国農業地域別・飼養頭数規模別（続き）

ケ 経営タイプ別飼養戸数（交雑種飼養頭数規模別）（続き）

単位:戸

区分	計	肉用種経営	乳用種経営			
			小計	育成経営	肥育経営	一貫経営
九州	**20,300**	**19,900**	**379**	**23**	**318**	**38**
小計	705	418	287	17	232	38
1 ～ 4頭	162	135	27	-	27	-
5 ～ 19	182	139	43	7	15	21
20 ～ 49	73	39	34	3	31	-
50 ～ 99	75	31	44	1	43	-
100 ～ 199	89	36	53	2	48	3
200頭以上	124	38	86	4	68	14
交雑種なし	19,600	19,500	92	6	86	-
沖縄	**2,370**	**2,370**	**-**	**-**	**-**	**-**
小計	22	22	-	-	-	-
1 ～ 4頭	12	12	-	-	-	-
5 ～ 19	5	5	-	-	-	-
20 ～ 49	4	4	-	-	-	-
50 ～ 99	-	-	-	-	-	-
100 ～ 199	1	1	-	-	-	-
200頭以上	-	-	-	-	-	-
交雑種なし	2,350	2,350	-	-	-	-
関東農政局	**2,940**	**2,380**	**551**	**26**	**496**	**29**
小計	866	359	507	21	458	28
1 ～ 4頭	243	197	46	2	44	-
5 ～ 19	134	64	70	3	64	3
20 ～ 49	127	43	84	7	69	8
50 ～ 99	105	16	89	3	82	4
100 ～ 199	104	24	80	-	79	1
200頭以上	153	15	138	6	120	12
交雑種なし	2,070	2,030	44	5	38	1
東海農政局	**953**	**755**	**198**	**9**	**161**	**28**
小計	274	90	184	8	153	23
1 ～ 4頭	70	56	14	-	14	-
5 ～ 19	49	24	25	-	21	4
20 ～ 49	33	8	25	-	22	3
50 ～ 99	25	-	25	1	21	3
100 ～ 199	46	-	46	2	36	8
200頭以上	51	2	49	5	39	5
交雑種なし	679	665	14	1	8	5
中国四国農政局	**3,270**	**2,990**	**274**	**43**	**212**	**19**
小計	417	208	209	37	159	13
1 ～ 4頭	156	114	42	6	33	3
5 ～ 19	74	48	26	7	19	-
20 ～ 49	34	15	19	1	16	2
50 ～ 99	38	12	26	8	17	1
100 ～ 199	37	5	32	2	26	4
200頭以上	78	14	64	13	48	3
交雑種なし	2,850	2,790	65	6	53	6

コ　経営タイプ別交雑種飼養頭数（交雑種飼養頭数規模別）

単位：頭

区　分	計	肉用種経営	乳用種経営			
			小計	育成経営	肥育経営	一貫経営
全国	**492,500**	**86,800**	**405,600**	**50,000**	**289,400**	**66,300**
1 ～ 4頭	2,710	2,310	400	70	310	20
5 ～ 19	7,140	4,530	2,610	760	1,420	430
20 ～ 49	12,100	5,910	6,220	420	5,290	510
50 ～ 99	22,600	7,600	15,000	950	13,500	550
100 ～ 199	56,800	14,400	42,400	1,220	38,500	2,720
200頭以上	391,000	52,100	338,900	46,600	230,300	62,000
うち500頭以上	272,800	35,700	237,100	38,600	147,300	51,200
北海道	**138,400**	**11,000**	**127,400**	**32,300**	**59,800**	**35,300**
1 ～ 4頭	510	480	40	40	−	0
5 ～ 19	870	390	480	480	−	−
20 ～ 49	1,210	1,210	−	−	−	−
50 ～ 99	2,320	2,320	−	−	−	−
100 ～ 199	680	680	−	−	−	−
200頭以上	132,800	5,890	126,900	31,800	59,800	35,300
都府県	**354,100**	**75,900**	**278,200**	**17,700**	**229,500**	**31,000**
1 ～ 4頭	2,190	1,840	360	40	310	10
5 ～ 19	6,270	4,140	2,130	280	1,420	430
20 ～ 49	10,900	4,690	6,220	420	5,290	510
50 ～ 99	20,300	5,280	15,000	950	13,500	550
100 ～ 199	56,200	13,700	42,400	1,220	38,500	2,720
200頭以上	258,300	46,200	212,000	14,800	170,500	26,800
東北	**46,700**	**16,900**	**29,800**	**1,300**	**27,200**	**x**
1 ～ 4頭	620	580	40	−	40	x
5 ～ 19	1,190	1,150	40	−	40	−
20 ～ 49	1,110	660	450	x	400	−
50 ～ 99	2,410	950	1,460	−	1,460	−
100 ～ 199	12,800	4,180	8,650	x	8,380	−
200頭以上	28,500	9,360	19,200	980	16,900	x
北陸	**7,040**	**960**	**6,080**	**70**	**5,510**	**490**
1 ～ 4頭	90	70	20	10	−	x
5 ～ 19	260	150	110	x	90	x
20 ～ 49	750	360	390	−	290	100
50 ～ 99	430	−	430	x	380	−
100 ～ 199	820	x	650	−	x	x
200頭以上	4,690	x	4,480	−	4,480	−

注：この表の飼養頭数は、各階層の飼養者が飼っている交雑種の頭数である。

(2) 全国農業地域別・飼養頭数規模別（続き）

コ 経営タイプ別交雑種飼養頭数（交雑種飼養頭数規模別）（続き）

単位:頭

区分	計	肉用種経営	乳用種経営			
			小計	育成経営	肥育経営	一貫経営
関東・東山	**102,500**	**14,400**	**88,100**	**4,140**	**70,200**	**13,700**
1 ～ 4頭	510	400	110	x	110	-
5 ～ 19	1,170	600	570	50	460	50
20 ～ 49	3,690	1,250	2,450	160	2,070	220
50 ～ 99	6,280	1,230	5,060	200	4,690	x
100 ～ 199	13,700	3,320	10,400	-	10,200	x
200頭以上	77,200	7,660	69,500	3,730	52,600	13,100
東海	**40,500**	**3,760**	**36,800**	**2,400**	**31,200**	**3,190**
1 ～ 4頭	180	140	40	-	40	-
5 ～ 19	710	290	420	-	360	60
20 ～ 49	1,130	200	930	-	850	80
50 ～ 99	2,650	-	2,650	x	2,250	330
100 ～ 199	8,990	x	8,590	x	6,970	1,250
200頭以上	26,900	2,730	24,100	1,960	20,700	1,460
近畿	**11,900**	**3,340**	**8,540**	**170**	**7,030**	**1,340**
1 ～ 4頭	100	60	30	10	20	x
5 ～ 19	300	150	150	x	100	30
20 ～ 49	480	180	300	x	200	x
50 ～ 99	650	x	530	x	460	-
100 ～ 199	2,400	x	2,260	-	2,130	x
200頭以上	7,970	2,700	5,270	-	4,140	x
中国	**35,300**	**8,290**	**27,100**	**5,070**	**21,900**	**80**
1 ～ 4頭	180	160	20	-	20	x
5 ～ 19	360	210	150	80	80	-
20 ～ 49	390	220	170	-	90	x
50 ～ 99	1,450	650	800	400	400	-
100 ～ 199	1,430	x	1,290	x	1,060	-
200頭以上	31,500	6,900	24,600	4,380	20,300	-
四国	**26,800**	**3,030**	**23,800**	**2,310**	**16,800**	**4,600**
1 ～ 4頭	120	70	50	10	40	x
5 ～ 19	290	170	120	x	100	-
20 ～ 49	660	220	440	x	410	-
50 ～ 99	1,060	x	910	x	790	x
100 ～ 199	3,420	630	2,790	-	2,300	490
200頭以上	21,200	1,790	19,400	2,190	13,200	4,050

単位:頭

区分	計	肉用種経営	乳用種経営			
			小計	育成経営	肥育経営	一貫経営
九州	**82,900**	**24,800**	**58,200**	**2,230**	**49,700**	**6,280**
1 ～ 4頭	370	320	50	−	50	−
5 ～ 19	1,910	1,340	570	110	190	280
20 ～ 49	2,570	1,470	1,100	120	990	−
50 ～ 99	5,380	2,200	3,190	x	3,100	−
100 ～ 199	12,400	4,560	7,860	x	7,160	340
200頭以上	60,300	14,900	45,400	1,550	38,200	5,660
沖縄	**450**	**450**	**−**	**−**	**−**	**−**
1 ～ 4頭	40	40	−	−	−	−
5 ～ 19	90	90	−	−	−	−
20 ～ 49	140	140	−	−	−	−
50 ～ 99	−	−	−	−	−	−
100 ～ 199	x	x	−	−	−	−
200頭以上	−	−	−	−	−	−
関東農政局	**113,100**	**16,400**	**96,600**	**4,140**	**78,700**	**13,800**
1 ～ 4頭	520	410	110	x	110	−
5 ～ 19	1,240	610	630	50	520	50
20 ～ 49	3,830	1,250	2,580	160	2,200	220
50 ～ 99	7,110	1,230	5,880	200	5,400	290
100 ～ 199	15,800	3,710	12,100	−	12,000	x
200頭以上	84,600	9,200	75,400	3,730	58,500	13,100
東海農政局	**30,000**	**1,800**	**28,200**	**2,400**	**22,700**	**3,070**
1 ～ 4頭	160	120	40	−	40	−
5 ～ 19	640	280	360	−	300	60
20 ～ 49	1,000	200	790	−	710	80
50 ～ 99	1,830	−	1,830	x	1,550	210
100 ～ 199	6,860	−	6,860	x	5,240	1,250
200頭以上	19,500	x	18,300	1,960	14,900	1,460
中国四国農政局	**62,100**	**11,300**	**50,800**	**7,380**	**38,800**	**4,680**
1 ～ 4頭	310	230	70	10	60	10
5 ～ 19	650	380	270	90	180	−
20 ～ 49	1,050	440	610	x	510	x
50 ～ 99	2,510	790	1,710	460	1,190	x
100 ～ 199	4,850	780	4,070	x	3,360	490
200頭以上	52,800	8,690	44,100	6,570	33,500	4,050

(2) 全国農業地域別・飼養頭数規模別（続き）

サ 経営タイプ別飼養戸数（ホルスタイン種他飼養頭数規模別）

単位:戸

区分	計	肉用種経営	乳用種経営			
			小計	育成経営	肥育経営	一貫経営
全国	**46,000**	**43,800**	**2,170**	**339**	**1,560**	**270**
小計	1,720	762	961	224	575	162
1～4頭	759	523	236	37	171	28
5～19	225	125	100	15	75	10
20～49	157	56	101	31	64	6
50～99	153	38	115	64	41	10
100～199	96	9	87	1	81	5
200頭以上	333	11	322	76	143	103
うち500頭以上	169	1	168	30	102	36
ホルスタイン種他なし	44,300	43,100	1,210	115	985	108
北海道	**2,540**	**2,110**	**427**	**203**	**91**	**133**
小計	563	239	324	168	61	95
1～4頭	210	188	22	12	10	－
5～19	25	21	4	4	－	－
20～49	53	27	26	26	－	－
50～99	56	3	53	53	－	－
100～199	－	－	－	－	－	－
200頭以上	219	－	219	73	51	95
ホルスタイン種他なし	1,970	1,870	103	35	30	38
都府県	**43,500**	**41,700**	**1,740**	**136**	**1,470**	**137**
小計	1,160	523	637	56	514	67
1～4頭	549	335	214	25	161	28
5～19	200	104	96	11	75	10
20～49	104	29	75	5	64	6
50～99	97	35	62	11	41	10
100～199	96	9	87	1	81	5
200頭以上	114	11	103	3	92	8
ホルスタイン種他なし	42,300	41,200	1,110	80	955	70
東北	**11,800**	**11,600**	**198**	**8**	**186**	**4**
小計	149	82	67	－	64	3
1～4頭	48	44	4	－	4	－
5～19	9	7	2	－	2	－
20～49	11	2	9	－	9	－
50～99	22	19	3	－	－	3
100～199	30	7	23	－	23	－
200頭以上	29	3	26	－	26	－
ホルスタイン種他なし	11,600	11,500	131	8	122	1
北陸	**361**	**301**	**60**	**13**	**36**	**11**
小計	32	9	23	2	13	8
1～4頭	16	8	8	2	3	3
5～19	4	－	4	－	3	1
20～49	5	1	4	－	2	2
50～99	2	－	2	－	2	－
100～199	1	－	1	－	1	－
200頭以上	4	－	4	－	2	2
ホルスタイン種他なし	329	292	37	11	23	3

注：「ホルスタイン種他」とは、交雑種を除く乳用種をいう（詳細は、「利用者のために」7ページを参照。）（シの統計表において同じ。）。

単位:戸

区分	計	肉用種経営	乳用種経営			
			小計	育成経営	肥育経営	一貫経営
関東・東山	**2,820**	**2,320**	**503**	**26**	**450**	**27**
小計	333	172	161	7	149	5
1 ～ 4頭	168	113	55	−	54	1
5 ～ 19	69	48	21	1	18	2
20 ～ 49	31	7	24	−	23	1
50 ～ 99	13	4	9	6	3	−
100 ～ 199	19	−	19	−	18	1
200頭以上	33	−	33	−	33	−
ホルスタイン種他なし	2,490	2,150	342	19	301	22
東海	**1,070**	**819**	**246**	**9**	**207**	**30**
小計	74	29	45	4	32	9
1 ～ 4頭	36	22	14	−	12	2
5 ～ 19	12	6	6	1	4	1
20 ～ 49	9	1	8	1	5	2
50 ～ 99	3	−	3	−	2	1
100 ～ 199	7	−	7	1	4	2
200頭以上	7	−	7	1	5	1
ホルスタイン種他なし	991	790	201	5	175	21
近畿	**1,500**	**1,420**	**82**	**14**	**60**	**8**
小計	57	21	36	7	23	6
1 ～ 4頭	30	14	16	5	8	3
5 ～ 19	16	5	11	1	7	3
20 ～ 49	6	1	5	1	4	−
50 ～ 99	3	1	2	−	2	−
100 ～ 199	1	−	1	−	1	−
200頭以上	1	−	1	−	1	−
ホルスタイン種他なし	1,440	1,400	46	7	37	2
中国	**2,590**	**2,470**	**114**	**28**	**80**	**6**
小計	109	61	48	15	27	6
1 ～ 4頭	68	49	19	6	13	−
5 ～ 19	13	4	9	4	5	−
20 ～ 49	3	2	1	−	1	−
50 ～ 99	8	2	6	4	−	2
100 ～ 199	2	−	2	−	2	−
200頭以上	15	4	11	1	6	4
ホルスタイン種他なし	2,480	2,410	66	13	53	−
四国	**682**	**522**	**160**	**15**	**132**	**13**
小計	125	33	92	10	74	8
1 ～ 4頭	62	19	43	4	38	1
5 ～ 19	28	2	26	3	20	3
20 ～ 49	18	11	7	2	4	1
50 ～ 99	3	1	2	1	1	−
100 ～ 199	7	−	7	−	5	2
200頭以上	7	−	7	−	6	1
ホルスタイン種他なし	557	489	68	5	58	5

(2) 全国農業地域別・飼養頭数規模別（続き）

サ 経営タイプ別飼養戸数（ホルスタイン種他飼養頭数規模別）（続き）

単位:戸

区分	計	肉用種経営	乳用種経営			
			小計	育成経営	肥育経営	一貫経営
九州	**20,300**	**19,900**	**379**	**23**	**318**	**38**
小計	272	107	165	11	132	22
1～4頭	115	60	55	8	29	18
5～19	46	29	17	1	16	−
20～49	21	4	17	1	16	−
50～99	43	8	35	−	31	4
100～199	29	2	27	−	27	−
200頭以上	18	4	14	1	13	−
ホルスタイン種他なし	20,000	19,800	214	12	186	16
沖縄	**2,370**	**2,370**	**−**	**−**	**−**	**−**
小計	9	9	−	−	−	−
1～4頭	6	6	−	−	−	−
5～19	3	3	−	−	−	−
20～49	−	−	−	−	−	−
50～99	−	−	−	−	−	−
100～199	−	−	−	−	−	−
200頭以上	−	−	−	−	−	−
ホルスタイン種他なし	2,360	2,360	−	−	−	−
関東農政局	**2,940**	**2,380**	**551**	**26**	**496**	**29**
小計	344	177	167	7	153	7
1～4頭	173	116	57	−	54	3
5～19	71	50	21	1	18	2
20～49	31	7	24	−	23	1
50～99	15	4	11	6	5	−
100～199	20	−	20	−	19	1
200頭以上	34	−	34	−	34	−
ホルスタイン種他なし	2,590	2,210	384	19	343	22
東海農政局	**953**	**755**	**198**	**9**	**161**	**28**
小計	63	24	39	4	28	7
1～4頭	31	19	12	−	12	−
5～19	10	4	6	1	4	1
20～49	9	1	8	1	5	2
50～99	1	−	1	−	−	1
100～199	6	−	6	1	3	2
200頭以上	6	−	6	1	4	1
ホルスタイン種他なし	890	731	159	5	133	21
中国四国農政局	**3,270**	**2,990**	**274**	**43**	**212**	**19**
小計	234	94	140	25	101	14
1～4頭	130	68	62	10	51	1
5～19	41	6	35	7	25	3
20～49	21	13	8	2	5	1
50～99	11	3	8	5	1	2
100～199	9	−	9	−	7	2
200頭以上	22	4	18	1	12	5
ホルスタイン種他なし	3,030	2,900	134	18	111	5

シ　経営タイプ別ホルスタイン種他飼養頭数（ホルスタイン種他飼養頭数規模別）

単位:頭

区分	計	肉用種経営	乳用種経営			
			小計	育成経営	肥育経営	一貫経営
全国	**271,900**	**11,200**	**260,700**	**50,800**	**117,300**	**92,600**
1 ～ 4頭	1,630	970	660	80	510	70
5 ～ 19	2,330	1,240	1,090	180	790	130
20 ～ 49	4,900	1,770	3,130	1,020	1,920	200
50 ～ 99	11,200	2,410	8,770	5,410	2,740	620
100 ～ 199	13,000	1,110	11,900	x	11,000	810
200頭以上	238,800	3,690	235,200	44,000	100,400	90,800
うち500頭以上	188,500	x	187,900	33,700	85,700	68,500
北海道	**182,400**	**1,520**	**180,900**	**48,500**	**45,000**	**87,400**
1 ～ 4頭	300	240	60	10	40	－
5 ～ 19	200	140	70	70	－	－
20 ～ 49	1,710	850	860	860	－	－
50 ～ 99	4,860	290	4,570	4,570	－	－
100 ～ 199	－	－	－	－	－	－
200頭以上	175,400	－	175,400	43,000	45,000	87,400
都府県	**89,500**	**9,670**	**79,800**	**2,320**	**72,300**	**5,210**
1 ～ 4頭	1,340	730	610	70	470	70
5 ～ 19	2,130	1,100	1,020	110	790	130
20 ～ 49	3,200	920	2,280	160	1,920	200
50 ～ 99	6,320	2,120	4,200	840	2,740	620
100 ～ 199	13,000	1,110	11,900	x	11,000	810
200頭以上	63,500	3,690	59,800	1,010	55,400	3,390
東北	**19,400**	**3,610**	**15,800**	**－**	**15,600**	**210**
1 ～ 4頭	80	70	10	－	10	－
5 ～ 19	110	90	x	－	x	－
20 ～ 49	250	x	210	－	210	－
50 ～ 99	1,200	1,000	210	－	－	210
100 ～ 199	3,250	860	2,380	－	2,380	－
200頭以上	14,500	1,550	13,000	－	13,000	－
北陸	**3,090**	**40**	**3,060**	**x**	**2,070**	**990**
1 ～ 4頭	30	10	20	x	10	10
5 ～ 19	50	－	50	－	40	x
20 ～ 49	190	x	170	－	x	x
50 ～ 99	x	－	x	－	x	－
100 ～ 199	x	－	x	－	x	－
200頭以上	2,500	－	2,500	－	x	x

注：この表の飼養頭数は、各階層の飼養者が飼っているホルスタイン種他の頭数である。

(2) 全国農業地域別・飼養頭数規模別（続き）

シ 経営タイプ別ホルスタイン種他飼養頭数（ホルスタイン種他飼養頭数規模別）（続き）

単位:頭

区分	計	肉用種経営	乳用種経営			
			小計	育成経営	肥育経営	一貫経営
関東・東山	**26,500**	**1,090**	**25,400**	**490**	**24,700**	**190**
1 ～ 4頭	440	230	210	－	210	x
5 ～ 19	620	420	200	x	170	x
20 ～ 49	940	150	790	－	760	x
50 ～ 99	990	290	700	490	210	－
100 ～ 199	2,990	－	2,990	－	2,860	x
200頭以上	20,500	－	20,500	－	20,500	－
東海	**5,490**	**90**	**5,390**	**610**	**3,710**	**1,080**
1 ～ 4頭	90	40	50	－	50	x
5 ～ 19	130	30	90	x	70	x
20 ～ 49	290	x	270	x	180	x
50 ～ 99	230	－	230	－	x	x
100 ～ 199	1,150	－	1,150	x	640	x
200頭以上	3,610	－	3,610	x	2,610	x
近畿	**1,200**	**190**	**1,010**	**40**	**920**	**40**
1 ～ 4頭	60	30	30	10	20	10
5 ～ 19	170	60	110	x	70	40
20 ～ 49	170	x	150	x	120	－
50 ～ 99	230	x	x	－	x	－
100 ～ 199	x	－	x	－	x	－
200頭以上	x	－	x	－	x	－
中国	**10,500**	**1,550**	**8,950**	**580**	**6,600**	**1,770**
1 ～ 4頭	180	120	70	30	40	－
5 ～ 19	150	70	80	40	40	－
20 ～ 49	80	x	x	－	x	－
50 ～ 99	530	x	410	280	－	x
100 ～ 199	x	－	x	－	x	－
200頭以上	9,210	1,200	8,010	x	6,140	1,640
四国	**4,100**	**600**	**3,510**	**170**	**2,660**	**680**
1 ～ 4頭	100	30	70	10	60	x
5 ～ 19	270	x	260	30	190	40
20 ～ 49	700	500	190	x	110	x
50 ～ 99	190	x	x	x	x	－
100 ～ 199	1,140	－	1,140	－	820	x
200頭以上	1,710	－	1,710	－	1,420	x

単位:頭

区分	計	肉用種経営	乳用種経営			
			小計	育成経営	肥育経営	一貫経営
九州	**19,200**	**2,450**	**16,700**	**430**	**16,000**	**270**
1 ～ 4頭	340	200	150	20	80	50
5 ～ 19	570	370	190	x	180	-
20 ～ 49	590	120	480	x	440	-
50 ～ 99	2,830	580	2,250	-	2,030	220
100 ～ 199	3,870	x	3,630	-	3,630	-
200頭以上	11,000	940	10,100	x	9,700	-
沖縄	**70**	**70**	**-**	**-**	**-**	**-**
1 ～ 4頭	10	10	-	-	-	-
5 ～ 19	60	60	-	-	-	-
20 ～ 49	-	-	-	-	-	-
50 ～ 99	-	-	-	-	-	-
100 ～ 199	-	-	-	-	-	-
200頭以上	-	-	-	-	-	-
関東農政局	**27,900**	**1,100**	**26,800**	**490**	**26,100**	**190**
1 ～ 4頭	450	230	220	-	210	10
5 ～ 19	630	430	200	x	170	x
20 ～ 49	940	150	790	-	760	x
50 ～ 99	1,160	290	870	490	380	-
100 ～ 199	3,140	-	3,140	-	3,010	x
200頭以上	21,600	-	21,600	-	21,600	-
東海農政局	**4,030**	**80**	**3,950**	**610**	**2,270**	**1,070**
1 ～ 4頭	80	40	50	-	50	-
5 ～ 19	110	20	90	x	70	x
20 ～ 49	290	x	270	x	180	x
50 ～ 99	x	-	x	-	-	x
100 ～ 199	1,000	-	1,000	x	490	x
200頭以上	2,490	-	2,490	x	1,490	x
中国四国農政局	**14,600**	**2,140**	**12,500**	**750**	**9,260**	**2,450**
1 ～ 4頭	280	140	140	40	100	x
5 ～ 19	420	80	350	70	230	40
20 ～ 49	770	550	220	x	130	x
50 ～ 99	710	170	540	350	x	x
100 ～ 199	1,490	-	1,490	-	1,180	x
200頭以上	10,900	1,200	9,720	x	7,560	1,930

(2) 全国農業地域別・飼養頭数規模別（続き）

ス 肉用牛飼養者の飼料作物作付実面積（総飼養頭数規模別）

区分	飼養戸数 (1)	飼料作物作付戸数 (2)	飼料作物作付実面積 (3)	飼料作物作付戸数割合 (2)/(1) (4)
	戸	戸	ha	%
全国	**46,000**	**36,700**	**195,100**	**79.8**
1 ～ 4頭	11,000	8,210	11,200	74.6
5 ～ 9	9,520	8,050	22,000	84.6
10 ～ 19	9,120	7,940	31,800	87.1
20 ～ 49	8,020	6,850	48,300	85.4
50 ～ 99	3,910	2,970	28,600	76.0
100 ～ 199	2,180	1,400	21,600	64.2
200頭以上	2,250	1,300	31,500	57.8
うち500頭以上	759	440	16,000	58.0
北海道	**2,540**	**2,310**	**86,800**	**90.9**
1 ～ 4頭	121	110	2,270	90.9
5 ～ 9	114	104	10,100	91.2
10 ～ 19	360	328	12,600	91.1
20 ～ 49	660	601	20,000	91.1
50 ～ 99	473	431	9,520	91.1
100 ～ 199	358	326	11,000	91.1
200頭以上	449	408	21,200	90.9
都府県	**43,500**	**34,400**	**108,300**	**79.1**
1 ～ 4頭	10,900	8,100	8,920	74.3
5 ～ 9	9,400	7,950	11,900	84.6
10 ～ 19	8,760	7,610	19,200	86.9
20 ～ 49	7,360	6,250	28,300	84.9
50 ～ 99	3,430	2,540	19,100	74.1
100 ～ 199	1,820	1,070	10,500	58.8
200頭以上	1,800	892	10,300	49.6
東北	**11,800**	**9,770**	**34,600**	**82.8**
1 ～ 4頭	3,820	3,170	3,700	83.0
5 ～ 9	2,820	2,430	4,370	86.2
10 ～ 19	2,080	1,680	5,720	80.8
20 ～ 49	1,930	1,690	11,200	87.6
50 ～ 99	616	485	4,230	78.7
100 ～ 199	296	186	1,790	62.8
200頭以上	226	130	3,540	57.5
北陸	**361**	**211**	**850**	**58.4**
1 ～ 4頭	95	50	220	52.6
5 ～ 9	68	42	150	61.8
10 ～ 19	45	35	100	77.8
20 ～ 49	63	43	170	68.3
50 ～ 99	46	24	120	52.2
100 ～ 199	23	8	30	34.8
200頭以上	21	9	50	42.9

区分	飼養戸数	飼料作物作付戸数	飼料作物作付実面積	飼料作物作付戸数割合 (2)/(1)
	(1) 戸	(2) 戸	(3) ha	(4) %
関東・東山	**2,820**	**1,720**	**5,810**	**61.0**
1 ～ 4頭	475	256	460	53.9
5 ～ 9	410	292	570	71.2
10 ～ 19	449	343	710	76.4
20 ～ 49	592	399	1,520	67.4
50 ～ 99	381	210	1,050	55.1
100 ～ 199	241	109	530	45.2
200頭以上	275	113	950	41.1
東海	**1,070**	**576**	**1,460**	**53.8**
1 ～ 4頭	124	75	130	60.5
5 ～ 9	104	81	130	77.9
10 ～ 19	135	76	140	56.3
20 ～ 49	216	115	260	53.2
50 ～ 99	147	90	370	61.2
100 ～ 199	168	70	240	41.7
200頭以上	171	69	200	40.4
近畿	**1,500**	**976**	**790**	**65.1**
1 ～ 4頭	329	147	20	44.7
5 ～ 9	329	291	70	88.4
10 ～ 19	316	220	200	69.6
20 ～ 49	237	206	180	86.9
50 ～ 99	118	53	120	44.9
100 ～ 199	84	33	100	39.3
200頭以上	86	26	110	30.2
中国	**2,590**	**1,900**	**3,930**	**73.4**
1 ～ 4頭	1,060	717	490	67.6
5 ～ 9	524	370	420	70.6
10 ～ 19	388	363	580	93.6
20 ～ 49	286	243	980	85.0
50 ～ 99	137	98	420	71.5
100 ～ 199	84	47	410	56.0
200頭以上	103	58	620	56.3
四国	**682**	**413**	**790**	**60.6**
1 ～ 4頭	150	86	150	57.3
5 ～ 9	85	57	40	67.1
10 ～ 19	102	90	140	88.2
20 ～ 49	140	90	270	64.3
50 ～ 99	68	32	70	47.1
100 ～ 199	67	34	80	50.7
200頭以上	70	24	50	34.3

(2)　全国農業地域別・飼養頭数規模別（続き）

ス　肉用牛飼養者の飼料作物作付実面積（総飼養頭数規模別）（続き）

区　　分	飼養戸数	飼料作物作付戸数	飼料作物作付実面積	飼料作物作付戸数割合 (2)／(1)
	(1)	(2)	(3)	(4)
	戸	戸	ha	%
九　　州	**20,300**	**16,700**	**54,300**	**82.3**
1 ～ 4頭	4,450	3,330	3,630	74.8
5 ～ 9	4,670	4,010	5,610	85.9
10 ～ 19	4,570	4,160	10,700	91.0
20 ～ 49	3,340	2,930	12,300	87.7
50 ～ 99	1,700	1,350	11,100	79.4
100 ～ 199	771	504	6,740	65.4
200頭以上	801	426	4,260	53.2
沖　　縄	**2,370**	**2,150**	**5,770**	**90.7**
1 ～ 4頭	384	274	130	71.4
5 ～ 9	400	376	560	94.0
10 ～ 19	677	647	950	95.6
20 ～ 49	554	533	1,400	96.2
50 ～ 99	218	201	1,620	92.2
100 ～ 199	90	81	610	90.0
200頭以上	47	37	500	78.7
関東農政局	**2,940**	**1,750**	**5,880**	**59.5**
1 ～ 4頭	483	258	460	53.4
5 ～ 9	416	294	570	70.7
10 ～ 19	461	345	720	74.8
20 ～ 49	603	404	1,540	67.0
50 ～ 99	403	215	1,070	53.3
100 ～ 199	263	115	550	43.7
200頭以上	306	123	970	40.2
東海農政局	**953**	**544**	**1,390**	**57.1**
1 ～ 4頭	116	73	120	62.9
5 ～ 9	98	79	130	80.6
10 ～ 19	123	74	130	60.2
20 ～ 49	205	110	250	53.7
50 ～ 99	125	85	360	68.0
100 ～ 199	146	64	220	43.8
200頭以上	140	59	180	42.1
中国四国農政局	**3,270**	**2,310**	**4,720**	**70.6**
1 ～ 4頭	1,210	803	640	66.4
5 ～ 9	609	427	470	70.1
10 ～ 19	490	453	720	92.4
20 ～ 49	426	333	1,250	78.2
50 ～ 99	205	130	490	63.4
100 ～ 199	151	81	490	53.6
200頭以上	173	82	670	47.4

3　豚

（平成31年２月１日現在）

120　豚

(1)　全国農業地域・都道府県別

ア　飼養戸数・頭数

全国農業地域・都道府県		飼養戸数	子取り用めす豚のいる戸数	飼養 計	飼養 子取り用めす豚	飼養 種おす豚
		(1) 戸	(2) 戸	(3) 頭	(4) 頭	(5) 頭
全国	(1)	4,320	3,460	9,156,000	853,100	36,300
(全国農業地域)						
北海道	(2)	201	161	691,600	59,600	2,340
都府県	(3)	4,120	3,300	8,465,000	793,600	34,000
東北	(4)	522	421	1,492,000	145,800	4,630
北陸	(5)	155	125	235,600	20,100	1,150
関東・東山	(6)	1,160	940	2,352,000	218,300	9,130
東海	(7)	375	334	672,600	62,900	3,200
近畿	(8)	71	45	47,700	3,190	200
中国	(9)	87	71	280,300	27,400	830
四国	(10)	136	119	295,900	26,800	1,150
九州	(11)	1,370	1,060	2,879,000	269,400	12,000
沖縄	(12)	237	177	209,800	19,600	1,700
(都道府県)						
北海道	(13)	201	161	691,600	59,600	2,340
青森	(14)	73	54	351,800	32,900	680
岩手	(15)	105	85	402,400	41,500	1,440
宮城	(16)	116	89	186,100	18,600	950
秋田	(17)	75	57	272,100	27,300	550
山形	(18)	95	87	154,600	13,900	550
福島	(19)	58	49	124,500	11,600	470
茨城	(20)	318	254	466,400	41,600	2,350
栃木	(21)	105	90	406,000	36,400	1,310
群馬	(22)	212	182	629,600	54,000	2,000
埼玉	(23)	93	81	94,900	8,490	550
千葉	(24)	284	233	603,800	64,600	2,120
東京	(25)	11	6	2,720	140	30
神奈川	(26)	50	36	68,700	4,890	240
新潟	(27)	111	93	180,600	15,300	830
富山	(28)	21	14	31,200	2,540	180
石川	(29)	16	13	21,300	2,020	110
福井	(30)	7	5	2,440	240	20
山梨	(31)	19	16	15,800	2,000	230
長野	(32)	69	42	64,600	6,210	290
岐阜	(33)	32	26	99,800	8,220	300
静岡	(34)	96	91	109,100	10,600	1,000
愛知	(35)	197	171	352,700	34,200	1,610
三重	(36)	50	46	111,000	9,860	290
滋賀	(37)	7	5	3,980	280	30
京都	(38)	12	5	9,880	770	40
大阪	(39)	6	2	3,450	x	10
兵庫	(40)	26	18	22,100	1,150	60
奈良	(41)	11	9	6,590	650	60
和歌山	(42)	9	6	1,730	230	10
鳥取	(43)	21	20	66,500	5,800	100
島根	(44)	9	9	39,600	3,770	90
岡山	(45)	20	15	40,100	3,730	290
広島	(46)	25	18	110,800	11,600	220
山口	(47)	12	9	23,300	2,560	130
徳島	(48)	21	20	38,100	3,780	160
香川	(49)	27	22	38,500	3,530	210
愛媛	(50)	72	62	193,000	16,700	660
高知	(51)	16	15	26,300	2,790	130
福岡	(52)	46	33	82,300	6,690	280
佐賀	(53)	43	39	81,600	7,390	380
長崎	(54)	91	80	201,100	16,600	710
熊本	(55)	190	170	277,100	25,500	1,160
大分	(56)	47	35	132,300	10,700	300
宮崎	(57)	441	357	835,700	76,800	2,960
鹿児島	(58)	514	350	1,269,000	125,700	6,240
沖縄	(59)	237	177	209,800	19,600	1,700
関東農政局	(60)	1,260	1,030	2,462,000	228,900	10,100
東海農政局	(61)	279	243	563,500	52,300	2,200
中国四国農政局	(62)	223	190	576,300	54,200	1,980

頭数		子取り用めす豚頭数割合	1戸当たり飼養頭数		対前年比		
肥育豚	その他	(4) / (3)	(3) / (1)	1戸当たり飼養頭数(子取り用めす豚) (4) / (2)	飼養戸数	飼養頭数	
(6)	(7)	(8)	(9)	(10)	(11)	(12)	
頭	頭	%	頭	頭	%	%	
7,594,000	673,200	9.3	2,119.4	246.6	96.6	99.6	(1)
598,800	30,900	8.6	3,440.8	370.2	95.7	110.5	(2)
6,995,000	642,300	9.4	2,054.6	240.5	96.7	98.8	(3)
1,256,000	84,900	9.8	2,858.2	346.3	95.6	98.2	(4)
199,100	15,200	8.5	1,520.0	160.8	95.1	93.2	(5)
1,993,000	132,300	9.3	2,027.6	232.2	98.3	97.0	(6)
587,100	19,400	9.4	1,793.6	188.3	97.2	103.6	(7)
41,100	3,190	6.7	671.8	70.9	104.4	95.0	(8)
223,600	28,400	9.8	3,221.8	385.9	92.6	99.9	(9)
253,000	15,000	9.1	2,175.7	225.2	94.4	100.8	(10)
2,298,000	299,100	9.4	2,101.5	254.2	96.5	100.4	(11)
143,700	44,800	9.3	885.2	110.7	92.2	92.9	(12)
598,800	30,900	8.6	3,440.8	370.2	95.7	110.5	(13)
300,500	17,700	9.4	4,819.2	609.3	92.4	97.9	(14)
343,000	16,500	10.3	3,832.4	488.2	95.5	95.7	(15)
157,300	9,290	10.0	1,604.3	209.0	94.3	95.8	(16)
225,300	19,000	10.0	3,628.0	478.9	93.8	101.2	(17)
132,800	7,280	9.0	1,627.4	159.8	99.0	101.0	(18)
97,200	15,300	9.3	2,146.6	236.7	100.0	101.7	(19)
417,300	5,130	8.9	1,466.7	163.8	96.1	84.5	(20)
318,300	50,000	9.0	3,866.7	404.4	100.0	100.6	(21)
554,000	19,700	8.6	2,969.8	296.7	95.9	102.8	(22)
79,400	6,480	8.9	1,020.4	104.8	106.9	104.4	(23)
495,900	41,200	10.7	2,126.1	277.3	98.6	98.3	(24)
2,240	310	5.1	247.3	23.3	100.0	98.2	(25)
60,500	3,040	7.1	1,374.0	135.8	98.0	106.8	(26)
154,400	10,000	8.5	1,627.0	164.5	94.1	94.1	(27)
24,800	3,670	8.1	1,485.7	181.4	100.0	94.3	(28)
17,800	1,370	9.5	1,331.3	155.4	88.9	86.2	(29)
2,090	90	9.8	348.6	48.0	116.7	83.6	(30)
12,000	1,570	12.7	831.6	125.0	100.0	95.2	(31)
53,200	4,930	9.6	936.2	147.9	100.0	94.9	(32)
90,200	1,110	8.2	3,118.8	316.2	80.0	93.9	(33)
88,700	8,770	9.7	1,136.5	116.5	97.0	101.0	(34)
312,200	4,760	9.7	1,790.4	200.0	99.5	106.0	(35)
96,100	4,760	8.9	2,220.0	214.3	102.0	108.5	(36)
3,670	0	7.0	568.6	56.0	116.7	107.9	(37)
8,600	470	7.8	823.3	154.0	120.0	67.7	(38)
3,330	-	x	575.0	x	100.0	97.5	(39)
20,500	390	5.2	850.0	63.9	100.0	108.3	(40)
3,590	2,300	9.9	599.1	72.2	100.0	108.4	(41)
1,470	20	13.3	192.2	38.3	100.0	94.5	(42)
59,900	740	8.7	3,166.7	290.0	80.8	94.3	(43)
35,800	10	9.5	4,400.0	418.9	100.0	97.3	(44)
20,400	15,700	9.3	2,005.0	248.7	100.0	104.4	(45)
89,500	9,420	10.5	4,432.0	644.4	92.6	101.8	(46)
18,100	2,590	11.0	1,941.7	284.4	100.0	105.0	(47)
34,200	50	9.9	1,814.3	189.0	91.3	96.2	(48)
28,800	5,900	9.2	1,425.9	160.5	96.4	99.5	(49)
167,300	8,370	8.7	2,680.6	269.4	93.5	101.7	(50)
22,700	670	10.6	1,643.8	186.0	100.0	103.1	(51)
67,300	8,010	8.1	1,789.1	202.7	93.9	99.6	(52)
69,300	4,520	9.1	1,897.7	189.5	95.6	97.1	(53)
168,700	15,100	8.3	2,209.9	207.5	97.8	104.0	(54)
235,800	14,700	9.2	1,458.4	150.0	95.5	100.7	(55)
117,600	3,630	8.1	2,814.9	305.7	100.0	96.1	(56)
676,200	79,800	9.2	1,895.0	215.1	98.2	101.6	(57)
963,200	173,400	9.9	2,468.9	359.1	96.1	99.8	(58)
143,700	44,800	9.3	885.2	110.7	92.2	92.9	(59)
2,081,000	141,100	9.3	1,954.0	222.2	98.4	97.2	(60)
498,400	10,600	9.3	2,019.7	215.2	97.2	104.1	(61)
476,700	43,400	9.4	2,584.3	285.3	93.7	100.4	(62)

122 豚

(1) 全国農業地域・都道府県別（続き）

イ 肥育豚飼養頭数規模別の飼養戸数

単位：戸

全国農業地域・都道府県	計	肥育豚飼養頭数規模								肥育豚なし
		小計	1～99頭	100～299	300～499	500～999	1,000～1,999	2,000頭以上	3,000頭以上	
全国	4,170	3,950	479	448	428	813	756	1,030	701	213
(全国農業地域)										
北海道	192	188	21	24	10	28	32	73	…	4
都府県	3,970	3,770	458	424	418	785	724	956	…	209
東北	505	478	53	46	63	86	68	162	…	27
北陸	146	141	12	13	25	35	30	26	…	5
関東・東山	1,130	1,100	95	127	143	243	226	264	…	31
東海	356	343	35	34	22	75	92	85	…	13
近畿	61	57	15	14	5	12	7	4	…	4
中国	80	73	14	8	9	9	8	25	…	7
四国	123	119	11	10	12	23	29	34	…	4
九州	1,340	1,250	147	145	117	269	235	336	…	94
沖縄	231	207	76	27	22	33	29	20	…	24
(都道府県)										
北海道	192	188	21	24	10	28	32	73	…	4
青森	71	70	9	4	6	11	13	27	…	1
岩手	103	97	5	2	13	16	9	52	…	6
宮城	114	104	21	13	17	13	12	28	…	10
秋田	73	68	1	5	7	15	12	28	…	5
山形	88	86	11	15	11	22	11	16	…	2
福島	56	53	6	7	9	9	11	11	…	3
茨城	310	310	31	47	50	52	71	59	…	−
栃木	99	94	2	5	11	23	19	34	…	5
群馬	210	209	10	11	24	52	52	60	…	1
埼玉	89	86	13	14	17	16	13	13	…	3
千葉	282	263	22	19	20	74	50	78	…	19
東京	9	9	4	2	2	1	−	−	−	−
神奈川	46	46	−	11	11	9	6	9	…	−
新潟	106	102	6	11	15	29	22	19	…	4
富山	20	19	3	−	6	5	1	4	…	1
石川	14	14	2	−	3	−	6	3	…	−
福井	6	6	1	2	1	1	1	−	−	−
山梨	18	16	2	4	2	3	3	2	…	2
長野	66	65	11	14	6	13	12	9	…	1
岐阜	31	30	−	2	2	11	4	11	…	1
静岡	93	84	22	11	7	14	13	17	…	9
愛知	186	185	10	18	11	40	65	41	…	1
三重	46	44	3	3	2	10	10	16	…	2
滋賀	6	4	1	−	−	1	2	−	−	2
京都	12	12	6	1	2	−	1	2	…	−
大阪	5	5	−	1	−	3	1	−	−	−
兵庫	21	20	4	6	2	3	3	2	…	1
奈良	9	8	1	2	1	4	−	−	−	1
和歌山	8	8	3	4	−	1	−	−	−	−
鳥取	19	18	−	5	4	3	1	5	…	1
島根	9	9	1	2	−	1	−	5	…	−
岡山	18	18	7	1	1	2	3	4	…	−
広島	24	22	5	−	4	3	3	7	…	2
山口	10	6	1	−	−	−	1	4	…	4
徳島	19	19	3	−	3	5	4	4	…	−
香川	22	21	4	1	2	4	8	2	…	1
愛媛	69	66	−	9	7	14	13	23	…	3
高知	13	13	4	−	−	−	4	5	…	−
福岡	45	42	7	3	2	10	11	9	…	3
佐賀	41	39	2	5	1	10	12	9	…	2
長崎	87	85	6	15	6	15	17	26	…	2
熊本	184	182	20	20	13	30	69	30	…	2
大分	46	46	6	2	−	11	8	19	…	−
宮崎	436	381	35	32	33	102	51	128	…	55
鹿児島	504	474	71	68	62	91	67	115	…	30
沖縄	231	207	76	27	22	33	29	20	…	24
関東農政局	1,220	1,180	117	138	150	257	239	281	…	40
東海農政局	263	259	13	23	15	61	79	68	…	4
中国四国農政局	203	192	25	18	21	32	37	59	…	11

注：1　この表には学校、試験場等の非営利的な飼養者は含まない（以下(1)において同じ。）。
　　2　「3,000頭以上」は、戸数が少なく都道府県別の推定ができないため、全国値のみ表記した（ウの統計表において同じ。）。

ウ　肥育豚飼養頭数規模別の飼養頭数

単位：頭

全国農業地域・都道府県	計	肥育豚飼養頭数規模 小計	1～99頭	100～299	300～499	500～999	1,000～1,999	2,000頭以上	3,000頭以上	肥育豚なし
全国	9,118,000	8,819,000	34,300	102,900	190,400	646,800	1,180,000	6,664,000	5,821,000	298,700
(全国農業地域)										
北海道	690,700	658,500	1,030	5,430	5,100	18,400	55,900	572,600	…	32,200
都府県	8,427,000	8,161,000	33,300	97,400	185,300	628,400	1,124,000	6,092,000	…	266,500
東北	1,486,000	1,456,000	4,830	11,700	33,300	67,100	116,300	1,223,000	…	30,100
北陸	234,700	229,300	2,200	2,470	10,600	26,400	54,700	132,900	…	5,360
関東・東山	2,340,000	2,293,000	5,870	28,600	61,500	198,900	338,800	1,659,000	…	47,600
東海	667,900	658,800	2,620	7,990	10,000	62,200	144,900	431,100	…	9,060
近畿	47,400	45,400	390	3,310	2,340	9,560	10,700	19,100	…	2,060
中国	279,500	260,900	1,080	1,780	3,830	7,550	19,200	227,500	…	18,600
四国	294,100	287,800	640	4,540	6,750	21,000	42,900	212,000	…	6,330
九州	2,868,000	2,748,000	8,960	32,200	48,700	203,900	363,900	2,090,000	…	120,800
沖縄	209,000	182,400	6,730	4,860	8,260	31,900	33,000	97,600	…	26,600
(都道府県)										
北海道	690,700	658,500	1,030	5,430	5,100	18,400	55,900	572,600	…	32,200
青森	351,700	351,700	250	1,890	2,620	8,970	19,700	318,200	…	x
岩手	402,200	395,200	290	x	5,930	11,200	13,800	363,700	…	6,970
宮城	185,800	183,100	730	2,870	6,930	11,500	19,900	141,100	…	2,700
秋田	272,100	262,000	x	1,070	7,670	11,500	24,900	216,900	…	10,000
山形	150,100	147,000	550	3,820	4,460	16,000	16,200	106,000	…	x
福島	124,100	116,700	3,020	1,840	5,730	7,830	21,800	76,500	…	7,360
茨城	462,200	462,200	1,270	9,550	22,700	45,900	92,500	290,200	…	－
栃木	405,500	393,300	x	970	4,500	17,700	30,200	339,700	…	12,300
群馬	629,200	617,600	430	2,190	9,820	41,600	80,500	483,100	…	x
埼玉	94,500	92,800	1,010	3,360	7,090	15,600	17,100	48,700	…	1,680
千葉	603,300	583,300	2,140	5,260	6,910	55,600	87,300	426,100	…	20,000
東京	2,320	2,320	250	x	x	x	－	－	－	－
神奈川	67,800	67,800	－	3,090	6,110	8,910	7,670	42,100	…	－
新潟	180,400	177,000	350	2,170	7,000	22,000	38,900	106,500	…	3,340
富山	31,000	29,000	270	－	1,860	3,760	x	19,200	…	x
石川	21,000	21,000	x	－	1,440	－	10,900	7,120	…	－
福井	2,330	2,330	x	x	x	x	x	－	－	－
山梨	15,500	13,500	x	1,000	x	2,200	4,290	x	…	x
長野	59,800	59,800	530	2,720	2,530	10,700	19,200	24,100	…	x
岐阜	99,800	99,300	－	x	x	9,200	6,940	81,700	…	x
静岡	108,400	105,100	2,050	3,070	3,480	11,100	21,400	64,100	…	3,300
愛知	349,000	348,900	300	4,010	4,730	33,800	101,000	205,200	…	x
三重	110,700	105,400	270	530	x	8,100	15,600	80,100	…	x
滋賀	3,940	3,930	x	－	－	x	x	－	－	x
京都	9,880	9,880	100	x	x	－	x	x	…	－
大阪	3,410	3,410	－	x	－	2,050	x	－	－	－
兵庫	22,000	21,700	140	1,350	x	2,270	4,830	x	…	x
奈良	6,570	4,830	x	x	x	3,910	－	－	－	x
和歌山	1,670	1,670	120	920	－	x	－	－	－	－
鳥取	66,300	62,600	－	1,010	1,940	2,440	x	55,400	…	x
島根	39,600	39,600	x	x	－	x	－	38,500	…	－
岡山	39,800	39,800	770	x	x	x	12,100	24,500	…	－
広島	110,800	96,000	170	－	1,500	2,710	4,160	87,500	…	x
山口	23,100	22,900	x	－	－	－	x	21,600	…	180
徳島	37,600	37,600	150	－	1,460	3,360	4,900	27,800	…	－
香川	37,900	34,400	100	x	x	3,270	13,700	x	…	x
愛媛	192,500	189,700	－	4,430	2,730	14,300	18,600	149,500	…	2,860
高知	26,100	26,100	390	－	－	－	5,710	20,000	…	－
福岡	82,300	71,100	270	990	x	10,400	17,100	41,500	…	11,200
佐賀	81,200	81,100	x	1,330	x	7,860	17,400	54,000	…	x
長崎	200,900	200,800	860	3,720	2,400	11,600	26,400	155,900	…	x
熊本	276,800	274,800	1,490	3,530	4,320	23,600	103,000	138,900	…	x
大分	131,900	131,900	370	x	－	7,730	9,640	113,800	…	－
宮崎	831,500	773,900	580	5,470	10,700	57,400	62,900	636,800	…	57,600
鹿児島	1,264,000	1,214,000	5,310	16,700	30,000	85,400	127,500	949,300	…	49,700
沖縄	209,000	182,400	6,730	4,860	8,260	31,900	33,000	97,600	…	26,600
関東農政局	2,449,000	2,398,000	7,930	31,700	64,900	210,000	360,200	1,723,000	…	50,900
東海農政局	559,400	553,700	570	4,920	6,560	51,100	123,500	367,100	…	5,760
中国四国農政局	573,700	548,700	1,720	6,310	10,600	28,500	62,100	439,500	…	25,000

注：　この表の飼養頭数は、各階層の飼養者が飼っている全ての豚（子取り用めす豚、種おす豚、肥育豚、その他（肥育用のもと豚等）を含む。）の頭数である（オの統計表において同じ。）。

(1) 全国農業地域・都道府県別（続き）

エ 子取り用めす豚飼養頭数規模別の飼養戸数

単位：戸

全国農業地域・都道府県	計	子取り用めす豚飼養頭数規模							子取り用めす豚なし
		小計	1～9頭	10～29	30～49	50～99	100～199	200頭以上	
全国	4,170	3,320	227	337	303	706	689	1,050	851
（全国農業地域）									
北海道	192	155	6	17	14	21	24	73	37
都府県	3,970	3,160	221	320	289	685	665	980	814
東北	505	407	29	46	33	73	62	164	98
北陸	146	116	5	9	13	34	27	28	30
関東・東山	1,130	909	33	83	81	203	245	264	220
東海	356	317	12	32	21	64	98	90	39
近畿	61	35	7	6	7	4	8	3	26
中国	80	63	6	7	8	11	5	26	17
四国	123	106	8	3	9	24	23	39	17
九州	1,340	1,040	73	114	97	252	173	327	307
沖縄	231	171	48	20	20	20	24	39	60
（都道府県）									
北海道	192	155	6	17	14	21	24	73	37
青森	71	52	3	2	4	8	8	27	19
岩手	103	83	3	9	–	11	8	52	20
宮城	114	87	6	14	15	11	15	26	27
秋田	73	55	1	3	2	8	10	31	18
山形	88	83	15	11	9	22	12	14	5
福島	56	47	1	7	3	13	9	14	9
茨城	310	247	19	27	27	49	60	65	63
栃木	99	84	–	3	6	13	29	33	15
群馬	210	180	4	7	11	46	54	58	30
埼玉	89	77	2	14	15	19	16	11	12
千葉	282	231	5	11	12	61	65	77	51
東京	9	4	1	3	–	–	–	–	5
神奈川	46	32	–	6	6	6	8	6	14
新潟	106	88	4	8	10	28	18	20	18
富山	20	13	1	–	1	4	2	5	7
石川	14	11	–	–	1	1	6	3	3
福井	6	4	–	1	1	1	1	–	2
山梨	18	15	–	4	2	3	2	4	3
長野	66	39	2	8	2	6	11	10	27
岐阜	31	26	–	–	–	10	6	10	5
静岡	93	88	8	17	11	19	13	20	5
愛知	186	161	4	10	7	28	68	44	25
三重	46	42	–	5	3	7	11	16	4
滋賀	6	4	2	–	–	–	2	–	2
京都	12	5	1	1	1	1	–	1	7
大阪	5	1	–	–	–	–	1	–	4
兵庫	21	13	3	3	3	–	3	1	8
奈良	9	7	1	1	1	1	2	1	2
和歌山	8	5	–	1	2	2	–	–	3
鳥取	19	18	1	3	2	5	3	4	1
島根	9	9	–	2	2	–	–	5	–
岡山	18	12	1	1	2	1	1	6	6
広島	24	17	3	–	2	5	–	7	7
山口	10	7	1	1	–	–	1	4	3
徳島	19	18	4	–	–	8	1	5	1
香川	22	17	4	–	–	4	2	7	5
愛媛	69	59	–	1	9	12	15	22	10
高知	13	12	–	2	–	–	5	5	1
福岡	45	32	–	2	2	13	4	11	13
佐賀	41	37	1	3	4	10	7	12	4
長崎	87	76	1	11	11	8	20	25	11
熊本	184	164	10	16	16	28	59	35	20
大分	46	34	3	3	1	5	4	18	12
宮崎	436	352	24	30	31	106	34	127	84
鹿児島	504	341	34	49	32	82	45	99	163
沖縄	231	171	48	20	20	20	24	39	60
関東農政局	1,220	997	41	100	92	222	258	284	225
東海農政局	263	229	4	15	10	45	85	70	34
中国四国農政局	203	169	14	10	17	35	28	65	34

オ　子取り用めす豚飼養頭数規模別の飼養頭数

単位：頭

全国農業地域・都道府県	計	子取り用めす豚飼養頭数規模							子取り用めす豚なし
		小計	1～9頭	10～29	30～49	50～99	100～199	200頭以上	
全国	9,118,000	8,033,000	7,290	62,700	112,100	470,300	937,500	6,444,000	1,084,000
(全国農業地域)									
北海道	690,700	612,900	190	2,550	7,000	15,800	39,000	548,300	77,800
都府県	8,427,000	7,420,000	7,100	60,100	105,100	454,500	898,400	5,895,000	1,007,000
東北	1,486,000	1,346,000	770	9,450	11,500	53,700	95,200	1,176,000	139,400
北陸	234,700	184,700	80	1,350	4,400	23,800	41,800	113,300	50,000
関東・東山	2,340,000	2,087,000	870	13,000	34,800	135,900	347,600	1,555,000	253,000
東海	667,900	641,600	480	4,350	9,500	46,600	147,900	432,700	26,300
近畿	47,400	29,100	160	840	2,380	2,320	11,400	12,000	18,400
中国	279,500	199,900	350	1,230	2,810	8,720	7,200	179,600	79,700
四国	294,100	275,300	340	180	3,020	17,700	34,800	219,200	18,800
九州	2,868,000	2,500,000	2,800	28,700	34,000	152,500	191,200	2,091,000	368,800
沖縄	209,000	156,600	1,250	970	2,660	13,300	21,400	117,000	52,400
(都道府県)									
北海道	690,700	612,900	190	2,550	7,000	15,800	39,000	548,300	77,800
青森	351,700	325,900	30	x	1,720	6,250	12,700	304,000	25,800
岩手	402,200	378,500	320	1,380	–	9,020	12,800	354,900	23,700
宮城	185,800	158,700	120	1,670	5,070	8,060	19,200	124,500	27,100
秋田	272,100	249,100	x	860	x	5,500	16,300	225,800	23,000
山形	150,100	135,500	240	2,250	2,860	16,400	20,900	92,900	14,600
福島	124,100	98,800	x	2,080	1,200	8,470	13,300	73,700	25,300
茨城	462,200	414,500	410	4,410	13,400	30,700	68,000	297,600	47,700
栃木	405,500	384,400	–	540	2,760	9,790	55,700	315,600	21,100
群馬	629,200	598,700	150	710	4,310	32,800	97,100	463,700	30,500
埼玉	94,500	78,100	x	1,640	6,710	9,560	24,800	35,300	16,400
千葉	603,300	497,300	130	920	3,280	39,900	73,400	379,700	106,000
東京	2,320	630	x	550	–	–	–	–	1,700
神奈川	67,800	51,500	–	1,100	2,880	5,490	11,100	31,000	16,300
新潟	180,400	137,500	80	1,150	3,540	19,500	26,200	87,000	42,900
富山	31,000	26,200	x	–	x	3,110	x	20,200	4,750
石川	21,000	18,700	–	–	x	x	11,700	6,070	2,270
福井	2,330	2,220	–	x	x	x	x	–	x
山梨	15,500	14,400	–	1,100	x	2,150	x	8,170	1,020
長野	59,800	47,400	x	2,060	x	5,480	15,000	24,000	12,300
岐阜	99,800	92,200	–	–	–	7,180	11,700	73,300	7,530
静岡	108,400	108,100	350	1,800	5,320	12,200	17,400	71,000	340
愛知	349,000	336,700	140	2,030	3,140	21,700	101,900	207,800	12,300
三重	110,700	104,500	–	520	1,050	5,510	16,900	80,600	6,160
滋賀	3,940	3,220	x	–	–	–	x	–	x
京都	9,880	5,050	x	x	x	x	–	x	4,820
大阪	3,410	x	–	–	–	–	x	–	2,300
兵庫	22,000	12,600	110	520	1,050	–	4,370	x	9,420
奈良	6,570	5,700	x	x	x	x	x	x	x
和歌山	1,670	1,450	–	x	x	x	–	–	220
鳥取	66,300	30,600	x	570	x	2,980	4,900	21,200	x
島根	39,600	39,600	–	x	x	–	–	38,500	–
岡山	39,800	37,200	x	x	x	x	x	34,600	2,590
広島	110,800	69,500	120	–	x	5,020	–	63,600	41,300
山口	23,100	23,000	x	x	–	–	x	21,600	90
徳島	37,600	37,000	150	–	–	5,830	x	29,800	x
香川	37,900	32,500	190	–	–	3,150	x	26,200	5,320
愛媛	192,500	179,700	–	x	3,020	8,700	24,700	143,100	12,800
高知	26,100	26,100	–	x	–	–	5,970	20,000	x
福岡	82,300	69,400	–	x	x	12,700	5,290	50,200	12,900
佐賀	81,200	79,600	x	470	1,800	8,860	9,050	59,400	1,620
長崎	200,900	186,400	x	2,060	3,900	6,380	28,200	145,900	14,500
熊本	276,800	255,600	470	7,500	8,380	13,900	50,100	175,200	21,300
大分	131,900	120,800	340	1,420	x	1,930	7,010	109,500	11,100
宮崎	831,500	722,200	560	9,340	7,960	55,800	27,700	620,900	109,300
鹿児島	1,264,000	1,066,000	1,410	7,410	10,700	52,900	63,800	929,500	198,100
沖縄	209,000	156,600	1,250	970	2,660	13,300	21,400	117,000	52,400
関東農政局	2,449,000	2,195,000	1,220	14,800	40,100	148,100	365,000	1,626,000	253,300
東海農政局	559,400	533,500	140	2,550	4,180	34,400	130,500	361,800	26,000
中国四国農政局	573,700	475,200	690	1,420	5,830	26,400	42,000	398,800	98,500

126 豚

(1) 全国農業地域・都道府県別（続き）

カ 経営タイプ別飼養戸数

単位：戸

全国農業地域・都道府県	計	経営タイプ				
		子取り経営	肥育豚のいる戸数	肥育経営	子取り用めす豚のいる戸数	一貫経営
全国	4,170	301	100	854	8	3,010
（全国農業地域）						
北海道	192	8	4	37	－	147
都府県	3,970	293	96	817	8	2,860
東北	505	30	6	98	2	377
北陸	146	7	2	31	1	108
関東・東山	1,130	35	4	221	1	873
東海	356	23	14	42	3	291
近畿	61	5	3	26	－	30
中国	80	6	1	14	－	60
四国	123	7	3	17	－	99
九州	1,340	147	54	308	1	888
沖縄	231	33	9	60	－	138
（都道府県）						
北海道	192	8	4	37	－	147
青森	71	1	－	21	2	49
岩手	103	5	－	20	－	78
宮城	114	10	2	25	－	79
秋田	73	5	－	18	－	50
山形	88	2	－	5	－	81
福島	56	7	4	9	－	40
茨城	310	－	－	63	－	247
栃木	99	5	－	15	－	79
群馬	210	1	－	30	－	179
埼玉	89	3	－	12	－	74
千葉	282	21	2	51	－	210
東京	9	－	－	5	－	4
神奈川	46	－	－	14	－	32
新潟	106	5	1	19	1	82
富山	20	2	1	7	－	11
石川	14	－	－	3	－	11
福井	6	－	－	2	－	4
山梨	18	2	－	3	－	13
長野	66	3	2	28	1	35
岐阜	31	1	－	5	－	25
静岡	93	20	14	8	3	65
愛知	186	－	－	25	－	161
三重	46	2	－	4	－	40
滋賀	6	－	－	2	－	4
京都	12	2	2	7	－	3
大阪	5	－	－	4	－	1
兵庫	21	2	1	8	－	11
奈良	9	1	－	2	－	6
和歌山	8	－	－	3	－	5
鳥取	19	1	－	1	－	17
島根	9	－	－	－	－	9
岡山	18	1	1	5	－	12
広島	24	2	－	7	－	15
山口	10	2	－	1	－	7
徳島	19	－	－	1	－	18
香川	22	2	1	5	－	15
愛媛	69	4	1	10	－	55
高知	13	1	1	1	－	11
福岡	45	3	－	13	－	29
佐賀	41	1	－	4	－	36
長崎	87	4	2	11	－	72
熊本	184	10	8	21	1	153
大分	46	－	－	12	－	34
宮崎	436	82	27	84	－	270
鹿児島	504	47	17	163	－	294
沖縄	231	33	9	60	－	138
関東農政局	1,220	55	18	229	4	938
東海農政局	263	3	－	34	－	226
中国四国農政局	203	13	4	31	－	159

キ　経営タイプ別飼養頭数

単位：頭

全国農業地域・都道府県	計	経営タイプ				
		子取り経営	肥育豚のいる飼養者の飼養頭数	肥育経営	子取り用めす豚のいる飼養者の飼養頭数	一貫経営
全国	9,118,000	385,300	88,000	1,086,000	2,140	7,646,000
(全国農業地域)						
北海道	690,700	32,700	480	77,800	−	580,200
都府県	8,427,000	352,600	87,500	1,009,000	2,140	7,066,000
東北	1,486,000	38,400	9,350	140,400	x	1,307,000
北陸	234,700	7,410	x	50,000	x	177,200
関東・東山	2,340,000	50,500	2,970	253,400	x	2,036,000
東海	667,900	11,300	2,520	26,900	620	629,700
近畿	47,400	2,820	770	18,400	−	26,300
中国	279,500	18,800	x	79,400	−	181,300
四国	294,100	10,600	4,250	18,800	−	264,700
九州	2,868,000	179,300	58,600	368,900	x	2,320,000
沖縄	209,000	33,400	6,850	52,400	−	123,200
(都道府県)						
北海道	690,700	32,700	480	77,800	−	580,200
青森	351,700	x	−	26,700	x	325,000
岩手	402,200	5,930	−	23,700	−	372,500
宮城	185,800	2,900	x	27,100	−	155,800
秋田	272,100	10,000	−	23,000	−	239,100
山形	150,100	x	−	14,600	−	132,400
福島	124,100	16,500	9,150	25,300	−	82,300
茨城	462,200	−	−	47,700	−	414,500
栃木	405,500	12,300	−	21,100	−	372,200
群馬	629,200	x	−	30,500	−	587,200
埼玉	94,500	1,680	−	16,400	−	76,400
千葉	603,300	20,700	x	106,000	−	476,600
東京	2,320	−	−	1,700	−	630
神奈川	67,800	−	−	16,300	−	51,500
新潟	180,400	5,240	x	42,900	x	132,200
富山	31,000	x	x	4,750	−	24,100
石川	21,000	−	−	2,270	−	18,700
福井	2,330	−	−	x	−	2,220
山梨	15,500	x	−	1,020	−	12,400
長野	59,800	2,250	x	12,700	x	44,800
岐阜	99,800	x	−	7,530	−	91,800
静岡	108,400	5,550	2,520	970	620	101,900
愛知	349,000	−	−	12,300	−	336,700
三重	110,700	x	−	6,160	−	99,300
滋賀	3,940	−	−	x	−	3,220
京都	9,880	x	x	4,820	−	4,970
大阪	3,410	−	−	2,300	−	x
兵庫	22,000	x	x	9,420	−	11,600
奈良	6,570	x	−	x	−	3,960
和歌山	1,670	−	−	220	−	1,450
鳥取	66,300	x	−	x	−	26,900
島根	39,600	−	−	−	−	39,600
岡山	39,800	x	x	2,420	−	37,200
広島	110,800	x	−	41,300	−	54,700
山口	23,100	x	−	x	−	22,800
徳島	37,600	−	−	x	−	37,000
香川	37,900	x	x	5,320	−	27,000
愛媛	192,500	4,760	x	12,800	−	174,900
高知	26,100	x	x	x	−	25,900
福岡	82,300	11,200	−	12,900	−	58,200
佐賀	81,200	x	−	1,620	−	79,500
長崎	200,900	500	x	14,500	−	185,900
熊本	276,800	2,520	510	21,400	x	252,900
大分	131,900	−	−	11,100	−	120,800
宮崎	831,500	86,700	29,100	109,300	−	635,500
鹿児島	1,264,000	78,300	28,600	198,100	−	987,500
沖縄	209,000	33,400	6,850	52,400	−	123,200
関東農政局	2,449,000	56,100	5,490	254,300	1,030	2,138,000
東海農政局	559,400	5,740	−	26,000	−	527,800
中国四国農政局	573,700	29,400	4,420	98,300	−	446,000

128 豚

(1) 全国農業地域・都道府県別（続き）

ク 経営組織別飼養戸数

単位：戸

全国農業地域・都道府県	計	経営組織 農家	経営組織 会社	経営組織 その他
全国	4,170	2,250	1,820	98
（全国農業地域）				
北海道	192	62	124	6
都府県	3,970	2,190	1,700	92
東北	505	222	263	20
北陸	146	68	78	-
関東・東山	1,130	655	460	14
東海	356	216	133	7
近畿	61	39	18	4
中国	80	37	40	3
四国	123	50	71	2
九州	1,340	717	584	42
沖縄	231	182	49	-
（都道府県）				
北海道	192	62	124	6
青森	71	23	47	1
岩手	103	32	61	10
宮城	114	70	39	5
秋田	73	11	58	4
山形	88	61	27	-
福島	56	25	31	-
茨城	310	207	93	10
栃木	99	41	56	2
群馬	210	111	99	-
埼玉	89	56	32	1
千葉	282	162	120	-
東京	9	9	-	-
神奈川	46	23	23	-
新潟	106	58	48	-
富山	20	3	17	-
石川	14	4	10	-
福井	6	3	3	-
山梨	18	12	6	-
長野	66	34	31	1
岐阜	31	14	16	1
静岡	93	59	32	2
愛知	186	118	68	-
三重	46	25	17	4
滋賀	6	3	3	-
京都	12	6	2	4
大阪	5	3	2	-
兵庫	21	15	6	-
奈良	9	6	3	-
和歌山	8	6	2	-
鳥取	19	12	6	1
島根	9	4	5	-
岡山	18	7	11	-
広島	24	10	12	2
山口	10	4	6	-
徳島	19	10	8	1
香川	22	11	11	-
愛媛	69	23	46	-
高知	13	6	6	1
福岡	45	31	14	-
佐賀	41	28	12	1
長崎	87	55	29	3
熊本	184	119	65	-
大分	46	10	36	-
宮崎	436	232	199	5
鹿児島	504	242	229	33
沖縄	231	182	49	-
関東農政局	1,220	714	492	16
東海農政局	263	157	101	5
中国四国農政局	203	87	111	5

ケ　経営組織別飼養頭数

単位：頭

全国農業地域・都道府県	計	経営組織		
		農家	会社	その他
全国	9,118,000	1,652,000	7,147,000	318,600
(全国農業地域)				
北海道	690,700	60,100	629,500	1,070
都府県	8,427,000	1,592,000	6,518,000	317,500
東北	1,486,000	128,600	1,262,000	95,000
北陸	234,700	43,900	190,800	-
関東・東山	2,340,000	500,600	1,808,000	31,000
東海	667,900	200,200	447,300	20,400
近畿	47,400	17,600	27,900	1,970
中国	279,500	15,700	231,800	32,000
四国	294,100	53,700	234,300	x
九州	2,868,000	546,400	2,191,000	131,000
沖縄	209,000	85,100	123,800	-
(都道府県)				
北海道	690,700	60,100	629,500	1,070
青森	351,700	20,200	329,700	x
岩手	402,200	25,200	318,800	58,300
宮城	185,800	25,200	144,900	15,700
秋田	272,100	4,950	247,900	19,200
山形	150,100	29,000	121,100	-
福島	124,100	24,100	100,000	-
茨城	462,200	160,400	282,700	19,100
栃木	405,500	34,200	362,600	x
群馬	629,200	73,500	555,700	-
埼玉	94,500	30,200	62,700	x
千葉	603,300	153,900	449,400	-
東京	2,320	2,320	-	-
神奈川	67,800	18,500	49,300	-
新潟	180,400	39,600	140,700	-
富山	31,000	1,810	29,200	-
石川	21,000	1,440	19,600	-
福井	2,330	1,010	1,320	-
山梨	15,500	5,410	10,000	-
長野	59,800	22,100	36,000	x
岐阜	99,800	10,600	85,300	x
静岡	108,400	22,100	86,000	x
愛知	349,000	135,800	213,200	-
三重	110,700	31,700	62,800	16,200
滋賀	3,940	1,240	2,700	-
京都	9,880	1,240	x	1,970
大阪	3,410	1,600	x	-
兵庫	22,000	6,530	15,400	-
奈良	6,570	5,690	880	-
和歌山	1,670	1,320	x	-
鳥取	66,300	8,910	57,100	x
島根	39,600	1,150	38,500	-
岡山	39,800	2,250	37,600	-
広島	110,800	3,220	75,800	x
山口	23,100	170	22,900	-
徳島	37,600	25,800	11,200	x
香川	37,900	7,480	30,400	-
愛媛	192,500	15,700	176,900	-
高知	26,100	4,760	15,900	x
福岡	82,300	30,900	51,400	-
佐賀	81,200	25,200	43,600	x
長崎	200,900	48,300	146,400	6,180
熊本	276,800	88,700	188,100	-
大分	131,900	10,800	121,100	-
宮崎	831,500	187,900	640,700	2,960
鹿児島	1,264,000	154,500	999,900	109,400
沖縄	209,000	85,100	123,800	-
関東農政局	2,449,000	522,700	1,895,000	31,300
東海農政局	559,400	178,100	361,200	20,100
中国四国農政局	573,700	69,400	466,200	38,200

(2)　全国農業地域別・飼養頭数規模別

ア　経営タイプ別飼養戸数（肥育豚飼養頭数規模別）

単位:戸

区　分	計	子取り経営	肥育経営	子取り用めす豚のいる戸数	一貫経営
全　国	**4,170**	**301**	**854**	**8**	**3,010**
小　計	3,950	100	850	8	3,000
1 ～ 99頭	479	62	138	2	279
100 ～ 299	448	8	102	4	338
300 ～ 499	428	7	103	1	318
500 ～ 999	813	13	180	1	620
1,000 ～ 1,999	756	5	173	－	578
2,000頭以上	1,030	5	154	－	870
うち3,000頭以上	701	4	95	－	602
肥育豚なし	213	201	4	－	8
北海道	**192**	**8**	**37**	**－**	**147**
小　計	188	4	37	－	147
1 ～ 99頭	21	2	10	－	9
100 ～ 299	24	2	6	－	16
300 ～ 499	10	－	－	－	10
500 ～ 999	28	－	5	－	23
1,000 ～1,999	32	－	7	－	25
2,000 頭以上	73	－	9	－	64
肥育豚なし	4	4	－	－	－
都府県	**3,970**	**293**	**817**	**8**	**2,860**
小　計	3,770	96	813	8	2,860
1 ～ 99頭	458	60	128	2	270
100 ～ 299	424	6	96	4	322
300 ～ 499	418	7	103	1	308
500 ～ 999	785	13	175	1	597
1,000 ～1,999	724	5	166	－	553
2,000 頭以上	956	5	145	－	806
肥育豚なし	209	197	4	－	8
東　北	**505**	**30**	**98**	**2**	**377**
小　計	478	6	98	2	374
1 ～ 99頭	53	4	27	1	22
100 ～ 299	46	－	5	－	41
300 ～ 499	63	1	8	－	54
500 ～ 999	86	－	29	1	57
1,000 ～1,999	68	1	7	－	60
2,000 頭以上	162	－	22	－	140
肥育豚なし	27	24	－	－	3
北　陸	**146**	**7**	**31**	**1**	**108**
小　計	141	2	31	1	108
1 ～ 99頭	12	1	4	1	7
100 ～ 299	13	－	2	－	11
300 ～ 499	25	－	10	－	15
500 ～ 999	35	－	4	－	31
1,000 ～1,999	30	1	5	－	24
2,000 頭以上	26	－	6	－	20
肥育豚なし	5	5	－	－	－

注：1　この表には学校、試験場等の非営利的な飼養者は含まない（以下(2)において同じ。）。

2　「うち3,000頭以上」は、戸数が少なく全国農業地域別の推定ができないため、全国値のみ表記した（イ、オ及びカの統計表において同じ。）。

単位:戸

区分	計	子取り経営	肥育経営	子取り用めす豚のいる戸数	一貫経営
関東・東山	**1,130**	**35**	**221**	**1**	**873**
小計	1,100	4	221	1	873
1 ～ 99頭	95	3	25	-	67
100 ～ 299	127	-	42	-	85
300 ～ 499	143	-	31	1	112
500 ～ 999	243	-	58	-	185
1,000 ～1,999	226	1	33	-	192
2,000 頭以上	264	-	32	-	232
肥育豚なし	31	31	-	-	-
東海	**356**	**23**	**42**	**3**	**291**
小計	343	14	39	3	290
1 ～ 99頭	35	10	8	-	17
100 ～ 299	34	2	11	3	21
300 ～ 499	22	2	4	-	16
500 ～ 999	75	-	8	-	67
1,000 ～1,999	92	-	6	-	86
2,000 頭以上	85	-	2	-	83
肥育豚なし	13	9	3	-	1
近畿	**61**	**5**	**26**	**-**	**30**
小計	57	3	26	-	28
1 ～ 99頭	15	2	8	-	5
100 ～ 299	14	-	5	-	9
300 ～ 499	5	-	2	-	3
500 ～ 999	12	1	7	-	4
1,000 ～1,999	7	-	2	-	5
2,000 頭以上	4	-	2	-	2
肥育豚なし	4	2	-	-	2
中国	**80**	**6**	**14**	**-**	**60**
小計	73	1	14	-	58
1 ～ 99頭	14	1	6	-	7
100 ～ 299	8	-	1	-	7
300 ～ 499	9	-	2	-	7
500 ～ 999	9	-	-	-	9
1,000 ～1,999	8	-	2	-	6
2,000 頭以上	25	-	3	-	22
肥育豚なし	7	5	-	-	2
四国	**123**	**7**	**17**	**-**	**99**
小計	119	3	17	-	99
1 ～ 99頭	11	1	2	-	8
100 ～ 299	10	1	2	-	7
300 ～ 499	12	1	3	-	8
500 ～ 999	23	-	3	-	20
1,000 ～1,999	29	-	5	-	24
2,000 頭以上	34	-	2	-	32
肥育豚なし	4	4	-	-	-

(2) 全国農業地域別・飼養頭数規模別（続き）

ア 経営タイプ別飼養戸数（肥育豚飼養頭数規模別）（続き）

単位:戸

区分	計	子取り経営	肥育経営	子取り用めす豚のいる戸数	一貫経営
九州	**1,340**	**147**	**308**	**1**	**888**
小計	1,250	54	307	1	888
1 ～ 99頭	147	32	31	-	84
100 ～ 299	145	1	22	1	122
300 ～ 499	117	3	34	-	80
500 ～ 999	269	12	54	-	203
1,000 ～1,999	235	2	94	-	139
2,000 頭以上	336	4	72	-	260
肥育豚なし	94	93	1	-	-
沖縄	**231**	**33**	**60**	**-**	**138**
小計	207	9	60	-	138
1 ～ 99頭	76	6	17	-	53
100 ～ 299	27	2	6	-	19
300 ～ 499	22	-	9	-	13
500 ～ 999	33	-	12	-	21
1,000 ～1,999	29	-	12	-	17
2,000 頭以上	20	1	4	-	15
肥育豚なし	24	24	-	-	-
関東農政局	**1,220**	**55**	**229**	**4**	**938**
小計	1,180	18	226	4	938
1 ～ 99頭	117	13	27	-	77
100 ～ 299	138	2	45	3	91
300 ～ 499	150	2	31	1	117
500 ～ 999	257	-	58	-	199
1,000 ～1,999	239	1	33	-	205
2,000 頭以上	281	-	32	-	249
肥育豚なし	40	37	3	-	-
東海農政局	**263**	**3**	**34**	**-**	**226**
小計	259	-	34	-	225
1 ～ 99頭	13	-	6	-	7
100 ～ 299	23	-	8	-	15
300 ～ 499	15	-	4	-	11
500 ～ 999	61	-	8	-	53
1,000 ～1,999	79	-	6	-	73
2,000 頭以上	68	-	2	-	66
肥育豚なし	4	3	-	-	1
中国四国農政局	**203**	**13**	**31**	**-**	**159**
小計	192	4	31	-	157
1 ～ 99頭	25	2	8	-	15
100 ～ 299	18	1	3	-	14
300 ～ 499	21	1	5	-	15
500 ～ 999	32	-	3	-	29
1,000 ～1,999	37	-	7	-	30
2,000 頭以上	59	-	5	-	54
肥育豚なし	11	9	-	-	2

イ　経営タイプ別飼養頭数（肥育豚飼養頭数規模別）

単位:頭

区分	計	子取り経営	肥育経営	肥育経営のうち 子取り用めす豚のいる飼養者の飼養頭数	一貫経営
全国	**9,118,000**	**385,300**	**1,086,000**	**2,140**	**7,646,000**
小計	8,819,000	88,000	1,086,000	2,140	7,645,000
1 ～ 99頭	34,300	10,400	4,860	x	19,100
100 ～ 299	102,900	3,340	19,100	750	80,400
300 ～ 499	190,400	5,660	38,700	x	146,100
500 ～ 999	646,800	9,530	123,000	x	514,300
1,000 ～1,999	1,180,000	14,400	235,900	−	930,000
2,000 頭以上	6,664,000	44,700	664,600	−	5,955,000
うち3,000 頭以上	5,821,000	41,700	539,900	−	5,239,000
肥育豚なし	298,700	297,300	290	−	1,080
北海道	**690,700**	**32,700**	**77,800**	**−**	**580,200**
小計	658,500	480	77,800	−	580,200
1 ～ 99頭	1,030	x	410	−	460
100 ～ 299	5,430	x	900	−	4,200
300 ～ 499	5,100	−	−	−	5,100
500 ～ 999	18,400	−	2,530	−	15,900
1,000 ～1,999	55,900	−	8,310	−	47,600
2,000 頭以上	572,600	−	65,600	−	507,000
肥育豚なし	32,200	32,200	−	−	−
都府県	**8,427,000**	**352,600**	**1,009,000**	**2,140**	**7,066,000**
小計	8,161,000	87,500	1,008,000	2,140	7,065,000
1 ～ 99頭	33,300	10,200	4,450	x	18,700
100 ～ 299	97,400	3,010	18,200	750	76,200
300 ～ 499	185,300	5,660	38,700	x	141,000
500 ～ 999	628,400	9,530	120,400	x	498,500
1,000 ～1,999	1,124,000	14,400	227,500	−	882,400
2,000 頭以上	6,092,000	44,700	599,000	−	5,448,000
肥育豚なし	266,500	265,100	290	−	1,080
東北	**1,486,000**	**38,400**	**140,400**	**x**	**1,307,000**
小計	1,456,000	9,350	140,400	x	1,306,000
1 ～ 99頭	4,830	2,860	770	x	1,200
100 ～ 299	11,700	−	1,050	−	10,700
300 ～ 499	33,300	x	2,870	−	29,600
500 ～ 999	67,100	−	20,500	x	46,600
1,000 ～1,999	116,300	x	11,200	−	99,400
2,000 頭以上	1,223,000	−	104,000	−	1,119,000
肥育豚なし	30,100	29,100	−	−	1,050
北陸	**234,700**	**7,410**	**50,000**	**x**	**177,200**
小計	229,300	x	50,000	x	177,200
1 ～ 99頭	2,200	x	90	x	1,960
100 ～ 299	2,470	−	x	−	2,250
300 ～ 499	10,600	−	3,520	−	7,120
500 ～ 999	26,400	−	2,540	−	23,800
1,000 ～1,999	54,700	x	8,850	−	44,000
2,000 頭以上	132,900	−	34,800	−	98,100
肥育豚なし	5,360	5,360	−	−	−

注：　この表の飼養頭数は、各階層の飼養者が飼っている全ての豚（子取り用めす豚、種おす豚、肥育豚及びその他（肥育用のもと豚等））の頭数である（エ、カ及びクの統計表において同じ。）。

(2) 全国農業地域別・飼養頭数規模別（続き）

イ 経営タイプ別飼養頭数（肥育豚飼養頭数規模別）（続き）

単位:頭

区分	計	子取り経営	肥育経営		一貫経営
				子取り用めす豚のいる飼養者の飼養頭数	
関東・東山	**2,340,000**	**50,500**	**253,400**	**x**	**2,036,000**
小計	2,293,000	2,970	253,400	x	2,036,000
1 ～ 99頭	5,870	800	1,350	－	3,720
100 ～ 299	28,600	－	7,980	－	20,600
300 ～ 499	61,500	－	13,000	x	48,500
500 ～ 999	198,900	－	42,500	－	156,400
1,000 ～1,999	338,800	x	40,000	－	296,700
2,000 頭以上	1,659,000	－	148,600	－	1,510,000
肥育豚なし	47,600	47,600	－	－	－
東海	**667,900**	**11,300**	**26,900**	**620**	**629,700**
小計	658,800	2,520	26,600	620	629,600
1 ～ 99頭	2,620	1,160	230	－	1,230
100 ～ 299	7,990	x	2,220	620	5,390
300 ～ 499	10,000	x	1,480	－	7,590
500 ～ 999	62,200	－	5,240	－	56,900
1,000 ～1,999	144,900	－	9,240	－	135,600
2,000 頭以上	431,100	－	x	－	422,900
肥育豚なし	9,060	8,780	270	－	x
近畿	**47,400**	**2,820**	**18,400**	**－**	**26,300**
小計	45,400	770	18,400	－	26,300
1 ～ 99頭	390	x	170	－	140
100 ～ 299	3,310	－	1,020	－	2,290
300 ～ 499	2,340	－	x	－	1,670
500 ～ 999	9,560	x	4,980	－	3,890
1,000 ～1,999	10,700	－	x	－	7,990
2,000 頭以上	19,100	－	x	－	x
肥育豚なし	2,060	x	－	－	x
中国	**279,500**	**18,800**	**79,400**	**－**	**181,300**
小計	260,900	x	79,400	－	181,300
1 ～ 99頭	1,080	x	270	－	640
100 ～ 299	1,780	－	x	－	1,510
300 ～ 499	3,830	－	x	－	3,030
500 ～ 999	7,550	－	－	－	7,550
1,000 ～1,999	19,200	－	x	－	15,300
2,000 頭以上	227,500	－	74,300	－	153,200
肥育豚なし	18,600	18,600	－	－	x
四国	**294,100**	**10,600**	**18,800**	**－**	**264,700**
小計	287,800	4,250	18,800	－	264,700
1 ～ 99頭	640	x	x	－	340
100 ～ 299	4,540	x	x	－	2,020
300 ～ 499	6,750	x	1,080	－	3,570
500 ～ 999	21,000	－	1,910	－	19,000
1,000 ～1,999	42,900	－	7,590	－	35,400
2,000 頭以上	212,000	－	x	－	204,400
肥育豚なし	6,330	6,330	－	－	－

単位:頭

区分	計	子取り経営	肥育経営		一貫経営
				子取り用めす豚のいる飼養者の飼養頭数	
九州	**2,868,000**	**179,300**	**368,900**	**x**	**2,320,000**
小計	2,748,000	58,600	368,900	x	2,320,000
1 ～ 99頭	8,960	1,290	760	−	6,910
100 ～ 299	32,200	x	3,710	x	28,200
300 ～ 499	48,700	1,750	11,800	−	35,100
500 ～ 999	203,900	8,840	30,800	−	164,300
1,000 ～1,999	363,900	x	128,300	−	230,900
2,000頭以上	2,090,000	41,700	193,500	−	1,855,000
肥育豚なし	120,800	120,700	x	−	−
沖縄	**209,000**	**33,400**	**52,400**	**−**	**123,200**
小計	182,400	6,850	52,400	−	123,200
1 ～ 99頭	6,730	3,420	780	−	2,530
100 ～ 299	4,860	x	1,150	−	3,270
300 ～ 499	8,260	−	3,450	−	4,810
500 ～ 999	31,900	−	12,000	−	19,900
1,000 ～1,999	33,000	−	15,800	−	17,200
2,000頭以上	97,600	x	19,200	−	75,400
肥育豚なし	26,600	26,600	−	−	−
関東農政局	**2,449,000**	**56,100**	**254,300**	**1,030**	**2,138,000**
小計	2,398,000	5,490	254,100	1,030	2,138,000
1 ～ 99頭	7,930	1,960	1,430	−	4,540
100 ～ 299	31,700	x	8,600	620	22,700
300 ～ 499	64,900	x	13,000	x	51,000
500 ～ 999	210,000	−	42,500	−	167,500
1,000 ～1,999	360,200	x	40,000	−	318,100
2,000頭以上	1,723,000	−	148,600	−	1,574,000
肥育豚なし	50,900	50,600	270	−	−
東海農政局	**559,400**	**5,740**	**26,000**	**−**	**527,800**
小計	553,700	−	26,000	−	527,700
1 ～ 99頭	570	−	160	−	410
100 ～ 299	4,920	−	1,600	−	3,320
300 ～ 499	6,560	−	1,480	−	5,080
500 ～ 999	51,100	−	5,240	−	45,800
1,000 ～1,999	123,500	−	9,240	−	114,300
2,000頭以上	367,100	−	x	−	358,800
肥育豚なし	5,760	5,740	−	−	x
中国四国農政局	**573,700**	**29,400**	**98,300**	**−**	**446,000**
小計	548,700	4,420	98,300	−	446,000
1 ～ 99頭	1,720	x	310	−	980
100 ～ 299	6,310	x	890	−	3,530
300 ～ 499	10,600	x	1,880	−	6,600
500 ～ 999	28,500	−	1,910	−	26,600
1,000 ～1,999	62,100	−	11,400	−	50,700
2,000頭以上	439,500	−	81,900	−	357,600
肥育豚なし	25,000	25,000	−	−	x

(2) 全国農業地域別・飼養頭数規模別（続き）

ウ 経営タイプ別飼養戸数(子取り用めす豚飼養頭数規模別)

単位:戸

区分	計	子取り経営		肥育経営	一貫経営
			肥育豚のいる戸数		
全国	**4,170**	**301**	**100**	**854**	**3,010**
小計	3,320	299	99	8	3,010
1 ～ 9頭	227	40	11	3	184
10 ～ 29	337	59	29	5	273
30 ～ 49	303	25	8	−	278
50 ～ 99	706	53	18	−	653
100 ～ 199	689	20	9	−	669
200頭以上	1,050	102	24	−	951
子取り用めす豚なし	851	2	1	846	3
北海道	**192**	**8**	**4**	**37**	**147**
小計	155	8	4	−	147
1 ～ 9頭	6	−	−	−	6
10 ～ 29	17	4	4	−	13
30 ～ 49	14	−	−	−	14
50 ～ 99	21	−	−	−	21
100 ～ 199	24	2	−	−	22
200頭以上	73	2	−	−	71
子取り用めす豚なし	37	−	−	37	−
都府県	**3,970**	**293**	**96**	**817**	**2,860**
小計	3,160	291	95	8	2,860
1 ～ 9頭	221	40	11	3	178
10 ～ 29	320	55	25	5	260
30 ～ 49	289	25	8	−	264
50 ～ 99	685	53	18	−	632
100 ～ 199	665	18	9	−	647
200頭以上	980	100	24	−	880
子取り用めす豚なし	814	2	1	809	3
東北	**505**	**30**	**6**	**98**	**377**
小計	407	30	6	2	375
1 ～ 9頭	29	4	−	1	24
10 ～ 29	46	6	3	1	39
30 ～ 49	33	2	−	−	31
50 ～ 99	73	3	1	−	70
100 ～ 199	62	1	−	−	61
200頭以上	164	14	2	−	150
子取り用めす豚なし	98	−	−	96	2
北陸	**146**	**7**	**2**	**31**	**108**
小計	116	7	2	1	108
1 ～ 9頭	5	1	−	1	3
10 ～ 29	9	−	−	−	9
30 ～ 49	13	2	1	−	11
50 ～ 99	34	−	−	−	34
100 ～ 199	27	−	−	−	27
200頭以上	28	4	1	−	24
子取り用めす豚なし	30	−	−	30	−

単位:戸

区分	計	子取り経営	肥育豚のいる戸数	肥育経営	一貫経営
関東・東山	**1,130**	**35**	**4**	**221**	**873**
小計	909	35	4	1	873
1 ～ 9頭	33	4	－	－	29
10 ～ 29	83	6	1	1	76
30 ～ 49	81	5	2	－	76
50 ～ 99	203	4	－	－	199
100 ～ 199	245	－	－	－	245
200頭以上	264	16	1	－	248
子取り用めす豚なし	220	－	－	220	－
東海	**356**	**23**	**14**	**42**	**291**
小計	317	23	14	3	291
1 ～ 9頭	12	2	－	－	10
10 ～ 29	32	9	6	3	20
30 ～ 49	21	－	－	－	21
50 ～ 99	64	8	7	－	56
100 ～ 199	98	1	1	－	97
200頭以上	90	3	－	－	87
子取り用めす豚なし	39	－	－	39	－
近畿	**61**	**5**	**3**	**26**	**30**
小計	35	5	3	－	30
1 ～ 9頭	7	1	1	－	6
10 ～ 29	6	1	1	－	5
30 ～ 49	7	1	－	－	6
50 ～ 99	4	－	－	－	4
100 ～ 199	8	1	1	－	7
200頭以上	3	1	－	－	2
子取り用めす豚なし	26	－	－	26	－
中国	**80**	**6**	**1**	**14**	**60**
小計	63	4	－	－	59
1 ～ 9頭	6	－	－	－	6
10 ～ 29	7	1	－	－	6
30 ～ 49	8	－	－	－	8
50 ～ 99	11	－	－	－	11
100 ～ 199	5	－	－	－	5
200頭以上	26	3	－	－	23
子取り用めす豚なし	17	2	1	14	1
四国	**123**	**7**	**3**	**17**	**99**
小計	106	7	3	－	99
1 ～ 9頭	8	－	－	－	8
10 ～ 29	3	1	－	－	2
30 ～ 49	9	－	－	－	9
50 ～ 99	24	1	－	－	23
100 ～ 199	23	2	1	－	21
200頭以上	39	3	2	－	36
子取り用めす豚なし	17	－	－	17	－

(2) 全国農業地域別・飼養頭数規模別（続き）

ウ 経営タイプ別飼養戸数（子取り用めす豚飼養頭数規模別）（続き）

単位:戸

区分	計	子取り経営	肥育豚のいる戸数	肥育経営	一貫経営
九州	**1,340**	**147**	**54**	**308**	**888**
小計	1,040	147	54	1	888
1 ～ 9頭	73	24	10	1	48
10 ～ 29	114	28	14	−	86
30 ～ 49	97	11	5	−	86
50 ～ 99	252	29	8	−	223
100 ～ 199	173	7	3	−	166
200頭以上	327	48	14	−	279
子取り用めす豚なし	307	−	−	307	−
沖縄	**231**	**33**	**9**	**60**	**138**
小計	171	33	9	−	138
1 ～ 9頭	48	4	−	−	44
10 ～ 29	20	3	−	−	17
30 ～ 49	20	4	−	−	16
50 ～ 99	20	8	2	−	12
100 ～ 199	24	6	3	−	18
200頭以上	39	8	4	−	31
子取り用めす豚なし	60	−	−	60	−
関東農政局	**1,220**	**55**	**18**	**229**	**938**
小計	997	55	18	4	938
1 ～ 9頭	41	6	−	−	35
10 ～ 29	100	15	7	4	81
30 ～ 49	92	5	2	−	87
50 ～ 99	222	11	7	−	211
100 ～ 199	258	1	1	−	257
200頭以上	284	17	1	−	267
子取り用めす豚なし	225	−	−	225	−
東海農政局	**263**	**3**	**−**	**34**	**226**
小計	229	3	−	−	226
1 ～ 9頭	4	−	−	−	4
10 ～ 29	15	−	−	−	15
30 ～ 49	10	−	−	−	10
50 ～ 99	45	1	−	−	44
100 ～ 199	85	−	−	−	85
200頭以上	70	2	−	−	68
子取り用めす豚なし	34	−	−	34	−
中国四国農政局	**203**	**13**	**4**	**31**	**159**
小計	169	11	3	−	158
1 ～ 9頭	14	−	−	−	14
10 ～ 29	10	2	−	−	8
30 ～ 49	17	−	−	−	17
50 ～ 99	35	1	−	−	34
100 ～ 199	28	2	1	−	26
200頭以上	65	6	2	−	59
子取り用めす豚なし	34	2	1	31	1

エ 経営タイプ別飼養頭数（子取り用めす豚飼養頭数規模別）

単位:頭

区分	計	子取り経営	肥育豚のいる飼養者の飼養頭数	肥育経営	一貫経営
全国	**9,118,000**	**385,300**	**88,000**	**1,086,000**	**7,646,000**
小計	8,033,000	385,100	87,800	2,140	7,646,000
1 ～ 9頭	7,290	510	210	160	6,620
10 ～ 29	62,700	4,940	3,220	1,980	55,700
30 ～ 49	112,100	5,690	2,330	-	106,400
50 ～ 99	470,300	18,000	5,310	-	452,300
100 ～ 199	937,500	17,300	5,160	-	920,200
200頭以上	6,444,000	338,700	71,600	-	6,105,000
子取り用めす豚なし	1,084,000	x	x	1,084,000	0
北海道	**690,700**	**32,700**	**480**	**77,800**	**580,200**
小計	612,900	32,700	480	-	580,200
1 ～ 9頭	190	-	-	-	190
10 ～ 29	2,550	480	480	-	2,070
30 ～ 49	7,000	-	-	-	7,000
50 ～ 99	15,800	-	-	-	15,800
100 ～ 199	39,000	x	-	-	33,800
200頭以上	548,300	x	-	-	521,300
子取り用めす豚なし	77,800	-	-	77,800	-
都府県	**8,427,000**	**352,600**	**87,500**	**1,009,000**	**7,066,000**
小計	7,420,000	352,400	87,300	2,140	7,066,000
1 ～ 9頭	7,100	510	210	160	6,420
10 ～ 29	60,100	4,450	2,740	1,980	53,700
30 ～ 49	105,100	5,690	2,330	-	99,400
50 ～ 99	454,500	18,000	5,310	-	436,500
100 ～ 199	898,400	12,100	5,160	-	886,400
200頭以上	5,895,000	311,700	71,600	-	5,584,000
子取り用めす豚なし	1,007,000	x	x	1,006,000	0
東北	**1,486,000**	**38,400**	**9,350**	**140,400**	**1,307,000**
小計	1,346,000	38,400	9,350	x	1,307,000
1 ～ 9頭	770	50	-	x	710
10 ～ 29	9,450	1,410	1,050	x	7,100
30 ～ 49	11,500	x	-	-	11,300
50 ～ 99	53,700	1,100	x	-	52,600
100 ～ 199	95,200	x	-	-	94,200
200頭以上	1,176,000	34,700	x	-	1,141,000
子取り用めす豚なし	139,400	-	-	139,400	x
北陸	**234,700**	**7,410**	**x**	**50,000**	**177,200**
小計	184,700	7,410	x	x	177,200
1 ～ 9頭	80	x	-	x	60
10 ～ 29	1,350	-	-	-	1,350
30 ～ 49	4,400	x	x	-	4,090
50 ～ 99	23,800	-	-	-	23,800
100 ～ 199	41,800	-	-	-	41,800
200頭以上	113,300	7,090	x	-	106,200
子取り用めす豚なし	50,000	-	-	50,000	-

(2) 全国農業地域別・飼養頭数規模別（続き）

エ 経営タイプ別飼養頭数（子取り用めす豚飼養頭数規模別）（続き）

単位:頭

区分	計	子取り経営	肥育豚のいる飼養者の飼養頭数	肥育経営	一貫経営
関東・東山	**2,340,000**	**50,500**	**2,970**	**253,400**	**2,036,000**
小計	2,087,000	50,500	2,970	x	2,036,000
1 ～ 9頭	870	100	−	−	770
10 ～ 29	13,000	260	x	x	12,400
30 ～ 49	34,800	1,950	x	−	32,800
50 ～ 99	135,900	230	−	−	135,600
100 ～ 199	347,600	−	−	−	347,600
200頭以上	1,555,000	48,000	x	−	1,507,000
子取り用めす豚なし	253,000	−	−	253,000	−
東海	**667,900**	**11,300**	**2,520**	**26,900**	**629,700**
小計	641,600	11,300	2,520	620	629,700
1 ～ 9頭	480	x	−	−	480
10 ～ 29	4,350	820	560	620	2,910
30 ～ 49	9,500	−	−	−	9,500
50 ～ 99	46,600	3,600	1,440	−	43,000
100 ～ 199	147,900	x	x	−	147,400
200頭以上	432,700	6,360	−	−	426,400
子取り用めす豚なし	26,300	−	−	26,300	−
近畿	**47,400**	**2,820**	**770**	**18,400**	**26,300**
小計	29,100	2,820	770	−	26,300
1 ～ 9頭	160	x	x	−	130
10 ～ 29	840	x	x	−	790
30 ～ 49	2,380	x	−	−	2,080
50 ～ 99	2,320	−	−	−	2,320
100 ～ 199	11,400	x	x	−	10,700
200頭以上	12,000	x	−	−	x
子取り用めす豚なし	18,400	−	−	18,400	−
中国	**279,500**	**18,800**	**x**	**79,400**	**181,300**
小計	199,900	18,600	−	−	181,300
1 ～ 9頭	350	−	−	−	350
10 ～ 29	1,230	x	−	−	1,110
30 ～ 49	2,810	−	−	−	2,810
50 ～ 99	8,720	−	−	−	8,720
100 ～ 199	7,200	−	−	−	7,200
200頭以上	179,600	18,400	−	−	161,100
子取り用めす豚なし	79,700	x	x	79,400	x
四国	**294,100**	**10,600**	**4,250**	**18,800**	**264,700**
小計	275,300	10,600	4,250	−	264,700
1 ～ 9頭	340	−	−	−	340
10 ～ 29	180	x	−	−	x
30 ～ 49	3,020	−	−	−	3,020
50 ～ 99	17,700	x	−	−	17,600
100 ～ 199	34,800	x	x	−	31,900
200頭以上	219,200	7,460	x	−	211,800
子取り用めす豚なし	18,800	−	−	18,800	−

単位:頭

区分	計	子取り経営	肥育豚のいる飼養者の飼養頭数	肥育経営	一貫経営
九州	**2,868,000**	**179,300**	**58,600**	**368,900**	**2,320,000**
小計	2,500,000	179,300	58,600	x	2,320,000
1 ～ 9頭	2,800	290	180	x	2,380
10 ～ 29	28,700	1,640	1,000	-	27,100
30 ～ 49	34,000	2,690	1,450	-	31,300
50 ～ 99	152,500	12,200	3,280	-	140,300
100 ～ 199	191,200	5,750	3,100	-	185,400
200 頭以上	2,091,000	156,700	49,600	-	1,934,000
子取り用めす豚なし	368,800	-	-	368,800	-
沖縄	**209,000**	**33,400**	**6,850**	**52,400**	**123,200**
小計	156,600	33,400	6,850	-	123,200
1 ～ 9頭	1,250	30	-	-	1,210
10 ～ 29	970	80	-	-	890
30 ～ 49	2,660	190	-	-	2,470
50 ～ 99	13,300	780	x	-	12,600
100 ～ 199	21,400	1,180	590	-	20,200
200 頭以上	117,000	31,200	6,070	-	85,800
子取り用めす豚なし	52,400	-	-	52,400	-
関東農政局	**2,449,000**	**56,100**	**5,490**	**254,300**	**2,138,000**
小計	2,195,000	56,100	5,490	1,030	2,138,000
1 ～ 9頭	1,220	110	-	-	1,120
10 ～ 29	14,800	1,080	630	1,030	12,700
30 ～ 49	40,100	1,950	x	-	38,100
50 ～ 99	148,100	3,370	1,440	-	144,700
100 ～ 199	365,000	x	x	-	364,500
200 頭以上	1,626,000	49,100	x	-	1,577,000
子取り用めす豚なし	253,300	-	-	253,300	-
東海農政局	**559,400**	**5,740**	**-**	**26,000**	**527,800**
小計	533,500	5,740	-	-	527,800
1 ～ 9頭	140	-	-	-	140
10 ～ 29	2,550	-	-	-	2,550
30 ～ 49	4,180	-	-	-	4,180
50 ～ 99	34,400	x	-	-	33,900
100 ～ 199	130,500	-	-	-	130,500
200 頭以上	361,800	x	-	-	356,500
子取り用めす豚なし	26,000	-	-	26,000	-
中国四国農政局	**573,700**	**29,400**	**4,420**	**98,300**	**446,000**
小計	475,200	29,200	4,250	-	446,000
1 ～ 9頭	690	-	-	-	690
10 ～ 29	1,420	x	-	-	1,220
30 ～ 49	5,830	-	-	-	5,830
50 ～ 99	26,400	x	-	-	26,300
100 ～ 199	42,000	x	x	-	39,100
200 頭以上	398,800	25,900	x	-	372,900
子取り用めす豚なし	98,500	x	x	98,300	x

142 豚

(2) 全国農業地域別・飼養頭数規模別（続き）

オ 経営組織別飼養戸数(肥育豚飼養頭数規模別)

単位:戸

区分	計	農家	会社	その他
全国	**4,170**	**2,250**	**1,820**	**98**
小計	3,950	2,140	1,740	78
1 ～ 99頭	479	398	75	6
100 ～ 299	448	357	86	5
300 ～ 499	428	346	75	7
500 ～ 999	813	555	249	9
1,000 ～1,999	756	367	372	17
2,000 頭以上	1,030	114	881	34
うち3,000 頭以上	701	56	619	26
肥育豚なし	213	111	82	20
北海道	**192**	**62**	**124**	**6**
小計	188	60	122	6
1 ～ 99頭	21	13	6	2
100 ～ 299	24	11	9	4
300 ～ 499	10	8	2	-
500 ～ 999	28	15	13	-
1,000 ～1,999	32	10	22	-
2,000 頭以上	73	3	70	-
肥育豚なし	4	2	2	-
都府県	**3,970**	**2,190**	**1,700**	**92**
小計	3,770	2,080	1,620	72
1 ～ 99頭	458	385	69	4
100 ～ 299	424	346	77	1
300 ～ 499	418	338	73	7
500 ～ 999	785	540	236	9
1,000 ～1,999	724	357	350	17
2,000 頭以上	956	111	811	34
肥育豚なし	209	109	80	20
東北	**505**	**222**	**263**	**20**
小計	478	211	253	14
1 ～ 99頭	53	44	9	-
100 ～ 299	46	39	7	-
300 ～ 499	63	47	16	-
500 ～ 999	86	48	37	1
1,000 ～1,999	68	26	41	1
2,000 頭以上	162	7	143	12
肥育豚なし	27	11	10	6
北陸	**146**	**68**	**78**	**-**
小計	141	67	74	-
1 ～ 99頭	12	7	5	-
100 ～ 299	13	10	3	-
300 ～ 499	25	16	9	-
500 ～ 999	35	25	10	-
1,000 ～1,999	30	8	22	-
2,000 頭以上	26	1	25	-
肥育豚なし	5	1	4	-

単位:戸

区分	計	農家	会社	その他
関東・東山	**1,130**	**655**	**460**	**14**
小計	1,100	637	448	13
1 ～ 99頭	95	90	5	-
100 ～ 299	127	100	27	-
300 ～ 499	143	130	13	-
500 ～ 999	243	158	82	3
1,000 ～1,999	226	124	96	6
2,000 頭以上	264	35	225	4
肥育豚なし	31	18	12	1
東海	**356**	**216**	**133**	**7**
小計	343	209	130	4
1 ～ 99頭	35	32	3	-
100 ～ 299	34	31	3	-
300 ～ 499	22	16	6	-
500 ～ 999	75	58	17	-
1,000 ～1,999	92	55	36	1
2,000 頭以上	85	17	65	3
肥育豚なし	13	7	3	3
近畿	**61**	**39**	**18**	**4**
小計	57	35	18	4
1 ～ 99頭	15	10	3	2
100 ～ 299	14	10	4	-
300 ～ 499	5	4	-	1
500 ～ 999	12	8	4	-
1,000 ～1,999	7	3	3	1
2,000 頭以上	4	-	4	-
肥育豚なし	4	4	-	-
中国	**80**	**37**	**40**	**3**
小計	73	34	36	3
1 ～ 99頭	14	12	2	-
100 ～ 299	8	5	2	1
300 ～ 499	9	7	2	-
500 ～ 999	9	8	1	-
1,000 ～1,999	8	1	7	-
2,000 頭以上	25	1	22	2
肥育豚なし	7	3	4	-
四国	**123**	**50**	**71**	**2**
小計	119	47	70	2
1 ～ 99頭	11	10	1	-
100 ～ 299	10	7	3	-
300 ～ 499	12	7	5	-
500 ～ 999	23	13	9	1
1,000 ～1,999	29	6	23	-
2,000 頭以上	34	4	29	1
肥育豚なし	4	3	1	-

(2) 全国農業地域別・飼養頭数規模別（続き）

オ 経営組織別飼養戸数(肥育豚飼養頭数規模別)（続き）

単位:戸

区分	計	農家	会社	その他
九州	**1,340**	**717**	**584**	**42**
小計	1,250	673	544	32
1 ～ 99頭	147	109	36	2
100 ～ 299	145	121	24	-
300 ～ 499	117	94	17	6
500 ～ 999	269	197	68	4
1,000 ～1,999	235	112	115	8
2,000 頭以上	336	40	284	12
肥育豚なし	94	44	40	10
沖縄	**231**	**182**	**49**	**-**
小計	207	164	43	-
1 ～ 99頭	76	71	5	-
100 ～ 299	27	23	4	-
300 ～ 499	22	17	5	-
500 ～ 999	33	25	8	-
1,000 ～1,999	29	22	7	-
2,000 頭以上	20	6	14	-
肥育豚なし	24	18	6	-
関東農政局	**1,220**	**714**	**492**	**16**
小計	1,180	690	479	13
1 ～ 99頭	117	112	5	-
100 ～ 299	138	111	27	-
300 ～ 499	150	133	17	-
500 ～ 999	257	169	85	3
1,000 ～1,999	239	130	103	6
2,000 頭以上	281	35	242	4
肥育豚なし	40	24	13	3
東海農政局	**263**	**157**	**101**	**5**
小計	259	156	99	4
1 ～ 99頭	13	10	3	-
100 ～ 299	23	20	3	-
300 ～ 499	15	13	2	-
500 ～ 999	61	47	14	-
1,000 ～1,999	79	49	29	1
2,000 頭以上	68	17	48	3
肥育豚なし	4	1	2	1
中国四国農政局	**203**	**87**	**111**	**5**
小計	192	81	106	5
1 ～ 99頭	25	22	3	-
100 ～ 299	18	12	5	1
300 ～ 499	21	14	7	-
500 ～ 999	32	21	10	1
1,000 ～1,999	37	7	30	-
2,000 頭以上	59	5	51	3
肥育豚なし	11	6	5	-

カ　経営組織別飼養頭数（肥育豚飼養頭数規模別）

単位:頭

区　分	計	農　家	会　社	その他
全　国	**9,118,000**	**1,652,000**	**7,147,000**	**318,600**
小　計	8,819,000	1,627,000	6,899,000	292,400
1 ～ 99頭	34,300	24,200	10,000	170
100 ～ 299	102,900	77,800	23,700	1,330
300 ～ 499	190,400	143,900	43,700	2,890
500 ～ 999	646,800	416,300	220,800	9,670
1,000 ～1,999	1,180,000	504,100	653,300	22,900
2,000 頭 以 上	6,664,000	460,900	5,948,000	255,500
うち3,000 頭以上	5,821,000	313,800	5,270,000	237,200
肥 育 豚 な し	298,700	24,600	247,900	26,200
北　海　道	**690,700**	**60,100**	**629,500**	**1,070**
小　計	658,500	58,000	599,400	1,070
1 ～ 99頭	1,030	790	220	x
100 ～ 299	5,430	2,940	1,440	1,050
300 ～ 499	5,100	4,150	x	-
500 ～ 999	18,400	11,000	7,360	-
1,000 ～1,999	55,900	14,500	41,400	-
2,000 頭 以 上	572,600	24,600	548,000	-
肥 育 豚 な し	32,200	x	x	-
都　府　県	**8,427,000**	**1,592,000**	**6,518,000**	**317,500**
小　計	8,161,000	1,569,000	6,300,000	291,300
1 ～ 99頭	33,300	23,400	9,780	150
100 ～ 299	97,400	74,900	22,200	x
300 ～ 499	185,300	139,700	42,700	2,890
500 ～ 999	628,400	405,300	213,400	9,670
1,000 ～1,999	1,124,000	489,600	611,900	22,900
2,000 頭 以 上	6,092,000	436,300	5,400,000	255,500
肥 育 豚 な し	266,500	22,500	217,800	26,200
東　北	**1,486,000**	**128,600**	**1,262,000**	**95,000**
小　計	1,456,000	127,200	1,242,000	87,000
1 ～ 99頭	4,830	2,250	2,580	-
100 ～ 299	11,700	9,500	2,220	-
300 ～ 499	33,300	20,200	13,200	-
500 ～ 999	67,100	33,700	32,400	x
1,000 ～1,999	116,300	37,000	77,500	x
2,000 頭 以 上	1,223,000	24,600	1,114,000	84,200
肥 育 豚 な し	30,100	1,350	20,800	8,020
北　陸	**234,700**	**43,900**	**190,800**	**-**
小　計	229,300	43,900	185,400	-
1 ～ 99頭	2,200	410	1,790	-
100 ～ 299	2,470	1,790	690	-
300 ～ 499	10,600	7,360	3,280	-
500 ～ 999	26,400	19,000	7,380	-
1,000 ～1,999	54,700	12,200	42,500	-
2,000 頭 以 上	132,900	x	129,800	-
肥 育 豚 な し	5,360	x	5,350	-

(2) 全国農業地域別・飼養頭数規模別（続き）

カ 経営組織別飼養頭数（肥育豚飼養頭数規模別）（続き）

単位:頭

区分	計	農家	会社	その他
関東・東山	**2,340,000**	**500,600**	**1,808,000**	**31,000**
小計	2,293,000	500,100	1,763,000	29,400
1 ～ 99頭	5,870	5,650	220	-
100 ～ 299	28,600	22,400	6,220	-
300 ～ 499	61,500	56,200	5,260	-
500 ～ 999	198,900	122,600	73,800	2,560
1,000 ～1,999	338,800	170,300	161,300	7,240
2,000 頭以上	1,659,000	123,000	1,516,000	19,600
肥育豚なし	47,600	560	45,400	x
東海	**667,900**	**200,200**	**447,300**	**20,400**
小計	658,800	199,500	440,300	19,000
1 ～ 99頭	2,620	2,570	50	-
100 ～ 299	7,990	7,190	810	-
300 ～ 499	10,000	7,380	2,660	-
500 ～ 999	62,200	46,700	15,400	-
1,000 ～1,999	144,900	80,500	63,200	x
2,000 頭以上	431,100	55,200	358,100	17,800
肥育豚なし	9,060	720	6,970	1,370
近畿	**47,400**	**17,600**	**27,900**	**1,970**
小計	45,400	15,600	27,900	1,970
1 ～ 99頭	390	270	60	x
100 ～ 299	3,310	2,510	800	-
300 ～ 499	2,340	2,040	-	x
500 ～ 999	9,560	6,820	2,740	-
1,000 ～1,999	10,700	3,930	5,210	x
2,000 頭以上	19,100	-	19,100	-
肥育豚なし	2,060	2,060	-	-
中国	**279,500**	**15,700**	**231,800**	**32,000**
小計	260,900	15,600	213,300	32,000
1 ～ 99頭	1,080	730	x	-
100 ～ 299	1,780	1,060	x	x
300 ～ 499	3,830	3,130	x	-
500 ～ 999	7,550	6,690	x	-
1,000 ～1,999	19,200	x	17,400	-
2,000 頭以上	227,500	x	193,600	x
肥育豚なし	18,600	130	18,500	-
四国	**294,100**	**53,700**	**234,300**	**x**
小計	287,800	50,800	230,900	x
1 ～ 99頭	640	380	x	-
100 ～ 299	4,540	2,310	2,220	-
300 ～ 499	6,750	2,640	4,110	-
500 ～ 999	21,000	10,100	10,200	x
1,000 ～1,999	42,900	8,620	34,300	-
2,000 頭以上	212,000	26,700	179,800	x
肥育豚なし	6,330	2,860	x	-

単位:頭

区分	計	農家	会社	その他
九州	**2,868,000**	**546,400**	**2,191,000**	**131,000**
小計	2,748,000	536,900	2,095,000	115,700
1 ～ 99頭	8,960	4,900	3,970	x
100 ～ 299	32,200	24,200	7,940	-
300 ～ 499	48,700	35,100	11,000	2,590
500 ～ 999	203,900	135,400	62,900	5,560
1,000 ～1,999	363,900	151,600	201,300	11,000
2,000 頭以上	2,090,000	185,600	1,808,000	96,500
肥育豚なし	120,800	9,530	96,000	15,200
沖縄	**209,000**	**85,100**	**123,800**	**-**
小計	182,400	79,900	102,500	-
1 ～ 99頭	6,730	6,230	490	-
100 ～ 299	4,860	3,950	920	-
300 ～ 499	8,260	5,780	2,480	-
500 ～ 999	31,900	24,200	7,740	-
1,000 ～1,999	33,000	23,700	9,240	-
2,000 頭以上	97,600	16,000	81,700	-
肥育豚なし	26,600	5,290	21,300	-
関東農政局	**2,449,000**	**522,700**	**1,895,000**	**31,300**
小計	2,398,000	521,900	1,846,000	29,400
1 ～ 99頭	7,930	7,710	220	-
100 ～ 299	31,700	25,400	6,220	-
300 ～ 499	64,900	57,800	7,160	-
500 ～ 999	210,000	130,700	76,700	2,560
1,000 ～1,999	360,200	177,300	175,600	7,240
2,000 頭以上	1,723,000	123,000	1,580,000	19,600
肥育豚なし	50,900	820	48,200	1,860
東海農政局	**559,400**	**178,100**	**361,200**	**20,100**
小計	553,700	177,600	357,000	19,000
1 ～ 99頭	570	520	50	-
100 ～ 299	4,920	4,110	810	-
300 ～ 499	6,560	5,790	x	-
500 ～ 999	51,100	38,600	12,500	-
1,000 ～1,999	123,500	73,400	48,900	x
2,000 頭以上	367,100	55,200	294,100	17,800
肥育豚なし	5,760	x	x	x
中国四国農政局	**573,700**	**69,400**	**466,200**	**38,200**
小計	548,700	66,400	444,200	38,200
1 ～ 99頭	1,720	1,110	610	-
100 ～ 299	6,310	3,380	2,660	x
300 ～ 499	10,600	5,770	4,810	-
500 ～ 999	28,500	16,800	11,000	x
1,000 ～1,999	62,100	10,400	51,700	-
2,000 頭以上	439,500	28,900	373,300	37,200
肥育豚なし	25,000	2,990	22,000	-

(2) 全国農業地域別・飼養頭数規模別（続き）

キ 経営組織別飼養戸数（子取り用めす豚飼養頭数規模別）

単位:戸

区　分	計	農　家	会　社	その他
全　国	**4,170**	**2,250**	**1,820**	**98**
小　計	3,320	1,850	1,410	62
1 ～ 9頭	227	194	29	4
10 ～ 29	337	300	36	1
30 ～ 49	303	264	29	10
50 ～ 99	706	591	112	3
100 ～ 199	689	363	323	3
200 頭 以 上	1,050	135	877	41
子取り用めす豚なし	851	401	414	36
北 海 道	**192**	**62**	**124**	**6**
小　計	155	55	96	4
1 ～ 9頭	6	2	2	2
10 ～ 29	17	11	6	-
30 ～ 49	14	10	2	2
50 ～ 99	21	19	2	-
100 ～ 199	24	10	14	-
200 頭 以 上	73	3	70	-
子取り用めす豚なし	37	7	28	2
都 府 県	**3,970**	**2,190**	**1,700**	**92**
小　計	3,160	1,790	1,310	58
1 ～ 9頭	221	192	27	2
10 ～ 29	320	289	30	1
30 ～ 49	289	254	27	8
50 ～ 99	685	572	110	3
100 ～ 199	665	353	309	3
200 頭 以 上	980	132	807	41
子取り用めす豚なし	814	394	386	34
東　北	**505**	**222**	**263**	**20**
小　計	407	172	217	18
1 ～ 9頭	29	26	2	1
10 ～ 29	46	33	13	-
30 ～ 49	33	32	1	-
50 ～ 99	73	50	23	-
100 ～ 199	62	23	38	1
200 頭 以 上	164	8	140	16
子取り用めす豚なし	98	50	46	2
北　陸	**146**	**68**	**78**	**-**
小　計	116	61	55	-
1 ～ 9頭	5	4	1	-
10 ～ 29	9	7	2	-
30 ～ 49	13	11	2	-
50 ～ 99	34	28	6	-
100 ～ 199	27	9	18	-
200 頭 以 上	28	2	26	-
子取り用めす豚なし	30	7	23	-

単位:戸

区分	計	農家	会社	その他
関東・東山	**1,130**	**655**	**460**	**14**
小計	909	555	343	11
1 ～ 9頭	33	32	1	－
10 ～ 29	83	73	10	－
30 ～ 49	81	75	1	5
50 ～ 99	203	188	15	－
100 ～ 199	245	141	104	－
200 頭以上	264	46	212	6
子取り用めす豚なし	220	100	117	3
東海	**356**	**216**	**133**	**7**
小計	317	196	116	5
1 ～ 9頭	12	12	－	－
10 ～ 29	32	31	1	－
30 ～ 49	21	16	5	－
50 ～ 99	64	55	9	－
100 ～ 199	98	67	29	2
200 頭以上	90	15	72	3
子取り用めす豚なし	39	20	17	2
近畿	**61**	**39**	**18**	**4**
小計	35	26	8	1
1 ～ 9頭	7	6	1	－
10 ～ 29	6	5	－	1
30 ～ 49	7	7	－	－
50 ～ 99	4	3	1	－
100 ～ 199	8	4	4	－
200 頭以上	3	1	2	－
子取り用めす豚なし	26	13	10	3
中国	**80**	**37**	**40**	**3**
小計	63	29	31	3
1 ～ 9頭	6	5	1	－
10 ～ 29	7	7	－	－
30 ～ 49	8	5	2	1
50 ～ 99	11	8	3	－
100 ～ 199	5	4	1	－
200 頭以上	26	－	24	2
子取り用めす豚なし	17	8	9	－
四国	**123**	**50**	**71**	**2**
小計	106	46	59	1
1 ～ 9頭	8	8	－	－
10 ～ 29	3	3	－	－
30 ～ 49	9	9	－	－
50 ～ 99	24	15	9	－
100 ～ 199	23	6	17	－
200 頭以上	39	5	33	1
子取り用めす豚なし	17	4	12	1

(2) 全国農業地域別・飼養頭数規模別（続き）

キ 経営組織別飼養戸数（子取り用めす豚飼養頭数規模別）（続き）

単位:戸

区分	計	農家	会社	その他
九州	**1,340**	**717**	**584**	**42**
小計	1,040	575	442	19
1 ～ 9頭	73	58	14	1
10 ～ 29	114	110	4	-
30 ～ 49	97	84	11	2
50 ～ 99	252	209	40	3
100 ～ 199	173	82	91	-
200頭以上	327	32	282	13
子取り用めす豚なし	307	142	142	23
沖縄	**231**	**182**	**49**	**-**
小計	171	132	39	-
1 ～ 9頭	48	41	7	-
10 ～ 29	20	20	-	-
30 ～ 49	20	15	5	-
50 ～ 99	20	16	4	-
100 ～ 199	24	17	7	-
200頭以上	39	23	16	-
子取り用めす豚なし	60	50	10	-
関東農政局	**1,220**	**714**	**492**	**16**
小計	997	611	375	11
1 ～ 9頭	41	40	1	-
10 ～ 29	100	90	10	-
30 ～ 49	92	82	5	5
50 ～ 99	222	204	18	-
100 ～ 199	258	149	109	-
200頭以上	284	46	232	6
子取り用めす豚なし	225	103	117	5
東海農政局	**263**	**157**	**101**	**5**
小計	229	140	84	5
1 ～ 9頭	4	4	-	-
10 ～ 29	15	14	1	-
30 ～ 49	10	9	1	-
50 ～ 99	45	39	6	-
100 ～ 199	85	59	24	2
200頭以上	70	15	52	3
子取り用めす豚なし	34	17	17	-
中国四国農政局	**203**	**87**	**111**	**5**
小計	169	75	90	4
1 ～ 9頭	14	13	1	-
10 ～ 29	10	10	-	-
30 ～ 49	17	14	2	1
50 ～ 99	35	23	12	-
100 ～ 199	28	10	18	-
200頭以上	65	5	57	3
子取り用めす豚なし	34	12	21	1

ク 経営組織別飼養頭数（子取り用めす豚飼養頭数規模別）

単位:頭

区分	計	農家	会社	その他
全国	**9,118,000**	**1,652,000**	**7,147,000**	**318,600**
小計	8,033,000	1,377,000	6,377,000	279,800
1 ～ 9頭	7,290	5,880	1,340	60
10 ～ 29	62,700	52,000	10,600	x
30 ～ 49	112,100	89,600	15,300	7,120
50 ～ 99	470,300	384,000	83,900	2,380
100 ～ 199	937,500	429,000	501,600	6,940
200 頭以上	6,444,000	416,300	5,764,000	263,300
子取り用めす豚なし	1,084,000	275,000	770,700	38,800
北海道	**690,700**	**60,100**	**629,500**	**1,070**
小計	612,900	58,400	553,800	670
1 ～ 9頭	190	x	x	x
10 ～ 29	2,550	1,510	1,040	-
30 ～ 49	7,000	3,460	x	x
50 ～ 99	15,800	14,900	x	-
100 ～ 199	39,000	13,800	25,200	-
200 頭以上	548,300	24,600	523,700	-
子取り用めす豚なし	77,800	1,640	75,700	x
都府県	**8,427,000**	**1,592,000**	**6,518,000**	**317,500**
小計	7,420,000	1,318,000	5,823,000	279,100
1 ～ 9頭	7,100	5,770	1,280	x
10 ～ 29	60,100	50,500	9,540	x
30 ～ 49	105,100	86,200	12,400	6,470
50 ～ 99	454,500	369,100	83,000	2,380
100 ～ 199	898,400	415,100	476,400	6,940
200 頭以上	5,895,000	391,700	5,240,000	263,300
子取り用めす豚なし	1,007,000	273,300	695,000	38,400
東北	**1,486,000**	**128,600**	**1,262,000**	**95,000**
小計	1,346,000	105,200	1,151,000	89,800
1 ～ 9頭	770	750	x	x
10 ～ 29	9,450	5,850	3,600	-
30 ～ 49	11,500	11,000	x	-
50 ～ 99	53,700	34,600	19,100	-
100 ～ 199	95,200	30,500	62,900	x
200 頭以上	1,176,000	22,600	1,065,000	88,000
子取り用めす豚なし	139,400	23,300	111,000	x
北陸	**234,700**	**43,900**	**190,800**	**-**
小計	184,700	41,700	142,900	-
1 ～ 9頭	80	80	x	-
10 ～ 29	1,350	980	x	-
30 ～ 49	4,400	4,140	x	-
50 ～ 99	23,800	19,900	3,890	-
100 ～ 199	41,800	11,700	30,100	-
200 頭以上	113,300	x	108,300	-
子取り用めす豚なし	50,000	2,190	47,800	-

(2) 全国農業地域別・飼養頭数規模別（続き）

ク 経営組織別飼養頭数（子取り用めす豚飼養頭数規模別）（続き）

単位:頭

区分	計	農家	会社	その他
関東・東山	**2,340,000**	**500,600**	**1,808,000**	**31,000**
小計	2,087,000	460,900	1,598,000	28,500
1 ～ 9頭	870	870	x	−
10 ～ 29	13,000	10,300	2,700	−
30 ～ 49	34,800	28,800	x	5,620
50 ～ 99	135,900	122,900	12,900	−
100 ～ 199	347,600	171,100	176,400	−
200頭以上	1,555,000	126,800	1,405,000	22,800
子取り用めす豚なし	253,000	39,700	210,700	2,560
東海	**667,900**	**200,200**	**447,300**	**20,400**
小計	641,600	195,000	426,400	20,100
1 ～ 9頭	480	480	−	−
10 ～ 29	4,350	4,330	x	−
30 ～ 49	9,500	6,430	3,070	−
50 ～ 99	46,600	38,200	8,380	−
100 ～ 199	147,900	94,500	48,300	x
200頭以上	432,700	51,000	366,600	15,000
子取り用めす豚なし	26,300	5,190	20,800	x
近畿	**47,400**	**17,600**	**27,900**	**1,970**
小計	29,100	12,600	16,400	x
1 ～ 9頭	160	150	x	−
10 ～ 29	840	790	−	x
30 ～ 49	2,380	2,380	−	−
50 ～ 99	2,320	2,080	x	−
100 ～ 199	11,400	5,470	5,900	−
200頭以上	12,000	x	x	−
子取り用めす豚なし	18,400	5,000	11,400	1,920
中国	**279,500**	**15,700**	**231,800**	**32,000**
小計	199,900	15,000	152,900	32,000
1 ～ 9頭	350	190	x	−
10 ～ 29	1,230	1,230	−	−
30 ～ 49	2,810	1,960	x	x
50 ～ 99	8,720	5,560	3,160	−
100 ～ 199	7,200	6,010	x	−
200頭以上	179,600	−	147,800	x
子取り用めす豚なし	79,700	750	78,900	−
四国	**294,100**	**53,700**	**234,300**	**x**
小計	275,300	52,800	217,000	x
1 ～ 9頭	340	340	−	−
10 ～ 29	180	180	−	−
30 ～ 49	3,020	3,020	−	−
50 ～ 99	17,700	11,300	6,340	−
100 ～ 199	34,800	10,600	24,200	−
200頭以上	219,200	27,300	186,500	x
子取り用めす豚なし	18,800	860	17,300	x

単位:頭

区分	計	農家	会社	その他
九州	**2,868,000**	**546,400**	**2,191,000**	**131,000**
小計	2,500,000	396,600	2,000,000	103,100
1 ～ 9頭	2,800	1,810	950	x
10 ～ 29	28,700	25,900	2,840	-
30 ～ 49	34,000	27,100	6,330	x
50 ～ 99	152,500	127,100	23,000	2,380
100 ～ 199	191,200	73,200	118,000	-
200頭以上	2,091,000	141,600	1,849,000	100,100
子取り用めす豚なし	368,800	149,800	191,200	27,800
沖縄	**209,000**	**85,100**	**123,800**	**-**
小計	156,600	38,600	118,000	-
1 ～ 9頭	1,250	1,100	140	-
10 ～ 29	970	970	-	-
30 ～ 49	2,660	1,230	1,430	-
50 ～ 99	13,300	7,440	5,890	-
100 ～ 199	21,400	12,100	9,340	-
200頭以上	117,000	15,800	101,200	-
子取り用めす豚なし	52,400	46,600	5,820	-
関東農政局	**2,449,000**	**522,700**	**1,895,000**	**31,300**
小計	2,195,000	483,000	1,684,000	28,500
1 ～ 9頭	1,220	1,210	x	-
10 ～ 29	14,800	12,100	2,700	-
30 ～ 49	40,100	31,400	3,080	5,620
50 ～ 99	148,100	132,000	16,000	-
100 ～ 199	365,000	179,400	185,600	-
200頭以上	1,626,000	126,800	1,476,000	22,800
子取り用めす豚なし	253,300	39,800	210,700	2,830
東海農政局	**559,400**	**178,100**	**361,200**	**20,100**
小計	533,500	173,000	340,400	20,100
1 ～ 9頭	140	140	-	-
10 ～ 29	2,550	2,530	x	-
30 ～ 49	4,180	3,880	x	-
50 ～ 99	34,400	29,100	5,260	-
100 ～ 199	130,500	86,300	39,100	x
200頭以上	361,800	51,000	295,700	15,000
子取り用めす豚なし	26,000	5,110	20,800	-
中国四国農政局	**573,700**	**69,400**	**466,200**	**38,200**
小計	475,200	67,800	369,900	37,500
1 ～ 9頭	690	530	x	-
10 ～ 29	1,420	1,420	-	-
30 ～ 49	5,830	4,990	x	x
50 ～ 99	26,400	16,900	9,500	-
100 ～ 199	42,000	16,700	25,400	-
200頭以上	398,800	27,300	334,300	37,200
子取り用めす豚なし	98,500	1,610	96,300	x

4　採卵鶏
（平成31年２月１日現在）

(1)　飼養戸数・羽数（全国農業地域・都道府県別）

全国農業地域・都道府県	飼養戸数			飼養	
	計 (2)＋(3)	採卵鶏	種鶏のみ	計	採卵 小計
	(1)	(2)	(3)	(4)	(5)
	戸	戸	戸	千羽	千羽
全国 (1)	2,190	2,120	75	184,917	182,368
(全国農業地域)					
北海道 (2)	60	60	－	6,691	6,657
都府県 (3)	2,130	2,060	75	178,226	175,711
東北 (4)	181	174	7	25,585	25,324
北陸 (5)	92	84	8	10,085	9,527
関東・東山 (6)	532	522	10	48,689	48,077
東海 (7)	371	343	28	26,091	25,570
近畿 (8)	171	169	2	8,682	8,637
中国 (9)	173	172	1	23,340	23,284
四国 (10)	134	133	1	9,140	9,115
九州 (11)	432	415	17	25,251	24,821
沖縄 (12)	47	46	1	1,363	1,356
(都道府県)					
北海道 (13)	60	60	－	6,691	6,657
青森 (14)	27	27	－	7,943	7,943
岩手 (15)	27	23	4	5,706	5,515
宮城 (16)	43	43	－	4,519	4,519
秋田 (17)	17	17	－	2,326	2,326
山形 (18)	20	20	－	540	540
福島 (19)	47	44	3	4,551	4,481
茨城 (20)	113	108	5	15,489	15,167
栃木 (21)	57	56	1	6,211	6,196
群馬 (22)	54	53	1	8,241	8,033
埼玉 (23)	72	72	－	3,982	3,982
千葉 (24)	127	125	2	12,435	12,382
東京 (25)	14	14	－	78	78
神奈川 (26)	48	48	－	1,147	1,147
新潟 (27)	50	42	8	7,117	6,578
富山 (28)	17	17	－	1,094	1,094
石川 (29)	14	14	－	1,190	1,171
福井 (30)	11	11	－	684	684
山梨 (31)	26	26	－	517	517
長野 (32)	21	20	1	589	575
岐阜 (33)	90	69	21	5,241	4,867
静岡 (34)	60	57	3	4,718	4,646
愛知 (35)	147	143	4	9,185	9,123
三重 (36)	74	74	－	6,947	6,934
滋賀 (37)	21	21	－	380	380
京都 (38)	31	31	－	1,655	1,653
大阪 (39)	13	13	－	57	57
兵庫 (40)	57	55	2	5,765	5,722
奈良 (41)	28	28	－	456	456
和歌山 (42)	21	21	－	369	369
鳥取 (43)	11	11	－	575	575
島根 (44)	19	19	－	985	985
岡山 (45)	78	78	－	10,387	10,387
広島 (46)	50	49	1	9,409	9,356
山口 (47)	15	15	－	1,984	1,981
徳島 (48)	15	15	－	804	804
香川 (49)	54	54	－	5,516	5,495
愛媛 (50)	50	50	－	2,512	2,512
高知 (51)	15	14	1	308	304
福岡 (52)	80	74	6	3,298	3,235
佐賀 (53)	30	30	－	484	484
長崎 (54)	65	65	－	1,753	1,753
熊本 (55)	44	44	－	1,945	1,914
大分 (56)	22	22	－	1,268	1,267
宮崎 (57)	65	61	4	4,562	4,451
鹿児島 (58)	126	119	7	11,941	11,717
沖縄 (59)	47	46	1	1,363	1,356
関東農政局 (60)	592	579	13	53,407	52,723
東海農政局 (61)	311	286	25	21,373	20,924
中国四国農政局 (62)	307	305	2	32,480	32,399

注：採卵鶏の飼養戸数には、種鶏のみの飼養者及び成鶏めす1,000羽未満の飼養者を含まない。

羽		数	1戸当たり成鶏めす飼養羽数（採卵鶏）	対前年比		
鶏（種鶏を除く。）						
ひな（6か月未満）	成鶏めす（6か月以上）	種鶏	(7)／(2)	飼養戸数（採卵鶏）	成鶏めす羽数（6か月以上）	
(6)	(7)	(8)	(9)	(10)	(11)	
千羽	千羽	千羽	千羽	%	%	
40,576	141,792	2,549	66.9	96.4	102.0	(1)
1,425	5,232	34	87.2	96.8	99.8	(2)
39,151	136,560	2,515	66.3	96.3	102.1	(3)
6,766	18,558	261	106.7	94.1	94.4	(4)
2,015	7,512	558	89.4	92.3	95.3	(5)
10,629	37,448	612	71.7	96.8	107.8	(6)
5,021	20,549	521	59.9	98.6	102.4	(7)
1,086	7,551	45	44.7	98.8	105.7	(8)
6,512	16,772	56	97.5	95.0	99.2	(9)
1,799	7,316	25	55.0	96.4	100.3	(10)
5,072	19,749	430	47.6	93.7	104.3	(11)
251	1,105	7	24.0	104.5	94.9	(12)
1,425	5,232	34	87.2	96.8	99.8	(13)
2,757	5,186	-	192.1	96.4	90.8	(14)
1,904	3,611	191	157.0	100.0	94.1	(15)
783	3,736	-	86.9	91.5	98.6	(16)
232	2,094	-	123.2	85.0	113.7	(17)
63	477	-	23.9	90.9	89.2	(18)
1,027	3,454	70	78.5	97.8	87.7	(19)
2,772	12,395	322	114.8	101.9	110.9	(20)
1,052	5,144	15	91.9	96.6	128.3	(21)
2,778	5,255	208	99.2	81.5	94.6	(22)
1,345	2,637	-	36.6	96.0	107.5	(23)
2,498	9,884	53	79.1	104.2	104.6	(24)
7	71	-	5.1	100.0	102.9	(25)
12	1,135	-	23.6	98.0	96.5	(26)
1,513	5,065	539	120.6	100.0	100.2	(27)
141	953	-	56.1	94.4	84.0	(28)
361	810	19	57.9	77.8	79.1	(29)
-	684	-	62.2	84.6	103.0	(30)
90	427	-	16.4	92.9	117.6	(31)
75	500	14	25.0	83.3	101.6	(32)
1,031	3,836	374	55.6	93.2	95.8	(33)
614	4,032	72	70.7	100.0	106.7	(34)
2,104	7,019	62	49.1	100.0	105.5	(35)
1,272	5,662	13	76.5	100.0	100.5	(36)
48	332	-	15.8	95.5	91.0	(37)
14	1,639	2	52.9	106.9	121.9	(38)
5	52	-	4.0	92.9	94.5	(39)
922	4,800	43	87.3	101.9	103.4	(40)
75	381	-	13.6	93.3	98.2	(41)
22	347	-	16.5	95.5	98.9	(42)
89	486	-	44.2	91.7	101.7	(43)
203	782	-	41.2	90.5	94.3	(44)
2,894	7,493	-	96.1	95.1	101.5	(45)
2,626	6,730	53	137.3	98.0	99.9	(46)
700	1,281	3	85.4	93.8	86.3	(47)
189	615	-	41.0	83.3	80.8	(48)
1,219	4,276	21	79.2	98.2	99.3	(49)
358	2,154	-	43.1	100.0	111.5	(50)
33	271	4	19.4	93.3	92.2	(51)
435	2,800	63	37.8	91.4	101.6	(52)
121	363	-	12.1	100.0	98.6	(53)
287	1,466	-	22.6	94.2	100.0	(54)
252	1,662	31	37.8	95.7	99.5	(55)
172	1,095	1	49.8	95.7	99.5	(56)
655	3,796	111	62.2	85.9	104.1	(57)
3,150	8,567	224	72.0	96.7	108.0	(58)
251	1,105	7	24.0	104.5	94.9	(59)
11,243	41,480	684	71.6	97.1	107.7	(60)
4,407	16,517	449	57.8	98.3	101.4	(61)
8,311	24,088	81	79.0	95.6	99.5	(62)

(2) 成鶏めす飼養羽数規模別の飼養戸数（全国農業地域・都道府県別）

全国農業地域・都道府県		計	成鶏めす		
			小計	1,000 ～ 4,999羽	5,000 ～ 9,999
全国	(1)	2,100	1,920	508	259
(全国農業地域)					
北海道	(2)	56	51	20	3
都府県	(3)	2,040	1,870	488	256
東北	(4)	174	144	38	20
北陸	(5)	83	70	14	7
関東・東山	(6)	516	469	147	67
東海	(7)	339	309	84	33
近畿	(8)	168	164	59	32
中国	(9)	171	148	30	22
四国	(10)	130	119	19	20
九州	(11)	414	405	85	52
沖縄	(12)	46	45	12	3
(都道府県)					
北海道	(13)	56	51	20	3
青森	(14)	27	21	-	1
岩手	(15)	23	16	3	5
宮城	(16)	43	40	10	7
秋田	(17)	17	16	4	2
山形	(18)	20	18	8	3
福島	(19)	44	33	13	2
茨城	(20)	106	94	25	14
栃木	(21)	56	51	19	6
群馬	(22)	52	42	7	7
埼玉	(23)	72	63	29	11
千葉	(24)	124	116	25	17
東京	(25)	14	14	10	2
神奈川	(26)	48	48	18	3
新潟	(27)	42	33	4	2
富山	(28)	16	13	2	2
石川	(29)	14	13	3	2
福井	(30)	11	11	5	1
山梨	(31)	26	23	10	3
長野	(32)	18	18	4	4
岐阜	(33)	68	59	15	8
静岡	(34)	57	57	25	5
愛知	(35)	141	128	28	20
三重	(36)	73	65	16	-
滋賀	(37)	21	20	4	6
京都	(38)	31	31	17	2
大阪	(39)	13	13	9	4
兵庫	(40)	54	52	10	12
奈良	(41)	28	27	9	5
和歌山	(42)	21	21	10	3
鳥取	(43)	11	11	3	1
島根	(44)	19	19	5	3
岡山	(45)	77	65	8	12
広島	(46)	49	41	12	5
山口	(47)	15	12	2	1
徳島	(48)	15	15	-	6
香川	(49)	52	47	5	5
愛媛	(50)	49	43	5	8
高知	(51)	14	14	9	1
福岡	(52)	74	73	22	12
佐賀	(53)	30	29	14	3
長崎	(54)	64	64	18	8
熊本	(55)	44	44	14	5
大分	(56)	22	22	2	4
宮崎	(57)	61	60	6	9
鹿児島	(58)	119	113	9	11
沖縄	(59)	46	45	12	3
関東農政局	(60)	573	526	172	72
東海農政局	(61)	282	252	59	28
中国四国農政局	(62)	301	267	49	42

注：1　この表には学校、試験場等の非営利的な飼養者は含まない（(3)の統計表において同じ。）。
　　2　この表には種鶏のみの飼養者は含まない（(3)の統計表において同じ。）。

単位：戸

飼養羽数規模			ひなのみ	
10,000 ～49,999	50,000 ～99,999	100,000羽以上		
598	230	329	173	(1)
10	4	14	5	(2)
588	226	315	168	(3)
33	7	46	30	(4)
22	6	21	13	(5)
127	48	80	47	(6)
101	50	41	30	(7)
45	6	22	4	(8)
32	21	43	23	(9)
50	10	20	11	(10)
155	72	41	9	(11)
23	6	1	1	(12)
10	4	14	5	(13)
4	-	16	6	(14)
1	2	5	7	(15)
15	1	7	3	(16)
2	2	6	1	(17)
5	1	1	2	(18)
6	1	11	11	(19)
24	6	25	12	(20)
14	4	8	5	(21)
7	7	14	10	(22)
13	2	8	9	(23)
32	21	21	8	(24)
2	-	-	-	(25)
22	4	1	-	(26)
11	4	12	9	(27)
5	1	3	3	(28)
3	1	4	1	(29)
3	-	2	-	(30)
6	3	1	3	(31)
7	1	2	-	(32)
21	7	8	9	(33)
17	4	6	-	(34)
43	19	18	13	(35)
20	20	9	8	(36)
9	1	-	1	(37)
5	-	7	-	(38)
-	-	-	-	(39)
14	3	13	2	(40)
12	-	1	1	(41)
5	2	1	-	(42)
4	1	2	-	(43)
8	1	2	-	(44)
14	14	17	12	(45)
4	3	17	8	(46)
2	2	5	3	(47)
7	1	1	-	(48)
21	5	11	5	(49)
19	4	7	6	(50)
3	-	1	-	(51)
28	5	6	1	(52)
11	1	-	1	(53)
30	6	2	-	(54)
15	5	5	-	(55)
8	3	5	-	(56)
17	20	8	1	(57)
46	32	15	6	(58)
23	6	1	1	(59)
144	52	86	47	(60)
84	46	35	30	(61)
82	31	63	34	(62)

(3) 成鶏めす飼養羽数規模別の成鶏めす飼養羽数（全国農業地域・都道府県別）

単位：千羽

全国農業地域・都道府県	成鶏めす飼養羽数規模 計	1,000 ～ 4,999羽	5,000 ～ 9,999	10,000 ～49,999	50,000 ～99,999	100,000羽以上
全国	141,743	1,259	1,771	14,628	16,351	107,734
(全国農業地域)						
北海道	5,223	48	20	169	380	4,606
都府県	136,520	1,211	1,751	14,459	15,971	103,128
東北	18,558	91	126	734	569	17,038
北陸	7,508	x	53	483	372	x
関東・東山	37,429	341	421	3,113	3,134	30,420
東海	20,542	250	228	2,286	3,547	14,231
近畿	7,550	141	218	944	401	5,846
中国	16,771	77	152	823	1,507	14,212
四国	7,309	45	138	1,493	762	4,871
九州	19,748	208	389	4,064	5,270	9,817
沖縄	1,105	x	26	519	409	x
(都道府県)						
北海道	5,223	48	20	169	380	4,606
青森	5,186	−	x	x	−	5,103
岩手	3,611	8	35	x	x	3,348
宮城	3,736	31	37	261	x	x
秋田	2,094	10	x	x	x	1,832
山形	477	16	18	160	x	x
福島	3,454	26	x	128	x	3,214
茨城	12,392	55	77	546	326	11,388
栃木	5,144	45	47	275	246	4,531
群馬	5,251	10	47	172	502	4,520
埼玉	2,637	67	x	258	x	2,067
千葉	9,882	65	106	902	1,441	7,368
東京	71	30	x	x	−	−
神奈川	1,135	44	x	680	213	x
新潟	5,065	x	x	274	226	4,545
富山	949	x	x	96	x	766
石川	810	10	x	64	x	643
福井	684	8	x	49	−	x
山梨	427	17	27	x	166	x
長野	490	8	26	152	x	x
岐阜	3,834	44	50	404	545	2,791
静岡	4,032	54	31	342	236	3,369
愛知	7,015	79	147	968	1,434	4,387
三重	5,661	73	−	572	1,332	3,684
滋賀	332	14	x	207	x	−
京都	1,639	x	x	93	−	1,495
大阪	52	24	28	−	−	−
兵庫	4,799	17	76	335	221	4,150
奈良	381	x	36	224	−	x
和歌山	347	27	20	85	x	x
鳥取	486	8	x	x	x	x
島根	782	x	21	193	x	x
岡山	7,492	23	81	387	1,038	5,963
広島	6,730	28	32	131	194	6,345
山口	1,281	x	x	x	x	1,102
徳島	615	−	49	157	x	x
香川	4,273	14	34	620	374	3,231
愛媛	2,150	16	x	631	x	1,164
高知	271	15	x	85	−	x
福岡	2,800	57	80	598	348	1,717
佐賀	363	x	25	251	x	−
長崎	1,465	x	67	624	461	x
熊本	1,662	31	34	343	401	853
大分	1,095	x	27	231	x	x
宮崎	3,796	20	80	769	1,440	1,487
鹿児島	8,567	24	76	1,248	2,383	4,836
沖縄	1,105	x	26	519	409	x
関東農政局	41,461	395	452	3,455	3,370	33,789
東海農政局	16,510	196	197	1,944	3,311	10,862
中国四国農政局	24,080	122	290	2,316	2,269	19,083

5　ブロイラー
（平成31年２月１日現在）

(1) 飼養戸数・羽数（全国農業地域・都道府県別）

全国農業地域・都道府県	飼養戸数	飼養羽数	1戸当たり飼養羽数 (2)／(1)	対前年比	
				飼養戸数	飼養羽数
	(1)	(2)	(3)	(4)	(5)
	戸	千羽	千羽	%	%
全国	2,250	138,228	61.4	99.6	99.6
（全国農業地域）					
北海道	10	4,920	492.0	100.0	98.5
都府県	2,240	133,308	59.5	99.6	99.6
東北	481	32,210	67.0	98.8	96.8
北陸	13	977	75.2	100.0	102.1
関東・東山	139	6,037	43.4	97.9	89.2
東海	71	3,610	50.8	94.7	92.2
近畿	95	3,434	36.1	97.9	97.8
中国	73	8,412	115.2	94.8	103.7
四国	231	7,800	33.8	98.3	99.7
九州	1,120	70,121	62.6	100.9	102.0
沖縄	15	707	47.1	93.8	103.4
（都道府県）					
北海道	10	4,920	492.0	100.0	98.5
青森	64	6,943	108.5	95.5	98.9
岩手	312	21,647	69.4	99.0	96.5
宮城	52	2,166	41.7	96.3	90.1
秋田	1	x	x	100.0	x
山形	21	x	x	95.5	x
福島	31	785	25.3	110.7	112.1
茨城	43	1,135	26.4	100.0	92.1
栃木	12	x	x	100.0	x
群馬	27	1,460	54.1	90.0	91.7
埼玉	1	x	x	100.0	x
千葉	27	1,957	72.5	96.4	80.3
東京	-	-	nc	nc	nc
神奈川	-	-	nc	nc	nc
新潟	10	901	90.1	100.0	106.5
富山	-	-	nc	nc	nc
石川	-	-	nc	nc	nc
福井	3	76	25.3	100.0	68.5
山梨	11	431	39.2	100.0	92.3
長野	18	681	37.8	105.9	103.7
岐阜	17	993	58.4	100.0	107.5
静岡	29	1,164	40.1	93.5	85.4
愛知	12	935	77.9	100.0	104.1
三重	13	518	39.8	86.7	71.1
滋賀	2	x	x	100.0	x
京都	11	328	29.8	84.6	73.9
大阪	-	-	nc	nc	nc
兵庫	59	2,438	41.3	98.3	98.3
奈良	3	x	x	100.0	x
和歌山	20	596	29.8	105.3	116.9
鳥取	12	3,170	264.2	100.0	104.6
島根	3	388	129.3	100.0	101.6
岡山	19	2,545	133.9	100.0	101.3
広島	9	765	85.0	90.0	127.5
山口	30	1,544	51.5	90.9	97.3
徳島	165	4,276	25.9	97.6	99.2
香川	30	2,153	71.8	93.8	104.6
愛媛	25	968	38.7	108.7	94.5
高知	11	403	36.6	100.0	94.2
福岡	39	1,263	32.4	90.7	98.7
佐賀	68	3,935	57.9	97.1	103.4
長崎	49	3,011	61.4	104.3	107.1
熊本	70	3,235	46.2	106.1	101.6
大分	54	2,471	45.8	103.8	98.8
宮崎	465	28,236	60.7	99.8	99.3
鹿児島	377	27,970	74.2	103.3	104.6
沖縄	15	707	47.1	93.8	103.4
関東農政局	168	7,201	42.9	97.1	88.6
東海農政局	42	2,446	58.2	95.5	95.9
中国四国農政局	304	16,212	53.3	97.4	101.7

注：ブロイラーの飼養戸数・羽数には、ブロイラーの出荷羽数が年間出荷羽数3,000羽未満の飼養者を含まない。

(2) 出荷戸数・羽数（全国農業地域・都道府県別）

全国農業地域・都道府県	出荷戸数	出荷羽数	1戸当たり出荷羽数 (2)／(1)	対前年比 出荷戸数	対前年比 出荷羽数
	(1) 戸	(2) 千羽	(3) 千羽	(4) %	(5) %
全国	2,260	695,335	307.7	99.6	100.9
(全国農業地域)					
北海道	10	37,750	3,775.0	100.0	98.6
都府県	2,250	657,585	292.3	99.6	101.0
東北	485	170,029	350.6	99.6	99.5
北陸	13	5,056	388.9	92.9	93.9
関東・東山	139	26,926	193.7	97.9	92.5
東海	71	17,698	249.3	94.7	101.1
近畿	95	17,123	180.2	96.9	102.2
中国	74	44,495	601.3	94.9	101.9
四国	232	34,274	147.7	98.7	101.9
九州	1,120	338,615	302.3	100.9	102.4
沖縄	15	3,369	224.6	93.8	100.6
(都道府県)					
北海道	10	37,750	3,775.0	100.0	98.6
青森	64	41,612	650.2	95.5	103.7
岩手	315	110,797	351.7	100.0	98.7
宮城	52	11,047	212.4	96.3	90.1
秋田	1	x	x	100.0	x
山形	21	x	x	95.5	x
福島	32	3,229	100.9	114.3	123.2
茨城	43	4,466	103.9	100.0	87.5
栃木	12	x	x	100.0	x
群馬	27	6,942	257.1	90.0	99.5
埼玉	1	x	x	100.0	x
千葉	27	9,028	334.4	96.4	84.5
東京	−	−	nc	nc	nc
神奈川	−	−	nc	nc	nc
新潟	10	4,736	473.6	90.9	94.7
富山	−	−	nc	nc	nc
石川	−	−	nc	nc	nc
福井	3	320	106.7	100.0	83.1
山梨	11	1,804	164.0	100.0	95.8
長野	18	3,236	179.8	105.9	110.0
岐阜	17	3,755	220.9	100.0	105.3
静岡	29	5,853	201.8	93.5	99.6
愛知	12	5,305	442.1	100.0	109.5
三重	13	2,785	214.2	86.7	86.4
滋賀	2	x	x	100.0	x
京都	11	1,673	152.1	78.6	75.9
大阪	−	−	nc	nc	nc
兵庫	59	12,760	216.3	98.3	104.4
奈良	3	x	x	100.0	x
和歌山	20	2,487	124.4	105.3	114.4
鳥取	12	16,403	1,366.9	100.0	99.5
島根	3	2,219	739.7	100.0	123.7
岡山	19	14,694	773.4	100.0	103.0
広島	10	3,955	395.5	100.0	97.4
山口	30	7,224	240.8	88.2	102.7
徳島	166	17,637	106.2	98.2	98.5
香川	30	9,678	322.6	93.8	104.8
愛媛	25	4,970	198.8	108.7	107.8
高知	11	1,989	180.8	100.0	106.2
福岡	40	5,561	139.0	93.0	98.5
佐賀	69	17,249	250.0	95.8	105.8
長崎	49	13,179	269.0	104.3	110.2
熊本	70	15,308	218.7	101.4	99.6
大分	54	10,936	202.5	103.8	105.8
宮崎	465	136,597	293.8	99.8	101.2
鹿児島	377	139,785	370.8	103.3	102.7
沖縄	15	3,369	224.6	93.8	100.6
関東農政局	168	32,779	195.1	97.1	93.7
東海農政局	42	11,845	282.0	95.5	101.8
中国四国農政局	306	78,769	257.4	97.8	101.9

注：1 ブロイラーの出荷戸数・羽数には、ブロイラーの出荷羽数が年間出荷羽数3,000羽未満の飼養者を含まない。
2 平成31年2月1日現在でブロイラーの飼養実態がない場合でも、過去1年間に3,000羽以上のブロイラーの出荷があれば出荷戸数に含む。

(3) 出荷羽数規模別の出荷戸数（全国農業地域・都道府県別）

単位：戸

全国農業地域・都道府県	計	3,000～49,999羽	50,000～99,999羽	100,000～199,999羽	200,000～299,999羽	300,000～499,999羽	500,000羽以上
全国	2,250	236	319	692	363	362	282
(全国農業地域)							
北海道	10	-	1	-	-	1	8
都府県	2,240	236	318	692	363	361	274
東北	485	29	55	120	89	99	93
北陸	13	1	4	1	1	3	3
関東・東山	137	17	38	37	25	12	8
東海	71	8	25	20	5	6	7
近畿	94	39	22	13	7	4	9
中国	74	9	8	12	15	8	22
四国	232	76	66	42	22	11	15
九州	1,120	55	94	444	198	217	115
沖縄	15	2	6	3	1	1	2
(都道府県)							
北海道	10	-	1	-	-	1	8
青森	64	-	2	5	23	14	20
岩手	315	7	28	81	51	81	67
宮城	52	9	11	12	12	4	4
秋田	1	-	-	1	-	-	-
山形	21	4	7	6	2	-	2
福島	32	9	7	15	1	-	-
茨城	42	10	10	12	10	-	-
栃木	11	3	3	2	2	1	-
群馬	27	-	11	8	2	4	2
埼玉	1	-	1	-	-	-	-
千葉	27	2	2	9	3	7	4
東京	-	-	-	-	-	-	-
神奈川	-	-	-	-	-	-	-
新潟	10	1	2	-	1	3	3
富山	-	-	-	-	-	-	-
石川	-	-	-	-	-	-	-
福井	3	-	2	1	-	-	-
山梨	11	1	3	6	-	-	1
長野	18	1	8	-	8	-	1
岐阜	17	1	5	5	3	1	2
静岡	29	4	11	8	1	3	2
愛知	12	2	3	4	-	2	1
三重	13	1	6	3	1	-	2
滋賀	2	1	1	-	-	-	-
京都	11	4	2	3	-	1	1
大阪	-	-	-	-	-	-	-
兵庫	58	25	9	9	6	2	7
奈良	3	2	1	-	-	-	-
和歌山	20	7	9	1	1	1	1
鳥取	12	-	1	-	1	2	8
島根	3	1	-	-	-	-	2
岡山	19	-	3	6	4	1	5
広島	10	-	1	2	2	1	4
山口	30	8	3	4	8	4	3
徳島	166	63	51	32	7	7	6
香川	30	4	6	5	5	3	7
愛媛	25	5	6	5	7	1	1
高知	11	4	3	-	3	-	1
福岡	40	13	11	7	4	5	-
佐賀	69	5	9	23	14	11	7
長崎	48	2	9	11	6	13	7
熊本	70	4	5	34	17	5	5
大分	54	6	8	25	8	2	5
宮崎	465	6	40	174	86	98	61
鹿児島	377	19	12	170	63	83	30
沖縄	15	2	6	3	1	1	2
関東農政局	166	21	49	45	26	15	10
東海農政局	42	4	14	12	4	3	5
中国四国農政局	306	85	74	54	37	19	37

注：この表には学校、試験場等の非営利的な飼養者は含まない（(4)の統計表において同じ。）。

(4) 出荷羽数規模別の出荷羽数（全国農業地域・都道府県別）

単位：千羽

全国農業地域・都道府県	計	3,000～49,999羽	50,000～99,999羽	100,000～199,999羽	200,000～299,999羽	300,000～499,999羽	500,000羽以上
全国	695,294	6,516	23,431	106,534	90,821	146,439	321,553
（全国農業地域）							
北海道	37,750	-	x	-	-	x	37,329
都府県	657,544	6,516	x	106,534	90,821	x	284,224
東北	170,029	959	4,124	16,009	22,053	39,516	87,368
北陸	5,056	x	x	x	x	1,355	x
関東・東山	26,906	372	2,811	4,819	6,047	4,322	8,535
東海	17,698	249	1,742	3,014	1,058	2,198	9,437
近畿	17,109	960	1,516	2,077	1,710	1,609	9,237
中国	44,495	286	551	1,649	3,525	3,468	35,016
四国	34,274	1,991	4,432	5,871	5,029	4,153	12,798
九州	338,608	1,624	7,320	72,657	50,949	89,108	116,950
沖縄	3,369	x	496	x	x	x	x
（都道府県）							
北海道	37,750	-	x	-	-	x	37,329
青森	41,612	-	x	x	5,761	4,363	30,705
岩手	110,797	300	2,185	10,633	12,861	33,796	51,022
宮城	11,047	297	x	1,657	2,750	1,357	x
秋田	x	-	-	x	-	-	-
山形	x	99	545	707	x	-	x
福島	3,229	263	x	2,216	x	-	-
茨城	4,449	255	719	1,320	2,155	-	-
栃木	x	56	204	x	x	x	-
群馬	6,942	-	832	1,129	x	x	x
埼玉	x	-	x	-	-	-	-
千葉	9,028	x	x	1,310	798	2,727	4,073
東京	-	-	-	-	-	-	-
神奈川	-	-	-	-	-	-	-
新潟	4,736	x	x	-	x	1,355	x
富山	-	-	-	-	-	-	-
石川	-	-	-	-	-	-	-
福井	320	-	x	x	-	-	-
山梨	1,804	x	256	x	-	-	x
長野	3,236	x	619	-	2,060	-	x
岐阜	3,755	x	445	788	x	x	x
静岡	5,853	130	630	1,154	x	1,070	x
愛知	5,305	x	221	651	-	x	x
三重	2,785	x	446	421	x	-	x
滋賀	x	x	x	-	-	-	-
京都	1,673	83	x	x	-	x	x
大阪	-	-	-	-	-	-	-
兵庫	12,746	637	591	1,463	x	x	7,819
奈良	x	x	x	-	-	-	-
和歌山	2,487	182	630	x	x	x	x
鳥取	16,403	-	x	-	x	x	15,279
島根	2,219	x	-	-	-	-	x
岡山	14,694	-	196	x	1,030	x	12,215
広島	3,955	-	x	x	x	x	2,623
山口	7,224	x	193	526	1,768	1,771	x
徳島	17,637	1,644	3,454	4,361	1,457	2,595	4,126
香川	9,678	x	386	653	1,174	x	6,195
愛媛	4,970	150	405	857	1,746	x	x
高知	1,989	x	187	-	652	-	x
福岡	5,561	306	867	1,015	1,130	2,243	-
佐賀	17,249	108	666	3,001	3,559	4,123	5,792
長崎	13,172	x	829	1,285	1,434	x	4,702
熊本	15,308	146	390	4,716	3,600	1,720	4,736
大分	10,936	x	586	3,583	1,907	x	3,842
宮崎	136,597	141	2,815	26,069	21,413	34,652	51,507
鹿児島	139,785	651	1,167	32,988	17,906	40,702	46,371
沖縄	3,369	x	496	x	x	x	x
関東農政局	32,759	502	3,441	5,973	x	5,392	x
東海農政局	11,845	119	1,112	1,860	x	1,128	x
中国四国農政局	78,769	2,277	4,983	7,520	8,554	7,621	47,814

Ⅲ　累年統計表

168 乳 用 牛（累年）

1 乳用牛

(1) 飼養戸数・頭数（全国）（昭和35年～平成31年）

区分		飼養戸数	飼養頭数				
			合計	成畜（2歳以上）			
				計	経産牛		
					小計	搾乳牛	乾乳牛
		(1)	(2)	(3)	(4)	(5)	(6)
		戸	頭	頭	頭	頭	頭
昭和 35年	(1)	410,400	823,500	519,500	455,100	382,600	72,400
36	(2)	413,000	884,900	563,800	486,100	410,300	75,900
37	(3)	415,700	1,001,700	637,300	556,500	468,200	88,300
38	(4)	417,600	1,145,400	729,200	636,200	538,300	97,900
39	(5)	402,500	1,238,300	795,300	695,000	585,200	109,800
40	(6)	381,600	1,289,000	859,400	753,400	633,800	119,700
41	(7)	360,700	1,310,000	884,800	785,600	664,700	120,900
42	(8)	346,900	1,376,000	913,600	819,800	691,600	128,300
43	(9)	336,700	1,489,000	967,500	865,600	734,900	130,700
44	(10)	324,400	1,663,000	1,098,000	967,100	815,500	151,500
45	(11)	307,600	1,804,000	1,198,000	1,060,000	884,900	174,900
46	(12)	279,300	1,856,000	1,245,000	1,105,000	912,300	192,300
47	(13)	242,900	1,819,000	1,235,000	1,111,000	918,000	193,100
48	(14)	212,300	1,780,000	1,213,000	1,097,000	909,400	187,200
49	(15)	178,600	1,752,000	1,215,000	1,094,000	899,600	194,400
50	(16)	160,100	1,787,000	1,235,000	1,111,000	910,000	200,900
51	(17)	147,100	1,811,000	1,275,000	1,132,000	927,800	203,900
52	(18)	136,500	1,888,000	1,324,000	1,176,000	967,800	207,800
53	(19)	129,400	1,979,000	1,377,000	1,228,000	1,013,000	215,300
54	(20)	123,300	2,067,000	1,447,000	1,292,000	1,072,000	220,000
55	(21)	115,400	2,091,000	1,422,000	1,291,000	1,066,000	225,000
56	(22)	106,000	2,104,000	1,457,000	1,305,000	1,075,000	230,800
57	(23)	98,900	2,103,000	1,461,000	1,312,000	1,082,000	229,800
58	(24)	92,600	2,098,000	1,469,000	1,322,000	1,096,000	226,100
59	(25)	87,400	2,110,000	1,474,000	1,324,000	1,101,000	223,800
60	(26)	82,400	2,111,000	1,464,000	1,322,000	1,101,000	221,300
61	(27)	78,500	2,103,000	1,460,000	1,315,000	1,099,000	216,000
62	(28)	74,500	2,049,000	1,417,000	1,278,000	1,051,000	226,900
63	(29)	70,600	2,017,000	1,387,000	1,253,000	1,043,000	210,200
平成 元	(30)	66,700	2,031,000	1,398,000	1,265,000	1,066,000	198,700
2	(31)	63,300	2,058,000	…	1,285,000	1,081,000	204,700
3	(32)	59,800	2,068,000	1,414,000	1,285,000	1,082,000	203,300
4	(33)	55,100	2,082,000	1,418,000	1,282,000	1,081,000	200,400
5	(34)	50,900	2,068,000	1,416,000	1,281,000	1,084,000	196,600
6	(35)	47,600	2,018,000	1,383,000	1,247,000	1,052,000	194,500
7	(36)	44,300	1,951,000	1,342,000	1,213,000	1,034,000	178,700
8	(37)	41,600	1,927,000	1,334,000	1,211,000	1,035,000	175,800
9	(38)	39,400	1,899,000	1,320,000	1,205,000	1,032,000	172,600
10	(39)	37,400	1,860,000	1,301,000	1,190,000	1,022,000	168,100
11	(40)	35,400	1,816,000	1,279,000	1,171,000	1,008,000	163,500
12	(41)	33,600	1,764,000	1,251,000	1,150,000	991,800	157,900
13	(42)	32,200	1,725,000	1,221,000	1,124,000	971,300	153,100
14	(43)	31,000	1,726,000	1,219,000	1,126,000	966,100	160,300
15	(44)	29,800	1,719,000	1,210,000	1,120,000	964,200	156,000
16	(45)	28,800	1,690,000	1,180,000	1,088,000	935,800	152,000
17	(46)	27,700	1,655,000	1,145,000	1,055,000	910,100	144,900
18	(47)	26,600	1,636,000	1,131,000	1,046,000	900,000	146,100
19	(48)	25,400	1,592,000	1,093,000	1,011,000	871,200	140,100
20	(49)	24,400	1,533,000	1,075,000	998,200	861,500	136,700
21	(50)	23,100	1,500,000	1,055,000	985,200	848,000	137,200
22	(51)	21,900	1,484,000	1,029,000	963,800	829,700	134,100
23	(52)	21,000	1,467,000	999,600	932,900	804,700	128,200
24	(53)	20,100	1,449,000	1,012,000	942,600	812,700	129,900
25	(54)	19,400	1,423,000	992,100	923,400	798,300	125,100
26	(55)	18,600	1,395,000	957,800	893,400	772,500	121,000
27	(56)	17,700	1,371,000	934,100	869,700	750,100	119,600
28	(57)	17,000	1,345,000	936,700	871,000	751,700	119,300
29	(58)	16,400	1,323,000	913,800	852,100	735,200	116,900
30	(59)	15,700	1,328,000	906,900	847,200	731,100	116,100
31	**(60)**	**15,000**	**1,332,000**	**900,500**	**839,200**	**729,500**	**109,700**

注：1　四捨五入の関係で内訳と計は必ずしも一致しない（(2)から(10)まで及び2から5までの統計表において同じ。）。
　　2　昭和35年は畜産基本調査、昭和36年から昭和43年までは農業調査、昭和44年から平成15年までは畜産基本調査（ただし、昭和50年、昭和55年、昭和60年、平成2年、平成7年及び平成12年は畜産予察調査、情報収集等による。）、平成16年以降は畜産統計調査である（(2)から(10)まで並びに2、3及び4の統計表において同じ。）。
　　3　昭和47年以前は沖縄を含まない（2、3及び4の統計表において同じ。）。また、昭和48年から昭和53年までの乳用牛の状態別頭数に沖縄は含まない。
　1)は2歳未満を含む。

未経産牛	子畜（2歳未満の未経産牛）	搾乳牛頭数割合 (5)／(4)	子畜頭数割合 (8)／(2)	1戸当たり飼養頭数 (2)／(1)	対前年比 飼養戸数	対前年比 飼養頭数	
(7)	(8)	(9)	(10)	(11)	(12)	(13)	
頭	頭	%	%	頭	%	%	
64,400	304,000	84.1	36.9	2.0	105.7	109.6	(1)
77,700	321,100	84.4	36.3	2.1	100.6	107.5	(2)
80,800	364,400	84.1	36.4	2.4	100.7	113.2	(3)
92,900	416,200	84.6	36.3	2.7	100.5	114.3	(4)
100,200	443,100	84.2	35.8	3.1	96.4	108.1	(5)
106,000	429,600	84.1	33.3	3.4	94.8	104.1	(6)
99,200	425,200	84.6	32.5	3.6	94.5	101.6	(7)
93,800	462,500	84.4	33.6	4.0	96.2	105.0	(8)
101,900	521,200	84.9	35.0	4.4	97.1	108.2	(9)
130,600	565,700	84.3	34.0	5.1	96.3	111.7	(10)
138,000	606,600	83.5	33.6	5.9	94.8	108.5	(11)
140,400	611,200	82.6	32.9	6.6	90.8	102.9	(12)
124,200	583,800	82.6	32.1	7.5	87.0	98.0	(13)
116,700	563,900	82.9	31.7	8.4	87.4	97.6	(14)
121,400	534,000	82.2	30.5	9.8	84.1	98.4	(15)
124,100	549,700	81.9	30.8	11.2	89.6	102.0	(16)
143,600	533,300	82.0	29.4	12.3	91.9	101.3	(17)
148,600	559,800	82.3	29.7	13.8	92.8	104.3	(18)
148,900	597,700	82.5	30.2	15.3	94.8	104.8	(19)
155,200	619,500	83.0	30.0	16.8	95.3	104.4	(20)
131,000	669,000	82.6	32.0	18.1	93.6	101.2	(21)
151,200	647,800	82.4	30.8	19.8	91.9	100.6	(22)
149,400	641,500	82.5	30.5	21.3	93.3	100.0	(23)
146,700	629,700	82.9	30.0	22.7	93.6	99.8	(24)
149,400	635,900	83.2	30.1	24.1	94.4	100.6	(25)
140,800	648,600	83.3	30.7	25.6	94.3	100.0	(26)
145,100	643,100	83.6	30.6	26.8	95.3	99.6	(27)
139,500	631,600	82.2	30.8	27.5	94.9	97.4	(28)
134,000	629,400	83.2	31.2	28.6	94.8	98.4	(29)
132,700	633,200	84.3	31.2	30.4	94.5	100.7	(30)
1) 772,600	…	84.1	nc	32.5	94.9	101.3	(31)
129,000	654,100	84.2	31.6	34.6	94.5	100.5	(32)
136,300	663,500	84.3	31.9	37.8	92.1	100.7	(33)
135,000	651,600	84.6	31.5	40.6	92.4	99.3	(34)
136,600	635,300	84.4	31.5	42.4	93.5	97.6	(35)
129,200	609,700	85.2	31.3	44.0	93.1	96.7	(36)
123,200	593,300	85.5	30.8	46.3	93.9	98.8	(37)
115,300	578,400	85.6	30.5	48.2	94.7	98.5	(38)
111,000	558,600	85.9	30.0	49.7	94.9	97.9	(39)
107,200	537,400	86.1	29.6	51.3	94.7	97.6	(40)
101,400	513,200	86.2	29.1	52.5	94.9	97.1	(41)
96,200	504,700	86.4	29.3	53.6	95.8	97.8	(42)
92,700	506,700	85.8	29.4	55.7	96.3	100.1	(43)
89,400	509,200	86.1	29.6	57.7	96.1	99.6	(44)
92,100	510,500	86.0	30.2	58.7	96.6	98.3	(45)
89,800	510,200	86.3	30.8	59.7	96.2	97.9	(46)
84,600	505,300	86.0	30.9	61.5	96.0	98.9	(47)
81,200	499,600	86.2	31.4	62.7	95.5	97.3	(48)
76,500	458,000	86.3	29.9	62.8	96.1	96.3	(49)
69,600	445,100	86.1	29.7	64.9	94.7	97.8	(50)
65,600	454,900	86.1	30.7	67.8	94.8	98.9	(51)
66,700	467,800	86.3	31.9	69.9	95.9	98.9	(52)
69,700	436,700	86.2	30.1	72.1	95.7	98.8	(53)
68,700	431,300	86.5	30.3	73.4	96.5	98.2	(54)
64,400	436,800	86.5	31.3	75.0	95.9	98.0	(55)
64,400	437,200	86.2	31.9	77.5	95.2	98.3	(56)
65,800	408,300	86.3	30.4	79.1	96.0	98.1	(57)
61,700	409,300	86.3	30.9	80.7	96.5	98.4	(58)
59,700	421,100	86.3	31.7	84.6	95.7	100.4	(59)
61,300	**431,100**	**86.9**	**32.4**	**88.8**	**95.5**	**100.3**	**(60)**

170 乳 用 牛 (累年)

1 乳用牛 (続き)

(2) 飼養戸数・頭数 (全国農業地域別) (平成27年～平成31年)

区 分		飼養戸数	飼養頭数				
			合 計	成畜 (2歳以上)			
				計	経産牛		
					小 計	搾乳牛	乾乳牛
		(1) 戸	(2) 頭	(3) 頭	(4) 頭	(5) 頭	(6) 頭
北海道							
平成 27 年	(1)	6,680	792,400	496,400	459,700	389,800	69,900
28	(2)	6,490	785,700	508,600	470,900	400,500	70,400
29	(3)	6,310	779,400	496,400	459,400	390,500	68,900
30	(4)	6,140	790,900	498,800	461,500	392,200	69,200
31	**(5)**	**5,970**	**801,000**	**502,600**	**464,500**	**399,500**	**65,000**
都府県							
平成 27 年	(6)	11,000	578,900	437,700	410,000	360,300	49,700
28	(7)	10,500	559,400	428,200	400,000	351,200	48,900
29	(8)	10,100	543,700	417,400	392,700	344,700	48,000
30	(9)	9,540	537,100	408,100	385,700	338,900	46,900
31	**(10)**	**9,070**	**530,600**	**397,900**	**374,700**	**330,000**	**44,700**
東北							
平成 27 年	(11)	2,660	105,800	76,400	70,500	62,100	8,410
28	(12)	2,540	103,300	76,000	70,200	61,500	8,770
29	(13)	2,430	100,300	73,300	67,500	58,500	9,000
30	(14)	2,350	99,200	72,000	66,600	57,700	8,920
31	**(15)**	**2,220**	**98,900**	**70,600**	**65,800**	**57,500**	**8,340**
北陸							
平成 27 年	(16)	370	14,800	11,500	11,200	9,960	1,210
28	(17)	364	14,300	11,100	10,700	9,510	1,230
29	(18)	347	13,600	10,800	10,400	9,230	1,190
30	(19)	320	13,100	10,400	10,100	8,930	1,180
31	**(20)**	**305**	**12,600**	**9,590**	**9,300**	**8,200**	**1,100**
関東・東山							
平成 27 年	(21)	3,510	188,000	144,000	135,900	119,200	16,700
28	(22)	3,380	182,800	140,300	131,200	115,300	15,900
29	(23)	3,240	178,500	138,000	130,400	114,300	16,100
30	(24)	3,050	175,900	134,300	128,100	112,300	15,800
31	**(25)**	**2,880**	**173,600**	**132,500**	**124,600**	**109,600**	**15,000**
東海							
平成 27 年	(26)	797	54,100	43,100	41,400	36,700	4,710
28	(27)	759	52,600	42,100	40,200	35,300	4,930
29	(28)	723	51,300	41,100	39,400	34,900	4,560
30	(29)	684	50,500	40,000	38,800	34,300	4,500
31	**(30)**	**651**	**49,000**	**37,900**	**37,300**	**33,000**	**4,290**
近畿							
平成 27 年	(31)	589	28,500	22,900	21,700	19,200	2,530
28	(32)	549	27,100	21,900	20,600	18,300	2,310
29	(33)	517	25,800	20,800	19,900	17,600	2,250
30	(34)	483	25,000	19,900	19,000	16,700	2,280
31	**(35)**	**456**	**24,400**	**18,900**	**18,000**	**16,000**	**2,040**

未経産牛	子畜（2歳未満の未経産牛）	搾乳牛頭数割合 (5)／(4)	子畜頭数割合 (8)／(2)	1戸当たり飼養頭数 (2)／(1)	対前年比		
					飼養戸数	飼養頭数	
(7) 頭	(8) 頭	(9) %	(10) %	(11) 頭	(12) %	(13) %	
36,700	296,000	84.8	37.4	118.6	96.8	99.6	(1)
37,700	277,100	85.0	35.3	121.1	97.2	99.2	(2)
37,000	283,000	85.0	36.3	123.5	97.2	99.2	(3)
37,400	292,100	85.0	36.9	128.8	97.3	101.5	(4)
38,100	**298,400**	**86.0**	**37.3**	**134.2**	**97.2**	**101.3**	**(5)**
27,700	141,200	87.9	24.4	52.6	94.0	96.6	(6)
28,100	131,200	87.8	23.5	53.3	95.5	96.6	(7)
24,700	126,300	87.8	23.2	53.8	96.2	97.2	(8)
22,400	129,000	87.9	24.0	56.3	94.5	98.8	(9)
23,200	**132,700**	**88.1**	**25.0**	**58.5**	**95.1**	**98.8**	**(10)**
5,950	29,400	88.1	27.8	39.8	93.0	96.8	(11)
5,780	27,200	87.6	26.3	40.7	95.5	97.6	(12)
5,760	27,100	86.7	27.0	41.3	95.7	97.1	(13)
5,350	27,200	86.6	27.4	42.2	96.7	98.9	(14)
4,750	**28,400**	**87.4**	**28.7**	**44.5**	**94.5**	**99.7**	**(15)**
340	3,300	88.9	22.3	40.0	95.1	95.5	(16)
370	3,170	88.9	22.2	39.3	98.4	96.6	(17)
420	2,790	88.8	20.5	39.2	95.3	95.1	(18)
270	2,720	88.4	20.8	40.9	92.2	96.3	(19)
300	**2,960**	**88.2**	**23.5**	**41.3**	**95.3**	**96.2**	**(20)**
8,140	44,000	87.7	23.4	53.6	94.4	96.7	(21)
9,120	42,500	87.9	23.2	54.1	96.3	97.2	(22)
7,650	40,500	87.7	22.7	55.1	95.9	97.6	(23)
6,270	41,500	87.7	23.6	57.7	94.1	98.5	(24)
7,900	**41,100**	**88.0**	**23.7**	**60.3**	**94.4**	**98.7**	**(25)**
1,690	11,000	88.6	20.3	67.9	94.4	95.2	(26)
1,860	10,500	87.8	20.0	69.3	95.2	97.2	(27)
1,610	10,200	88.6	19.9	71.0	95.3	97.5	(28)
1,250	10,400	88.4	20.6	73.8	94.6	98.4	(29)
670	**11,100**	**88.5**	**22.7**	**75.3**	**95.2**	**97.0**	**(30)**
1,250	5,530	88.5	19.4	48.4	92.6	96.0	(31)
1,340	5,200	88.8	19.2	49.4	93.2	95.1	(32)
920	4,980	88.4	19.3	49.9	94.2	95.2	(33)
890	5,090	87.9	20.4	51.8	93.4	96.9	(34)
870	**5,570**	**88.9**	**22.8**	**53.5**	**94.4**	**97.6**	**(35)**

172 乳 用 牛（累年）

1 乳用牛（続き）

(2) 飼養戸数・頭数（全国農業地域別）（平成27年～平成31年）（続き）

区分	飼養戸数	飼養頭数				
		合計	成畜（2歳以上）			
			計	経産牛		
				小計	搾乳牛	乾乳牛
	(1)	(2)	(3)	(4)	(5)	(6)
	戸	頭	頭	頭	頭	頭
中国						
平成27年 (36)	825	47,800	34,400	32,100	28,100	3,970
28 (37)	768	45,800	34,300	32,300	28,500	3,790
29 (38)	735	44,300	33,400	31,200	27,700	3,570
30 (39)	708	45,000	33,700	31,700	28,200	3,500
31 (40)	**678**	**45,400**	**34,500**	**32,800**	**28,900**	**3,880**
四国						
平成27年 (41)	408	20,000	15,800	14,800	12,900	1,890
28 (42)	389	19,000	15,400	14,500	12,700	1,870
29 (43)	369	18,500	15,000	14,400	12,600	1,770
30 (44)	355	17,800	14,300	13,700	12,100	1,600
31 (45)	**341**	**17,100**	**13,600**	**12,900**	**11,400**	**1,470**
九州						
平成27年 (46)	1,750	115,300	85,600	78,900	69,000	9,890
28 (47)	1,660	110,200	83,600	77,000	67,200	9,760
29 (48)	1,620	107,000	81,500	76,100	67,000	9,120
30 (49)	1,520	106,500	80,000	74,600	65,900	8,750
31 (50)	**1,470**	**105,300**	**77,200**	**71,000**	**63,000**	**8,000**
沖縄						
平成27年 (51)	76	4,630	3,850	3,570	3,130	440
28 (52)	74	4,320	3,510	3,280	2,890	390
29 (53)	73	4,310	3,490	3,320	2,900	420
30 (54)	69	4,190	3,370	3,130	2,760	370
31 (55)	**64**	**4,230**	**3,250**	**3,040**	**2,520**	**520**
関東農政局						
平成27年 (56)	3,760	201,600	154,900	146,400	128,500	17,900
28 (57)	3,620	196,400	151,200	141,400	124,100	17,300
29 (58)	3,470	191,900	148,800	140,700	123,400	17,300
30 (59)	3,260	189,300	145,100	138,300	121,300	17,000
31 (60)	**3,090**	**187,100**	**142,900**	**134,900**	**118,600**	**16,300**
東海農政局						
平成27年 (61)	553	40,500	32,200	30,900	27,400	3,440
28 (62)	519	39,000	31,200	30,000	26,500	3,500
29 (63)	496	37,900	30,300	29,200	25,800	3,410
30 (64)	471	37,000	29,300	28,600	25,300	3,280
31 (65)	**443**	**35,500**	**27,500**	**27,000**	**23,900**	**3,070**
中国四国農政局						
平成27年 (66)	1,230	67,800	50,300	46,900	41,000	5,850
28 (67)	1,160	64,800	49,600	46,800	41,200	5,660
29 (68)	1,100	62,800	48,400	45,600	40,300	5,330
30 (69)	1,060	62,800	48,100	45,400	40,300	5,100
31 (70)	**1,020**	**62,600**	**48,100**	**45,600**	**40,300**	**5,350**

未経産牛	子畜（2歳未満の未経産牛）	搾乳牛頭数割合 (5)／(4)	子畜頭数割合 (8)／(2)	1戸当たり飼養頭数 (2)／(1)	対前年比		
					飼養戸数	飼養頭数	
(7)	(8)	(9)	(10)	(11)	(12)	(13)	
頭	頭	%	%	頭	%	%	
2,300	13,400	87.5	28.0	57.9	94.3	95.6	(36)
1,970	11,500	88.2	25.1	59.6	93.1	95.8	(37)
2,120	10,900	88.8	24.6	60.3	95.7	96.7	(38)
2,050	11,300	89.0	25.1	63.6	96.3	101.6	(39)
1,700	**11,000**	**88.1**	**24.2**	**67.0**	**95.8**	**100.9**	**(40)**
1,090	4,130	87.2	20.7	49.0	92.9	95.7	(41)
830	3,660	87.6	19.3	48.8	95.3	95.0	(42)
650	3,450	87.5	18.6	50.1	94.9	97.4	(43)
640	3,410	88.3	19.2	50.1	96.2	96.2	(44)
720	**3,520**	**88.4**	**20.6**	**50.1**	**96.1**	**96.1**	**(45)**
6,660	29,700	87.5	25.8	65.9	96.7	97.8	(46)
6,610	26,600	87.3	24.1	66.4	94.9	95.6	(47)
5,370	25,600	88.0	23.9	66.0	97.6	97.1	(48)
5,400	26,500	88.3	24.9	70.1	93.8	99.5	(49)
6,120	**28,200**	**88.7**	**26.8**	**71.6**	**96.7**	**98.9**	**(50)**
280	780	87.7	16.8	60.9	100.0	100.4	(51)
230	810	88.1	18.8	58.4	97.4	93.3	(52)
170	820	87.3	19.0	59.0	98.6	99.8	(53)
240	820	88.2	19.6	60.7	94.5	97.2	(54)
210	**980**	**82.9**	**23.2**	**66.1**	**92.8**	**101.0**	**(55)**
8,520	46,700	87.8	23.2	53.6	94.2	96.5	(56)
9,760	45,200	87.8	23.0	54.3	96.3	97.4	(57)
8,180	43,100	87.7	22.5	55.3	95.9	97.7	(58)
6,770	44,300	87.7	23.4	58.1	93.9	98.6	(59)
8,030	**44,200**	**87.9**	**23.6**	**60.6**	**94.8**	**98.8**	**(60)**
1,300	8,270	88.7	20.4	73.2	95.2	95.7	(61)
1,210	7,810	88.3	20.0	75.1	93.9	96.3	(62)
1,090	7,640	88.4	20.2	76.4	95.6	97.2	(63)
760	7,720	88.5	20.9	78.6	95.0	97.6	(64)
540	**7,970**	**88.5**	**22.5**	**80.1**	**94.1**	**95.9**	**(65)**
3,400	17,500	87.4	25.8	55.1	93.9	95.8	(66)
2,810	15,200	88.0	23.5	55.9	94.3	95.6	(67)
2,770	14,400	88.4	22.9	57.1	94.8	96.9	(68)
2,690	14,700	88.8	23.4	59.2	96.4	100.0	(69)
2,420	**14,500**	**88.4**	**23.2**	**61.4**	**96.2**	**99.7**	**(70)**

174　乳　用　牛（累年）

1　乳用牛（続き）

(3)　成畜飼養頭数規模別の飼養戸数（全国）（平成12年～平成31年）

区分		計	成畜飼養				
			小計	1 ～ 9 頭	10 ～ 14	15 ～ 19	20 ～ 29
平成 12 年	(1)	…	…	…	…	…	…
13	(2)	31,900	31,300	3,360	2,440	2,470	5,550
14	(3)	30,700	30,100	3,200	2,340	2,360	5,160
15	(4)	29,500	29,000	2,980	2,270	2,380	4,840
16	(5)	28,600	27,900	3,090	2,080	2,190	4,460
17	(6)	27,400	26,900	2,980	1,980	2,170	4,270
18	(7)	26,300	25,700	2,900	1,860	1,990	4,110
19	(8)	25,100	24,600	2,660	1,660	1,890	3,850
20	(9)	24,100	23,500	1) 5,630	…	…	3,720
21	(10)	22,800	22,300	1) 5,090	…	…	3,450
22	(11)	21,700	21,200	1) 4,870	…	…	3,120
23	(12)	20,800	20,300	1) 4,690	…	…	3,030
24	(13)	19,900	19,400	1) 4,340	…	…	2,940
25	(14)	19,100	18,800	1) 4,050	…	…	2,710
26	(15)	18,300	17,900	1) 3,820	…	…	2,510
27	(16)	17,400	16,900	1) 3,530	…	…	2,370
28	(17)	16,700	16,300	1) 3,300	…	…	2,300
29	(18)	16,100	15,700	1) 3,100	…	…	2,270
30	(19)	15,400	15,100	1) 2,900	…	…	2,160
31	**(20)**	**14,800**	**14,400**	**1) 2,910**	**…**	**…**	**1,910**

注：1　この統計表には学校、試験場等の非営利的な飼養者は含まない（(4)から(8)までの統計表において同じ。）。
　　2　平成12年は畜産基本調査を休止した（(4)から(8)までの統計表において同じ。）。
　　3　平成15年の（　）は、平成16年から、飼養戸数の３桁以下の数値を原数表示することとしたため掲載した原数値である（(5)及び(7)の統計表において同じ。）。
　　4　平成20年以降の「うち300頭以上」は、戸数が少なく農業地域別の推定ができないため、全国値のみ表章した（(4)から(8)までの統計表において同じ。）。
　　5　平成20年調査から階層区分を変更したため、「１～９頭」、「10～14」及び「15～19」を「１～19頭」に、「30～39」及び「40～49」を「30～49」に変更した（(4)から(8)までの統計表において同じ。）。
　　1)は「10～14」及び「15～19」を含む。
　　2)は「40～49」を含む。

(4)　成畜飼養頭数規模別の飼養頭数（全国）（平成12年～平成31年）

区分		計	成畜飼養				
			小計	1 ～ 9 頭	10 ～ 14	15 ～ 19	20 ～ 29
平成 12 年	(1)	…	…	…	…	…	…
13	(2)	1,703,000	1,696,000	29,300	35,900	53,600	175,900
14	(3)	1,697,000	1,690,000	27,400	37,400	49,300	166,700
15	(4)	1,683,000	1,674,000	26,800	34,200	51,400	161,300
16	(5)	1,665,000	1,656,000	26,500	31,900	46,800	139,600
17	(6)	1,630,000	1,623,000	28,900	31,000	48,300	137,200
18	(7)	1,611,000	1,603,000	30,000	29,300	47,000	132,600
19	(8)	1,568,000	1,561,000	27,300	25,300	45,200	123,800
20	(9)	1,507,000	1,493,000	1) 83,500	…	…	118,100
21	(10)	1,477,000	1,467,000	1) 70,000	…	…	106,900
22	(11)	1,460,000	1,450,000	1) 70,700	…	…	95,900
23	(12)	1,442,000	1,433,000	1) 71,600	…	…	94,200
24	(13)	1,423,000	1,415,000	1) 66,500	…	…	95,300
25	(14)	1,392,000	1,384,000	1) 71,500	…	…	88,100
26	(15)	1,360,000	1,352,000	1) 63,300	…	…	81,700
27	(16)	1,335,000	1,325,000	1) 59,000	…	…	77,000
28	(17)	1,309,000	1,298,000	1) 53,200	…	…	72,400
29	(18)	1,287,000	1,272,000	1) 47,500	…	…	75,600
30	(19)	1,293,000	1,276,000	1) 47,200	…	…	71,000
31	**(20)**	**1,293,000**	**1,268,000**	**1) 49,600**	**…**	**…**	**64,900**

注：1)及び2)は(3)の統計表の脚注参照。

単位：戸

頭	数	規	模			子畜のみ	
30 ～ 39	40 ～ 49	50 ～ 79	80 ～ 99	100頭以上	300頭以上		
…	…	…	…	…	…	…	(1)
5,110	3,970	6,170	840	1,360	…	600	(2)
4,940	3,980	5,710	1,090	1,360	…	530	(3)
4,480	3,830	5,510	1,190	1,510	…	(534) 530	(4)
4,490	3,400	5,410	1,260	1,570	…	618	(5)
4,200	3,270	5,140	1,260	1,590	…	520	(6)
3,920	3,210	4,940	1,200	1,570	…	594	(7)
3,780	3,110	4,880	1,180	1,560	…	579	(8)
2) 6,550	…	4,630	1,200	1,730	153	609	(9)
2) 5,960	…	4,580	1,330	1,860	173	531	(10)
2) 5,880	…	4,210	1,240	1,860	158	517	(11)
2) 5,450	…	4,010	1,200	1,880	211	489	(12)
2) 5,210	…	3,910	1,010	2,030	203	443	(13)
2) 5,170	…	3,860	1,030	1,960	198	347	(14)
2) 4,750	…	3,730	1,200	1,900	260	397	(15)
2) 4,630	…	3,520	1,020	1,880	255	490	(16)
2) 4,200	…	3,460	1,020	2,010	234	428	(17)
2) 3,960	…	3,420	1,040	1,920	244	410	(18)
2) 3,810	…	3,140	1,120	1,940	260	361	(19)
2) 3,690	**…**	**2,950**	**924**	**2,000**	**261**	**410**	**(20)**

単位：頭

頭	数	規	模			子畜のみ	
30 ～ 39	40 ～ 49	50 ～ 79	80 ～ 99	100頭以上	300頭以上		
…	…	…	…	…	…	…	(1)
233,100	237,200	542,400	105,400	283,500	…	7,220	(2)
223,100	249,200	503,200	138,600	295,000	…	7,490	(3)
207,900	237,700	479,200	150,700	324,400	…	9,630	(4)
205,400	217,100	472,000	167,800	348,500	…	8,880	(5)
182,600	204,100	463,500	164,800	362,600	…	7,170	(6)
184,300	200,600	427,800	151,400	400,400	…	7,980	(7)
176,400	192,200	417,700	148,800	404,500	…	7,070	(8)
2) 330,100	…	392,900	145,700	422,700	94,100	14,300	(9)
2) 304,200	…	378,400	160,600	446,600	106,200	10,200	(10)
2) 300,200	…	368,100	146,400	468,500	109,200	9,840	(11)
2) 280,200	…	359,900	144,600	482,700	132,500	8,800	(12)
2) 273,200	…	345,900	129,600	504,800	137,800	7,690	(13)
2) 281,200	…	343,200	133,400	467,000	123,200	7,310	(14)
2) 259,100	…	335,100	152,500	460,000	140,900	8,210	(15)
2) 249,100	…	305,200	129,000	505,900	148,100	9,280	(16)
2) 224,000	…	287,600	128,500	532,400	163,900	11,300	(17)
2) 215,300	…	286,400	121,900	525,600	176,800	14,800	(18)
2) 196,700	…	265,900	146,100	549,000	186,400	17,300	(19)
2) 191,700	**…**	**280,100**	**107,200**	**574,800**	**207,100**	**24,400**	**(20)**

176 乳 用 牛（累年）

1 乳用牛（続き）

(5) 成畜飼養頭数規模別の飼養戸数（北海道）（平成12年～平成31年）

区分		計	成畜飼養 小計	1 ～ 9 頭	10 ～ 14	15 ～ 19	20 ～ 29
平成 12 年	(1)	…	…	…	…	…	…
13	(2)	9,600	9,330	210	210	240	720
14	(3)	9,360	9,120	280	190	140	660
15	(4)	9,160	8,910	(289) 290	(164) 160	(239) 240	(547) 550
16	(5)	8,990	8,680	336	162	152	555
17	(6)	8,790	8,540	320	184	220	448
18	(7)	8,550	8,290	341	137	189	463
19	(8)	8,270	8,030	313	124	167	431
20	(9)	8,050	7,720	1) 528	…	…	513
21	(10)	7,820	7,510	1) 419	…	…	396
22	(11)	7,650	7,350	1) 448	…	…	322
23	(12)	7,460	7,130	1) 453	…	…	338
24	(13)	7,230	6,970	1) 418	…	…	397
25	(14)	7,080	6,910	1) 483	…	…	352
26	(15)	6,850	6,660	1) 418	…	…	268
27	(16)	6,630	6,350	1) 408	…	…	258
28	(17)	6,440	6,190	1) 391	…	…	264
29	(18)	6,250	6,010	1) 281	…	…	289
30	(19)	6,090	5,860	1) 267	…	…	284
31	**(20)**	**5,920**	**5,650**	**1) 290**	**…**	**…**	**267**

注：1)及び2)は(3)の統計表の脚注参照。

(6) 成畜飼養頭数規模別の飼養頭数（北海道）（平成12年～平成31年）

区分		計	成畜飼養 小計	1 ～ 9 頭	10 ～ 14	15 ～ 19	20 ～ 29
平成 12 年	(1)	…	…	…	…	…	…
13	(2)	847,500	842,000	6,010	3,980	7,510	29,900
14	(3)	849,000	843,100	5,800	6,670	3,930	28,500
15	(4)	845,300	837,500	7,310	3,460	6,010	27,300
16	(5)	855,100	848,200	7,050	3,830	3,690	21,200
17	(6)	849,800	843,900	8,630	4,210	7,200	20,900
18	(7)	847,300	840,900	10,500	2,950	8,930	18,400
19	(8)	827,500	821,700	10,200	2,320	8,040	18,200
20	(9)	809,800	796,900	1) 15,800	…	…	24,600
21	(10)	813,700	804,500	1) 9,230	…	…	17,500
22	(11)	816,600	809,000	1) 11,400	…	…	13,000
23	(12)	816,200	808,500	1) 12,800	…	…	12,200
24	(13)	809,900	803,100	1) 13,800	…	…	15,100
25	(14)	788,400	781,800	1) 20,100	…	…	17,200
26	(15)	774,100	767,500	1) 13,500	…	…	13,100
27	(16)	768,700	760,900	1) 13,200	…	…	10,300
28	(17)	763,300	753,100	1) 13,800	…	…	10,100
29	(18)	756,800	742,700	1) 7,500	…	…	14,600
30	(19)	769,400	753,200	1) 11,200	…	…	11,300
31	**(20)**	**776,200**	**753,300**	**1) 12,200**	**…**	**…**	**14,600**

注：1)及び2)は(3)の統計表の脚注参照。

単位：戸

頭数規模						子畜のみ	
30 ～ 39	40 ～ 49	50 ～ 79	80 ～ 99	100 頭 以 上	300 頭 以 上		
…	…	…	…	…	…	…	(1)
1,220	1,320	3,950	530	930	…	270	(2)
1,100	1,640	3,450	750	910	…	240	(3)
(983) 980	1,520	3,310	(842) 840	1,010	…	(255) 260	(4)
992	1,300	3,230	908	1,050	…	306	(5)
1,040	1,280	3,110	891	1,040	…	255	(6)
1,000	1,300	3,030	814	1,030	…	257	(7)
965	1,250	2,960	804	1,010	…	240	(8)
2) 1,940	…	2,820	804	1,110	…	330	(9)
2) 1,730	…	2,800	949	1,220	…	313	(10)
2) 1,900	…	2,530	882	1,270	…	294	(11)
2) 1,700	…	2,510	859	1,280	…	329	(12)
2) 1,680	…	2,420	644	1,410	…	263	(13)
2) 1,680	…	2,370	700	1,320	…	176	(14)
2) 1,550	…	2,280	841	1,290	…	194	(15)
2) 1,590	…	2,140	708	1,250	…	274	(16)
2) 1,310	…	2,140	702	1,380	…	247	(17)
2) 1,290	…	2,160	684	1,310	…	244	(18)
2) 1,290	…	1,940	773	1,310	…	227	(19)
2) 1,370	**…**	**1,770**	**576**	**1,380**	**…**	**270**	**(20)**

単位：頭

頭数規模						子畜のみ	
30 ～ 39	40 ～ 49	50 ～ 79	80 ～ 99	100 頭 以 上	300 頭 以 上		
…	…	…	…	…	…	…	(1)
65,100	90,500	373,400	70,500	195,000	…	5,520	(2)
57,700	112,500	331,300	99,300	197,400	…	5,980	(3)
52,100	106,600	309,200	111,800	213,600	…	7,790	(4)
53,900	100,200	302,600	127,200	228,500	…	6,850	(5)
45,200	92,700	305,600	124,300	235,200	…	5,880	(6)
52,300	90,100	278,300	107,400	272,000	…	6,440	(7)
51,500	85,400	269,900	105,200	270,900	…	5,800	(8)
2) 117,800	…	257,200	104,600	276,800	…	12,900	(9)
2) 111,500	…	245,400	120,800	300,000	…	9,230	(10)
2) 113,800	…	240,000	109,400	321,400	…	7,630	(11)
2) 101,200	…	241,800	107,500	333,000	…	7,700	(12)
2) 100,900	…	232,600	87,700	353,100	…	6,730	(13)
2) 110,200	…	227,600	96,900	309,700	…	6,620	(14)
2) 101,000	…	222,700	111,800	305,400	…	6,560	(15)
2) 98,900	…	197,000	93,000	348,500	…	7,740	(16)
2) 81,500	…	186,800	91,600	369,300	…	10,200	(17)
2) 85,000	…	189,100	82,400	364,100	…	14,100	(18)
2) 73,600	…	169,500	107,100	380,500	…	16,200	(19)
2) 78,900	**…**	**185,600**	**67,600**	**394,400**	**…**	**22,900**	**(20)**

1 乳用牛（続き）

(7) 成畜飼養頭数規模別の飼養戸数（都府県）（平成12年～平成31年）

区分		計	成畜飼養				
			小計	1 ～ 9 頭	10 ～ 14	15 ～ 19	20 ～ 29
平成 12 年	(1)	…	…	…	…	…	…
13	(2)	22,300	21,900	3,150	2,220	2,240	4,840
14	(3)	21,300	21,000	2,920	2,150	2,220	4,500
15	(4)	20,400	20,100	2,690	2,110	2,140	4,300
16	(5)	19,600	19,300	2,750	1,920	2,030	3,910
17	(6)	18,600	18,300	2,660	1,800	1,950	3,820
18	(7)	17,700	17,400	2,560	1,730	1,800	3,650
19	(8)	16,900	16,500	2,350	1,540	1,720	3,410
20	(9)	16,000	15,700	1) 5,100	…	…	3,210
21	(10)	15,000	14,800	1) 4,670	…	…	3,060
22	(11)	14,000	13,800	1) 4,420	…	…	2,800
23	(12)	13,300	13,100	1) 4,240	…	…	2,700
24	(13)	12,600	12,500	1) 3,920	…	…	2,540
25	(14)	12,000	11,900	1) 3,560	…	…	2,360
26	(15)	11,500	11,300	1) 3,400	…	…	2,240
27	(16)	10,800	10,600	1) 3,120	…	…	2,110
28	(17)	10,300	10,100	1) 2,910	…	…	2,030
29	(18)	9,860	9,690	1) 2,820	…	…	1,980
30	(19)	9,350	9,220	1) 2,640	…	…	1,880
31	**(20)**	**8,880**	**8,740**	**1) 2,620**	**…**	**…**	**1,650**

注：1)及び2)は(3)の統計表の脚注参照。

(8) 成畜飼養頭数規模別の飼養頭数（都府県）（平成12年～平成31年）

区分		計	成畜飼養				
			小計	1 ～ 9 頭	10 ～ 14	15 ～ 19	20 ～ 29
平成 12 年	(1)	…	…	…	…	…	…
13	(2)	856,000	854,300	23,300	32,000	46,100	146,000
14	(3)	848,200	846,700	21,600	30,800	45,300	138,200
15	(4)	838,100	836,300	19,500	30,800	45,400	134,000
16	(5)	809,700	807,600	19,500	28,100	43,100	118,400
17	(6)	780,600	779,300	20,300	26,800	41,100	116,300
18	(7)	764,000	762,500	19,500	26,400	38,000	114,100
19	(8)	740,700	739,500	17,100	23,000	37,100	105,600
20	(9)	697,500	696,100	1) 67,700	…	…	93,500
21	(10)	663,200	662,200	1) 60,700	…	…	89,300
22	(11)	643,100	640,900	1) 59,300	…	…	83,000
23	(12)	625,800	624,600	1) 58,800	…	…	82,000
24	(13)	613,000	612,100	1) 52,600	…	…	80,200
25	(14)	603,200	602,500	1) 51,400	…	…	70,900
26	(15)	585,800	584,200	1) 49,800	…	…	68,600
27	(16)	565,900	564,300	1) 45,800	…	…	66,700
28	(17)	546,200	545,000	1) 39,500	…	…	62,300
29	(18)	530,200	529,600	1) 40,000	…	…	61,000
30	(19)	523,700	522,700	1) 36,000	…	…	59,600
31	**(20)**	**516,500**	**514,900**	**1) 37,400**	**…**	**…**	**50,300**

注：1)及び2)は(3)の統計表の脚注参照。

単位：戸

頭	数	規	模				
30 ～ 39	40 ～ 49	50 ～ 79	80 ～ 99	100 頭 以 上	300 頭 以 上	子 畜 の み	
…	…	…	…	…	…	…	(1)
3, 890	2, 640	2, 220	310	440	…	320	(2)
3, 850	2, 340	2, 250	340	460	…	290	(3)
3, 490	2, 310	2, 200	(350) 350	(503) 500	…	(279) 280	(4)
3, 500	2, 090	2, 180	356	528	…	312	(5)
3, 160	1, 990	2, 030	366	550	…	265	(6)
2, 920	1, 910	1, 910	386	543	…	337	(7)
2, 820	1, 860	1, 910	379	544	…	339	(8)
2) 4, 610	…	1, 820	394	621	…	279	(9)
2) 4, 230	…	1, 790	380	635	…	218	(10)
2) 3, 980	…	1, 670	354	593	…	223	(11)
2) 3, 750	…	1, 510	336	600	…	160	(12)
2) 3, 530	…	1, 480	365	622	…	180	(13)
2) 3, 490	…	1, 490	329	643	…	171	(14)
2) 3, 200	…	1, 440	356	610	…	203	(15)
2) 3, 030	…	1, 380	308	624	…	216	(16)
2) 2, 890	…	1, 320	322	632	…	181	(17)
2) 2, 680	…	1, 260	351	613	…	166	(18)
2) 2, 520	…	1, 200	345	635	…	134	(19)
2) 2, 320	**…**	**1, 180**	**348**	**625**	**…**	**140**	**(20)**

単位：頭

頭	数	規	模				
30 ～ 39	40 ～ 49	50 ～ 79	80 ～ 99	100 頭 以 上	300 頭 以 上	子 畜 の み	
…	…	…	…	…	…	…	(1)
168, 000	146, 700	169, 000	34, 900	88, 400	…	1, 700	(2)
165, 400	136, 700	171, 900	39, 200	97, 600	…	1, 510	(3)
155, 800	131, 100	170, 000	38, 900	110, 800	…	1, 840	(4)
151, 400	117, 000	169, 500	40, 600	120, 000	…	2, 030	(5)
137, 400	111, 400	157, 900	40, 600	127, 500	…	1, 290	(6)
131, 900	110, 500	149, 600	44, 000	128, 400	…	1, 550	(7)
124, 900	106, 800	147, 800	43, 600	133, 600	…	1, 270	(8)
2) 212, 300	…	135, 600	41, 000	145, 900	…	1, 420	(9)
2) 192, 700	…	133, 000	39, 800	146, 600	…	960	(10)
2) 186, 400	…	128, 100	37, 000	147, 100	…	2, 210	(11)
2) 178, 900	…	118, 100	37, 100	149, 700	…	1, 100	(12)
2) 172, 300	…	113, 300	41, 900	151, 700	…	960	(13)
2) 170, 900	…	115, 500	36, 500	157, 300	…	700	(14)
2) 158, 100	…	112, 400	40, 700	154, 600	…	1, 650	(15)
2) 150, 300	…	108, 200	35, 900	157, 400	…	1, 540	(16)
2) 142, 500	…	100, 800	36, 900	163, 100	…	1, 110	(17)
2) 130, 300	…	97, 300	39, 500	161, 500	…	690	(18)
2) 123, 100	…	96, 500	39, 000	168, 500	…	1, 050	(19)
2) 112, 800	**…**	**94, 500**	**39, 600**	**180, 400**	**…**	**1, 540**	**(20)**

180 乳 用 牛（累年）

1 乳用牛（続き）

(9) 月別経産牛頭数（各月１日現在）（全国）

単位：千頭

年 次	1月	2月	3月	4月	5月	6月	7月	8月	9月	10月	11月	12月
平成 12 年	1,160	1,150	1,149	1,150	1,150	1,151	1,152	1,148	1,134	1,130	1,128	1,124
13	1,124	1,124	1,118	1,120	1,122	1,119	1,118	1,122	1,105	1,111	1,114	1,116
14	1,121	1,126	1,118	1,119	1,121	1,122	1,126	1,129	1,116	1,114	1,113	1,113
15	1,116	1,120	1,109	1,107	1,109	1,112	1,114	1,114	1,094	1,092	1,089	1,087
16	1,088	1,088	1,086	1,087	1,087	1,086	1,083	1,085	1,058	1,054	1,053	1,059
17	1,051	1,055	1,059	1,060	1,062	1,060	1,061	1,058	1,049	1,047	1,045	1,043
18	1,043	1,046	1,051	1,050	1,051	1,049	1,048	1,047	1,035	1,028	1,024	1,020
19	1,014	1,011	992	994	996	995	997	996	1,011	995	992	991
20	996	998	968	970	978	974	974	973	971	970	971	969
21	972	985	966	965	966	966	963	963	962	959	957	958
22	960	964	943	941	941	939	941	937	933	931	933	929
23	933	933	924	924	926	929	930	929	929	929	931	934
24	936	943	934	931	929	925	924	926	922	927	921	919
25	920	923	912	915	915	910	906	901	897	892	889	887
26	891	893	868	868	870	883	871	871	868	877	877	864
27	867	870	859	859	861	862	863	864	866	867	869	869
28	870	871	846	849	850	851	851	849	849	848	848	846
29	848	852	838	840	841	842	841	841	840	840	839	839
30	841	847	**837**	**832**	**833**	**835**	**834**	**833**	**833**	**834**	**835**	**835**
31	**838**	**839**	1) ‥	1) ‥	1) ‥	1) ‥	1) ‥	1) ‥	1) ‥	1) ‥	1) ‥	1) ‥

注：平成12年から平成16年までは乳用牛予察調査の結果である。
1)は次期調査（令和２年２月１日現在）において対象となる期間である。

(10) 月別出生頭数（月間）（全国）

単位：千頭

年 次	1月	2月	3月	4月	5月	6月	7月	8月	9月	10月	11月	12月
乳用種めす												
平成 26 年	20	19	20	18	18	19	23	24	22	21	20	21
27	19	18	19	19	18	20	23	23	21	21	20	20
28	19	18	19	18	17	19	22	22	20	19	19	20
29	18	18	20	20	17	19	23	23	22	22	22	21
30	20	**19**	**22**	**20**	**21**	**23**	**25**	**25**	**24**	**23**	**22**	**22**
31	**21**	1) ‥	1) ‥	1) ‥	1) ‥	1) ‥	1) ‥	1) ‥	1) ‥	1) ‥	1) ‥	1) ‥
乳用種おす												
平成 26 年	19	18	19	18	17	19	22	23	21	20	19	19
27	18	16	18	17	17	19	21	21	19	19	18	18
28	16	16	17	16	15	17	20	20	18	17	17	17
29	13	15	16	16	13	15	18	19	18	17	16	16
30	14	**13**	**16**	**14**	**15**	**16**	**18**	**18**	**17**	**16**	**15**	**16**
31	**14**	1) ‥	1) ‥	1) ‥	1) ‥	1) ‥	1) ‥	1) ‥	1) ‥	1) ‥	1) ‥	1) ‥
交 雑 種												
平成 26 年	17	19	20	19	17	18	22	23	23	24	23	23
27	19	21	22	21	19	20	24	23	22	23	23	23
28	18	21	22	21	18	21	24	24	23	23	23	21
29	14	19	21	20	18	19	22	23	23	22	22	22
30	16	**19**	**20**	**18**	**18**	**19**	**22**	**22**	**21**	**21**	**21**	**21**
31	**18**	1) ‥	1) ‥	1) ‥	1) ‥	1) ‥	1) ‥	1) ‥	1) ‥	1) ‥	1) ‥	1) ‥

注：1 平成31年の乳用牛調査票から乳用向けめす出生頭数の調査項目を廃止し、新しく牛個体識別全国データベースのデータにより乳用種めす出生頭数を把握した。このため、統計表の乳用種めす出生頭数は、平成30年１月までは乳用向けめす出生頭数を記載しており、平成30年２月以降の数値とは接続しないので、利用に当たっては十分留意されたい。
1)は(9)の統計表の脚注参照。

2 肉用牛

(1) 飼養戸数・頭数（全国）（昭和35年～平成31年）

年次		飼養戸数	乳用種のいる戸数	飼				
				合計	肉			
					計			
						肥育用牛	小計	1歳未満
		(1)	(2)	(3)	(4)	(5)	(6)	(7)
		戸	戸	頭	頭	頭	頭	頭
昭和 35年	(1)	2,031,000	…	2,340,000	…	…	1,685,000	…
36	(2)	1,963,000	…	2,313,000	…	…	1,660,000	…
37	(3)	1,879,000	…	2,332,000	…	…	1,686,000	…
38	(4)	1,803,000	…	2,337,000	…	…	1,668,000	…
39	(5)	1,673,000	…	2,208,000	…	…	1,550,000	…
40	(6)	1,435,000	…	1,886,000	…	…	1,314,000	…
41	(7)	1,163,000	…	1,577,000	…	…	1,111,000	…
42	(8)	1,066,000	…	1,551,000	…	…	1,062,000	…
43	(9)	1,027,000	…	1,666,000	…	…	1,080,000	…
44	(10)	988,500	…	1,795,000	…	…	1,138,000	…
45	(11)	901,600	…	1,789,000	…	…	1,165,000	…
46	(12)	797,300	…	1,759,000	1,573,000	…	1,089,000	…
47	(13)	673,200	…	1,749,000	1,454,000	…	974,400	…
48	(14)	595,400	…	1,818,000	1,373,000	…	936,400	…
49	(15)	532,200	75,700	1,898,000	1,373,000	…	932,200	…
50	(16)	473,600	55,800	1,857,000	1,382,000	…	949,400	…
51	(17)	449,600	51,700	1,912,000	1,427,000	500,200	989,000	…
52	(18)	424,200	50,100	1,987,000	1,455,000	…	993,700	…
53	(19)	401,600	44,400	2,030,000	1,464,000	…	977,300	…
54	(20)	380,800	42,900	2,083,000	1,454,000	…	963,800	…
55	(21)	364,000	41,900	2,157,000	1,465,000	…	992,000	219,000
56	(22)	352,800	45,900	2,281,000	1,478,000	582,600	985,900	…
57	(23)	340,200	42,100	2,382,000	1,529,000	…	1,018,000	…
58	(24)	328,400	38,600	2,492,000	1,606,000	604,200	1,063,000	…
59	(25)	314,800	34,700	2,572,000	1,658,000	643,500	1,086,000	…
60	(26)	298,000	31,600	2,587,000	1,646,000	…	1,079,000	…
61	(27)	287,100	30,100	2,639,000	1,662,000	691,700	1,077,000	…
62	(28)	272,400	29,000	2,645,000	1,627,000	701,600	1,047,000	…
63	(29)	260,100	27,500	2,650,000	1,615,000	695,900	1,041,000	…
平成 元	(30)	246,100	25,300	2,651,000	1,627,000	696,500	1,046,000	…
2	(31)	232,200	22,800	2,702,000	1,664,000	701,000	1,066,000	…
3	(32)	221,100	19,900	2,805,000	1,732,000	721,700	1,115,000	238,200
4	(33)	210,100	16,600	2,898,000	1,815,000	736,100	1,163,000	246,700
5	(34)	199,000	14,800	2,956,000	1,868,000	759,500	1,191,000	252,900
6	(35)	184,400	13,500	2,971,000	1,879,000	793,300	1,194,000	254,500
7	(36)	169,700	12,100	2,965,000	1,872,000	822,800	1,168,000	…
8	(37)	154,900	11,000	2,901,000	1,824,000	803,600	1,147,000	235,900
9	(38)	142,800	10,200	2,851,000	1,780,000	784,500	1,119,000	229,300
10	(39)	133,400	10,000	2,848,000	1,740,000	745,800	1,102,000	225,400
11	(40)	124,600	9,620	2,842,000	1,711,000	729,700	1,084,000	223,000
12	(41)	116,500	9,060	2,823,000	1,700,000	732,500	1,069,000	…
13	(42)	110,100	9,170	2,806,000	1,679,000	704,400	1,066,000	208,500
14	(43)	104,200	8,790	2,838,000	1,711,000	725,900	1,078,000	212,200
15	(44)	98,100	7,980	2,805,000	1,705,000	729,800	1,069,000	218,700
16	(45)	93,900	8,220	2,788,000	1,709,000	719,200	1,073,000	222,200
17	(46)	89,600	8,060	2,747,000	1,697,000	716,400	1,078,000	217,600
18	(47)	85,600	7,980	2,755,000	1,703,000	716,200	1,090,000	205,800
19	(48)	82,300	7,720	2,806,000	1,742,000	737,100	1,113,000	214,600
20	(49)	80,400	7,470	2,890,000	1,823,000	770,100	1,169,000	225,600
21	(50)	77,300	7,630	2,923,000	1,889,000	809,100	1,215,000	242,000
22	(51)	74,400	7,170	2,892,000	1,924,000	844,100	1,234,000	244,500
23	(52)	69,600	6,730	2,763,000	1,868,000	822,700	1,205,000	233,000
24	(53)	65,200	6,360	2,723,000	1,831,000	810,500	1,181,000	223,900
25	(54)	61,300	6,100	2,642,000	1,769,000	789,800	1,141,000	211,300
26	(55)	57,500	5,950	2,567,000	1,716,000	772,000	1,104,000	208,600
27	(56)	54,400	5,480	2,489,000	1,661,000	740,700	1,069,000	204,200
28	(57)	51,900	5,170	2,479,000	1,642,000	720,000	1,054,000	199,100
29	(58)	50,100	5,130	2,499,000	1,664,000	722,300	1,070,000	198,000
30	(59)	48,300	4,850	2,514,000	1,701,000	736,600	1,091,000	205,000
31	**(60)**	**46,300**	**4,670**	**2,503,000**	**1,734,000**	**753,400**	**1,114,000**	**217,000**

注：1)は２歳未満である。
　　2)は２歳以上である。

養	頭	数					
用		種					
め		す					
1 歳	2 歳 以 上	子 取 り 用 め す 牛					
		小 計	1 歳 未 満	1 歳	2 歳	3 歳 以 上	
(8)	(9)	(10)	(11)	(12)	(13)	(14)	
頭	頭	頭	頭	頭	頭	頭	
1) 400,500	1,284,000	…	…	…	…	…	(1)
1) 310,700	1,350,000	…	…	…	…	…	(2)
1) 331,700	1,354,000	…	…	…	…	…	(3)
1) 359,100	1,309,000	…	…	…	…	…	(4)
1) 349,900	1,200,000	…	…	…	…	…	(5)
1) 394,800	919,100	…	…	…	…	…	(6)
1) 377,300	733,400	…	…	…	…	…	(7)
1) 362,200	700,200	…	…	…	…	…	(8)
1) 365,100	715,200	…	…	…	…	…	(9)
1) 389,700	748,700	…	…	…	…	…	(10)
1) 370,200	794,400	…	…	…	…	…	(11)
1) 374,800	714,200	…	…	…	…	…	(12)
1) 361,000	613,400	…	…	…	…	…	(13)
1) 348,500	587,900	…	…	…	…	…	(14)
1) 337,600	594,600	…	…	…	…	…	(15)
1) 340,100	609,300	…	…	…	…	…	(16)
1) 344,300	644,700	681,300	…	…	…	…	(17)
1) 351,400	642,300	…	…	…	…	…	(18)
1) 345,600	631,700	…	…	…	…	…	(19)
1) 341,400	623,300	…	…	…	…	…	(20)
154,000	619,000	…	…	…	…	…	(21)
1) 353,300	632,600	679,800	…	…	…	…	(22)
1) 375,100	642,700	…	…	…	…	…	(23)
1) 391,800	671,100	742,800	…	…	…	…	(24)
1) 408,300	678,000	741,700	…	…	…	…	(25)
1) 414,400	664,600	…	…	…	…	…	(26)
1) 397,800	678,900	695,400	…	…	…	…	(27)
1) 390,900	655,800	671,800	…	105,700	2) 566,100	…	(28)
1) 389,800	651,000	666,200	…	101,500	2) 564,700	…	(29)
1) 387,900	658,600	672,900	…	99,400	2) 573,400	…	(30)
…	…	686,500	…	…	…	…	(31)
174,700	701,900	713,700	34,500	66,900	2) 612,300	…	(32)
183,000	733,500	739,000	35,500	67,800	2) 635,600	…	(33)
186,200	752,400	744,700	34,500	65,400	2) 644,800	…	(34)
192,500	747,400	724,600	31,100	60,700	2) 632,800	…	(35)
…	…	700,500	…	…	…	…	(36)
186,900	724,100	672,600	26,100	55,800	2) 590,600	…	(37)
182,500	706,800	653,900	24,200	55,900	2) 573,700	…	(38)
182,800	693,600	649,100	23,000	55,400	2) 570,700	…	(39)
178,400	682,500	644,200	23,200	52,800	2) 568,200	…	(40)
…	…	635,500	…	…	…	…	(41)
198,500	659,400	634,600	23,000	56,400	2) 555,100	…	(42)
194,900	671,400	636,900	26,500	55,700	2) 554,800	…	(43)
194,100	656,000	642,900	28,300	57,700	2) 556,800	…	(44)
207,800	642,700	628,000	26,600	55,100	2) 546,200	…	(45)
215,100	645,800	623,200	25,900	54,300	60,800	482,300	(46)
225,500	658,400	621,500	27,900	57,300	58,200	478,000	(47)
230,000	668,700	635,900	27,900	59,500	61,000	487,500	(48)
242,100	701,300	667,300	33,100	63,200	64,700	506,300	(49)
253,800	719,300	682,100	31,400	67,900	66,900	515,900	(50)
262,700	727,200	683,900	33,200	62,400	69,700	518,700	(51)
258,100	714,200	667,900	31,500	61,800	61,700	512,900	(52)
251,800	705,300	642,200	28,400	54,100	59,900	499,800	(53)
247,000	682,400	618,400	25,900	51,400	57,100	484,000	(54)
234,600	660,900	595,200	27,400	48,300	49,800	469,700	(55)
231,200	634,000	579,500	26,800	47,900	48,600	456,200	(56)
232,400	622,000	589,100	28,100	50,000	52,500	458,500	(57)
232,000	640,100	597,300	35,500	50,800	49,500	461,400	(58)
235,400	651,000	610,400	36,400	56,800	52,100	465,100	(59)
242,100	**655,000**	**625,900**	**38,300**	**59,500**	**55,600**	**472,400**	**(60)**

2 肉用牛（続き）

(1) 飼養戸数・頭数（全国）（昭和35年～平成31年）（続き）

年次		飼養頭数（続き）					
		肉用種（続き）				乳用	
		おす					
		小計	1歳未満	1歳	2歳以上	計	交雑種
		(15)	(16)	(17)	(18)	(19)	(20)
		頭	頭	頭	頭	頭	頭
昭和 35年	(1)	654,900	…	…	…	…	…
36	(2)	652,800	…	1) 246,300	406,500	…	…
37	(3)	646,500	…	1) 275,100	371,400	…	…
38	(4)	668,400	…	1) 301,700	366,800	…	…
39	(5)	657,600	…	1) 317,500	340,100	…	…
40	(6)	572,000	…	1) 343,300	228,700	…	…
41	(7)	466,200	…	1) 326,700	139,500	…	…
42	(8)	489,100	…	1) 364,800	124,300	…	…
43	(9)	585,300	…	1) 453,100	132,200	…	…
44	(10)	656,300	…	1) 511,600	144,700	…	…
45	(11)	624,300	…	1) 448,900	175,400	…	…
46	(12)	483,800	…	1) 367,500	116,300	186,300	…
47	(13)	479,400	…	1) 364,000	115,400	294,900	…
48	(14)	436,600	…	1) 340,800	95,800	444,600	…
49	(15)	441,300	…	1) 337,600	103,600	524,100	…
50	(16)	432,200	…	1) 331,500	100,700	475,500	…
51	(17)	438,000	…	1) 353,500	84,400	485,200	…
52	(18)	461,700	…	1) 366,500	95,800	531,400	…
53	(19)	486,900	…	1) 369,000	117,900	565,600	…
54	(20)	489,000	…	1) 373,800	116,000	629,200	…
55	(21)	473,000	222,000	158,000	93,000	692,000	…
56	(22)	491,800	…	1) 378,500	113,300	803,300	…
57	(23)	511,600	…	1) 393,500	118,100	852,600	…
58	(24)	543,400	…	1) 418,500	125,000	885,800	…
59	(25)	571,500	…	1) 444,700	126,800	913,900	…
60	(26)	567,500	…	1) 449,900	117,600	941,000	…
61	(27)	585,500	…	1) 444,600	140,900	977,200	…
62	(28)	580,200	…	1) 438,600	141,700	1,018,000	…
63	(29)	574,000	…	1) 432,800	141,200	1,036,000	…
平成 元	(30)	580,400	…	1) 440,700	139,800	1,024,000	…
2	(31)	598,000	…	…	…	1,038,000	…
3	(32)	616,900	249,300	216,700	150,900	1,073,000	186,100
4	(33)	651,600	260,600	228,500	162,500	1,083,000	211,100
5	(34)	676,700	271,200	239,200	166,300	1,088,000	276,300
6	(35)	684,300	274,100	243,000	167,200	1,093,000	304,800
7	(36)	704,300	…	…	…	1,093,000	…
8	(37)	677,200	265,500	242,000	169,700	1,077,000	355,900
9	(38)	661,000	260,500	231,700	168,800	1,072,000	444,500
10	(39)	638,000	253,400	223,400	161,100	1,108,000	565,900
11	(40)	627,200	242,300	223,800	161,200	1,131,000	651,200
12	(41)	630,600	…	…	…	1,124,000	663,300
13	(42)	613,100	227,800	237,000	148,200	1,126,000	681,900
14	(43)	632,800	229,900	250,800	152,000	1,127,000	643,500
15	(44)	636,100	240,300	227,600	168,200	1,101,000	629,800
16	(45)	636,600	253,500	245,100	138,000	1,079,000	608,700
17	(46)	618,900	246,300	248,800	123,800	1,049,000	578,500
18	(47)	613,000	238,900	258,200	115,900	1,052,000	583,800
19	(48)	628,600	236,200	273,100	119,200	1,064,000	604,000
20	(49)	653,800	246,700	279,500	127,600	1,067,000	635,700
21	(50)	674,200	260,200	290,900	123,100	1,033,000	622,100
22	(51)	689,600	264,300	299,300	126,000	968,300	547,300
23	(52)	662,600	253,900	289,900	118,700	894,800	483,000
24	(53)	650,500	245,200	283,000	122,300	891,700	499,100
25	(54)	628,100	232,300	280,800	115,000	873,400	497,900
26	(55)	611,700	230,400	267,100	114,200	851,400	483,900
27	(56)	591,400	223,500	262,000	105,900	827,700	482,400
28	(57)	588,600	217,300	267,700	103,500	837,100	505,300
29	(58)	593,800	219,900	263,900	110,000	834,700	521,600
30	(59)	610,100	231,100	272,700	106,300	813,000	517,900
31	**(60)**	**620,300**	**240,000**	**276,900**	**103,400**	**768,600**	**494,200**

注：1）は182ページの脚注参照。

種		乳用種頭数割合	1戸当たり飼養頭数	対前年比		
めす	交雑種	(19)／(3)	(3)／(1)	飼養戸数	飼養頭数	
(21)	(22)	(23)	(24)	(25)	(26)	
頭	頭	%	頭	%	%	
…	…	…	1.2	97.4	98.9	(1)
…	…	…	1.2	96.7	98.9	(2)
…	…	…	1.2	96.6	100.8	(3)
…	…	…	1.2	96.0	100.2	(4)
…	…	…	1.3	92.8	94.5	(5)
…	…	…	1.3	85.8	85.4	(6)
…	…	…	1.4	81.1	83.6	(7)
…	…	…	1.5	91.7	98.4	(8)
…	…	…	1.6	96.3	107.4	(9)
…	…	…	1.8	96.3	107.7	(10)
…	…	…	2.0	91.2	99.7	(11)
…	…	10.6	2.2	88.4	98.3	(12)
…	…	16.9	2.6	84.4	99.4	(13)
…	…	24.5	3.1	88.4	104.0	(14)
91,000	…	27.6	3.6	89.4	104.4	(15)
…	…	25.6	3.9	89.0	97.8	(16)
…	…	25.4	4.3	94.9	103.0	(17)
…	…	26.7	4.7	94.4	103.9	(18)
…	…	27.9	5.1	94.7	102.2	(19)
…	…	30.2	5.5	94.8	102.6	(20)
…	…	32.1	5.9	95.6	103.6	(21)
…	…	35.2	6.5	96.9	105.8	(22)
…	…	35.8	7.0	96.4	104.4	(23)
…	…	35.5	7.6	96.5	104.6	(24)
…	…	35.5	8.2	95.9	103.2	(25)
…	…	36.4	8.7	94.7	100.6	(26)
…	…	37.0	9.2	96.3	102.0	(27)
…	…	38.5	9.7	94.9	100.2	(28)
…	…	39.1	10.2	95.5	100.2	(29)
…	…	38.6	10.8	94.6	100.0	(30)
…	…	38.4	11.6	94.4	101.9	(31)
230,000	73,100	38.3	12.7	95.2	103.8	(32)
221,800	80,000	37.4	13.8	95.0	103.3	(33)
231,600	109,700	36.8	14.9	94.7	102.0	(34)
249,400	117,400	36.8	16.1	92.7	100.5	(35)
…	…	36.9	17.5	92.0	99.8	(36)
229,200	140,600	37.1	18.7	91.3	97.8	(37)
256,800	180,000	37.6	20.0	92.2	98.3	(38)
285,400	227,400	38.9	21.3	93.4	99.9	(39)
311,500	261,600	39.8	22.8	93.4	99.8	(40)
305,600	…	39.8	24.2	93.5	99.3	(41)
295,100	268,500	40.1	25.5	94.5	99.4	(42)
300,900	275,400	39.7	27.2	94.6	101.1	(43)
288,800	268,400	39.3	28.6	94.1	98.8	(44)
298,200	277,700	38.7	29.7	95.7	99.4	(45)
291,200	267,500	38.2	30.7	95.4	98.5	(46)
295,900	272,600	38.2	32.2	95.5	100.3	(47)
301,400	283,500	37.9	34.1	96.1	101.9	(48)
318,100	301,700	36.9	35.9	97.7	103.0	(49)
308,500	298,800	35.3	37.8	96.1	101.1	(50)
274,600	264,800	33.5	38.9	96.2	98.9	(51)
243,800	235,100	32.4	39.7	93.5	95.5	(52)
248,700	240,700	32.7	41.8	93.7	98.6	(53)
247,600	240,200	33.1	43.1	94.0	97.0	(54)
241,600	233,400	33.2	44.6	93.8	97.2	(55)
239,500	232,200	33.3	45.8	94.6	97.0	(56)
249,700	242,700	33.8	47.8	95.4	99.6	(57)
258,700	251,500	33.4	49.9	96.5	100.8	(58)
259,500	252,700	32.3	52.0	96.4	100.6	(59)
247,700	**240,700**	**30.7**	**54.1**	**95.9**	**99.6**	**(60)**

2 肉用牛(続き)

(2) 飼養戸数・頭数（全国農業地域別）（平成27年～平成31年）

年次		飼養戸数	乳用種のいる戸数	飼				
				合計			肉	
					計	肥育用牛	小計	1歳未満
		(1)	(2)	(3)	(4)	(5)	(6)	(7)
		戸	戸	頭	頭	頭	頭	頭
北海道								
平成27年	(1)	2,620	958	505,200	168,600	53,500	117,600	27,300
28	(2)	2,600	937	512,500	170,500	46,600	118,800	28,000
29	(3)	2,610	954	516,500	177,300	48,500	123,000	28,900
30	(4)	2,570	940	524,500	186,600	52,400	128,700	30,700
31	**(5)**	**2,560**	**935**	**512,800**	**188,700**	**53,600**	**130,000**	**31,000**
都府県								
平成27年	(6)	51,800	4,520	1,983,000	1,492,000	687,100	951,800	176,800
28	(7)	49,300	4,240	1,967,000	1,472,000	673,400	934,700	171,100
29	(8)	47,500	4,180	1,982,000	1,487,000	673,800	947,200	169,100
30	(9)	45,800	3,910	1,990,000	1,515,000	684,300	962,700	174,300
31	**(10)**	**43,800**	**3,740**	**1,990,000**	**1,546,000**	**699,800**	**984,100**	**186,000**
東北								
平成27年	(11)	14,500	979	333,500	259,100	106,800	176,900	30,900
28	(12)	13,700	711	334,300	255,500	108,600	172,600	31,400
29	(13)	13,100	698	336,700	258,900	109,700	174,500	31,900
30	(14)	12,500	670	333,200	261,300	112,500	177,000	32,100
31	**(15)**	**11,800**	**671**	**326,900**	**260,700**	**109,500**	**177,100**	**32,600**
北陸								
平成27年	(16)	434	154	21,000	10,500	6,580	5,090	1,110
28	(17)	423	149	21,000	10,600	6,580	5,000	1,090
29	(18)	411	157	21,300	10,900	7,010	5,120	1,230
30	(19)	403	140	21,000	11,200	6,910	5,370	1,250
31	**(20)**	**377**	**131**	**21,400**	**11,200**	**6,590**	**5,620**	**1,380**
関東・東山								
平成27年	(21)	3,410	1,150	280,000	138,800	88,000	69,000	13,300
28	(22)	3,310	1,130	277,700	134,400	84,300	65,300	13,300
29	(23)	3,200	1,100	279,600	135,500	86,400	64,800	13,300
30	(24)	3,010	1,010	276,700	138,400	87,000	66,600	14,000
31	**(25)**	**2,890**	**961**	**270,400**	**140,900**	**87,500**	**68,300**	**14,900**
東海								
平成27年	(26)	1,280	432	124,700	70,700	51,700	47,500	8,050
28	(27)	1,200	417	122,100	69,900	51,100	47,300	8,230
29	(28)	1,170	406	122,900	71,600	52,900	48,400	8,480
30	(29)	1,140	377	122,200	72,600	54,100	49,200	8,460
31	**(30)**	**1,100**	**367**	**119,900**	**73,900**	**54,200**	**50,100**	**9,230**
近畿								
平成27年	(31)	1,730	175	80,700	66,800	40,800	41,700	6,940
28	(32)	1,670	181	81,200	67,500	42,000	42,000	6,920
29	(33)	1,610	182	83,100	68,600	41,400	43,000	6,570
30	(34)	1,570	171	84,300	70,800	42,700	44,000	7,290
31	**(35)**	**1,520**	**154**	**85,700**	**72,500**	**45,000**	**44,900**	**7,410**

養	頭	数					
用		種					
め		す					
1 歳	2 歳 以 上	子 取 り 用 め す 牛					
		小 計	1 歳 未 満	1 歳	2 歳	3 歳 以 上	
(8)	(9)	(10)	(11)	(12)	(13)	(14)	
頭	頭	頭	頭	頭	頭	頭	
17,400	72,800	65,800	3,210	5,020	3,730	53,800	(1)
19,500	71,320	72,700	3,740	7,700	6,130	55,200	(2)
20,700	73,400	73,700	7,220	5,680	7,500	53,300	(3)
21,300	76,700	75,100	5,940	7,960	8,260	52,900	(4)
22,800	**76,200**	**75,600**	**6,060**	**8,360**	**8,220**	**52,900**	**(5)**
213,800	561,200	513,700	23,600	42,900	44,800	402,300	(6)
212,900	550,700	516,400	24,400	42,300	46,400	403,400	(7)
211,300	566,700	523,600	28,300	45,200	42,000	408,100	(8)
214,100	574,300	535,300	30,500	48,800	43,900	412,200	(9)
219,300	**578,700**	**550,300**	**32,200**	**51,200**	**47,400**	**419,500**	**(10)**
41,700	104,200	98,900	4,740	8,560	9,370	76,200	(11)
38,200	102,890	95,600	3,740	8,610	8,690	74,500	(12)
38,600	104,100	97,200	4,820	8,250	8,840	75,300	(13)
39,300	105,600	97,300	5,720	8,510	7,850	75,200	(14)
38,500	**105,900**	**99,400**	**6,000**	**10,100**	**10,500**	**72,700**	**(15)**
1,110	2,870	2,570	120	210	180	2,070	(16)
1,110	2,820	2,510	190	200	180	1,950	(17)
1,150	2,740	2,550	190	310	190	1,850	(18)
1,350	2,780	2,640	190	310	260	1,880	(19)
1,260	**2,980**	**2,960**	**260**	**360**	**360**	**1,970**	**(20)**
18,000	37,600	31,100	2,050	2,490	2,640	24,000	(21)
16,200	35,800	30,200	1,810	2,670	2,460	23,300	(22)
15,800	35,800	30,600	2,230	2,980	2,880	22,600	(23)
16,100	36,500	32,700	2,090	3,500	3,350	23,700	(24)
16,800	**36,600**	**33,200**	**2,340**	**3,380**	**3,340**	**24,200**	**(25)**
19,700	19,700	12,200	630	1,030	670	9,840	(26)
19,400	19,690	12,100	590	990	810	9,750	(27)
19,700	20,200	12,200	620	1,040	770	9,740	(28)
19,700	21,100	12,200	660	1,070	890	9,550	(29)
20,000	**20,900**	**13,100**	**860**	**1,660**	**960**	**9,590**	**(30)**
13,800	21,000	18,700	1,480	1,850	2,150	13,300	(31)
14,100	20,990	18,800	1,110	2,210	2,150	13,300	(32)
14,900	21,500	19,500	1,680	1,970	2,320	13,500	(33)
14,800	21,900	19,700	1,880	2,060	2,130	13,600	(34)
15,100	**22,400**	**19,800**	**1,960**	**1,960**	**1,740**	**14,100**	**(35)**

188 肉　用　牛（累年）

2　肉用牛(続き)

(2)　飼養戸数・頭数（全国農業地域別）（平成27年～平成31年）（続き）

年　　次	飼　養　頭　数（続き）					
	肉　用　種（続き）				乳　用	
	お　す				計	
	小　計	1 歳 未 満	1　歳	2 歳 以 上		交　雑　種
	(15) 頭	(16) 頭	(17) 頭	(18) 頭	(19) 頭	(20) 頭
北　海　道						
平成 27 年 (1)	51,000	28,800	16,700	5,490	336,600	121,400
28 (2)	51,800	29,400	17,000	5,330	342,000	131,800
29 (3)	54,400	30,300	17,400	6,640	339,200	139,400
30 (4)	57,800	32,700	18,200	7,030	337,900	144,800
31 (5)	**58,700**	**32,900**	**19,300**	**6,440**	**324,100**	**139,600**
都　府　県						
平成 27 年 (6)	540,400	194,700	245,300	100,400	491,100	361,000
28 (7)	536,800	187,900	250,700	98,200	495,200	373,500
29 (8)	539,500	189,600	246,500	103,300	495,500	382,200
30 (9)	552,200	198,500	254,500	99,200	475,100	373,100
31 (10)	**561,600**	**207,100**	**257,500**	**97,000**	**444,500**	**354,600**
東　　北						
平成 27 年 (11)	82,200	32,300	34,500	15,400	74,400	46,200
28 (12)	82,900	32,800	34,800	15,300	78,800	51,400
29 (13)	84,300	33,700	34,400	16,200	77,900	53,100
30 (14)	84,300	33,600	35,500	15,200	71,900	49,300
31 (15)	**83,700**	**34,800**	**34,400**	**14,400**	**66,200**	**46,700**
北　　陸						
平成 27 年 (16)	5,420	1,770	2,710	940	10,500	7,410
28 (17)	5,580	1,680	2,920	980	10,400	6,980
29 (18)	5,730	1,710	3,030	1,000	10,400	6,880
30 (19)	5,800	1,760	2,860	1,180	9,830	6,560
31 (20)	**5,620**	**1,810**	**2,980**	**830**	**10,100**	**7,040**
関東・東山						
平成 27 年 (21)	69,900	18,300	36,200	15,400	141,100	107,000
28 (22)	69,200	19,000	35,100	15,100	143,300	110,800
29 (23)	70,700	18,900	36,100	15,800	144,000	112,500
30 (24)	71,800	19,600	36,100	16,000	138,300	110,300
31 (25)	**72,600**	**20,900**	**36,700**	**15,000**	**129,500**	**102,800**
東　　海						
平成 27 年 (26)	23,200	6,930	12,000	4,250	54,100	45,800
28 (27)	22,600	7,080	11,300	4,180	52,300	44,800
29 (28)	23,200	7,340	11,600	4,300	51,300	44,300
30 (29)	23,400	7,450	11,800	4,220	49,500	43,300
31 (30)	**23,800**	**7,730**	**12,000**	**4,100**	**46,000**	**40,500**
近　　畿						
平成 27 年 (31)	25,000	7,160	12,600	5,240	13,900	11,500
28 (32)	25,500	7,070	13,300	5,160	13,700	11,900
29 (33)	25,600	7,310	12,400	5,920	14,500	13,000
30 (34)	26,800	7,410	13,800	5,640	13,500	12,200
31 (35)	**27,600**	**8,380**	**13,700**	**5,520**	**13,200**	**12,000**

種		乳用種頭数割合	1戸当たり飼養頭数	対前年比		
めす	交雑種	(19)／(3)	(3)／(1)	飼養戸数	飼養頭数	
(21)	(22)	(23)	(24)	(25)	(26)	
頭	頭	%	頭	%	%	
62,300	58,200	66.6	192.8	97.8	99.1	(1)
67,000	62,900	66.7	197.1	99.2	101.4	(2)
70,000	65,900	65.7	197.9	100.4	100.8	(3)
73,300	69,100	64.4	204.1	98.5	101.5	(4)
70,500	**66,300**	**63.2**	**200.3**	**99.6**	**97.8**	**(5)**
177,100	174,000	24.8	38.3	94.4	96.4	(6)
182,700	179,800	25.2	39.9	95.2	99.2	(7)
188,600	185,500	25.0	41.7	96.3	100.8	(8)
186,200	183,600	23.9	43.4	96.4	100.4	(9)
177,200	**174,400**	**22.3**	**45.4**	**95.6**	**100.0**	**(10)**
24,800	24,500	22.3	23.0	94.2	96.2	(11)
27,000	26,800	23.6	24.4	94.5	100.2	(12)
27,000	26,600	23.1	25.7	95.6	100.7	(13)
25,500	25,200	21.6	26.7	95.4	99.0	(14)
24,400	**24,100**	**20.3**	**27.7**	**94.4**	**98.1**	**(15)**
4,450	4,340	50.0	48.4	94.6	93.3	(16)
4,150	4,070	49.5	49.6	97.5	100.0	(17)
4,030	3,930	48.8	51.8	97.2	101.4	(18)
3,500	3,470	46.8	52.1	98.1	98.6	(19)
3,490	**3,450**	**47.2**	**56.8**	**93.5**	**101.9**	**(20)**
52,600	51,600	50.4	82.1	91.7	94.4	(21)
54,500	54,000	51.6	83.9	97.1	99.2	(22)
56,200	55,600	51.5	87.4	96.7	100.7	(23)
55,400	55,000	50.0	91.9	94.1	99.0	(24)
51,900	**51,300**	**47.9**	**93.6**	**96.0**	**97.7**	**(25)**
22,800	22,700	43.4	97.4	94.8	96.1	(26)
22,700	22,600	42.8	101.8	93.8	97.9	(27)
22,500	22,400	41.7	105.0	97.5	100.7	(28)
21,900	21,700	40.5	107.2	97.4	99.4	(29)
20,300	**20,100**	**38.4**	**109.0**	**96.5**	**98.1**	**(30)**
6,230	6,190	17.2	46.6	95.1	97.3	(31)
6,300	6,270	16.9	48.6	96.5	100.6	(32)
7,340	7,280	17.4	51.6	96.4	102.3	(33)
6,890	6,850	16.0	53.7	97.5	101.4	(34)
6,730	**6,650**	**15.4**	**56.4**	**96.8**	**101.7**	**(35)**

2 肉用牛(続き)

(2) 飼養戸数・頭数（全国農業地域別）（平成27年～平成31年）（続き）

年次	飼養戸数	乳用種のいる戸数	飼				
			合計	肉			
				計	肥育用牛	小計	1歳未満
	(1)	(2)	(3)	(4)	(5)	(6)	(7)
	戸	戸	頭	頭	頭	頭	頭
中 国							
平成 27 年 (36)	3,020	278	119,700	70,200	34,100	45,600	8,490
28 (37)	2,920	296	117,900	69,000	33,200	45,100	8,460
29 (38)	2,820	372	118,600	69,100	33,400	45,700	8,230
30 (39)	2,740	336	119,400	71,700	34,400	47,400	8,900
31 (40)	**2,620**	**304**	**119,500**	**73,600**	**35,400**	**49,000**	**9,470**
四 国							
平成 27 年 (41)	809	261	59,500	25,200	16,500	15,600	3,090
28 (42)	779	271	58,300	24,600	16,300	14,800	2,730
29 (43)	741	272	58,300	25,100	16,300	15,100	2,650
30 (44)	724	267	58,600	26,200	16,700	15,700	2,860
31 (45)	**695**	**251**	**58,100**	**27,100**	**16,800**	**16,200**	**3,040**
九 州							
平成 27 年 (46)	23,900	1,050	893,900	781,400	336,200	495,300	96,600
28 (47)	22,700	1,050	883,700	770,400	325,100	488,700	89,900
29 (48)	22,000	962	889,700	775,900	320,200	495,500	87,400
30 (49)	21,200	914	901,100	789,700	323,100	501,100	89,800
31 (50)	**20,400**	**873**	**913,600**	**811,400**	**337,500**	**515,400**	**98,000**
沖 縄							
平成 27 年 (51)	2,700	37	70,300	69,500	6,390	55,100	8,350
28 (52)	2,610	28	70,500	69,700	6,270	53,900	9,080
29 (53)	2,530	27	72,000	71,200	6,530	55,100	9,460
30 (54)	2,470	22	73,600	72,900	6,850	56,300	9,640
31 (55)	**2,380**	**23**	**74,700**	**74,200**	**7,370**	**57,500**	**9,990**
関東農政局							
平成 27 年 (56)	3,570	1,230	301,500	146,300	94,200	74,900	14,200
28 (57)	3,450	1,190	298,900	141,600	90,200	70,900	14,200
29 (58)	3,330	1,170	300,300	142,800	92,400	70,400	14,200
30 (59)	3,140	1,070	297,000	145,700	93,000	72,100	14,900
31 (60)	**3,000**	**1,030**	**289,700**	**148,200**	**93,300**	**73,800**	**15,800**
東海農政局							
平成 27 年 (61)	1,130	357	103,200	63,200	45,500	41,600	7,200
28 (62)	1,060	351	101,000	62,700	45,200	41,700	7,290
29 (63)	1,040	338	102,200	64,300	46,900	42,700	7,620
30 (64)	1,020	319	101,800	65,300	48,100	43,700	7,580
31 (65)	**981**	**298**	**100,600**	**66,500**	**48,400**	**44,600**	**8,350**
中国四国農政局							
平成 27 年 (66)	3,830	539	179,200	95,400	50,600	61,200	11,600
28 (67)	3,700	567	176,200	93,600	49,400	59,900	11,200
29 (68)	3,560	644	177,000	94,200	49,700	60,800	10,900
30 (69)	3,470	603	177,900	97,900	51,100	63,100	11,800
31 (70)	**3,320**	**555**	**177,600**	**100,800**	**52,200**	**65,100**	**12,500**

養	頭	数					
用		種					
め		す					
		子 取 り 用 め す 牛					
1 歳	2 歳 以 上	小 計	1 歳 未 満	1 歳	2 歳	3 歳 以 上	
(8)	(9)	(10)	(11)	(12)	(13)	(14)	
頭	頭	頭	頭	頭	頭	頭	
10,800	26,300	25,000	1,360	2,080	2,370	19,200	(36)
10,500	26,210	24,900	1,550	2,260	2,470	18,600	(37)
10,800	26,700	24,700	1,380	2,030	2,070	19,200	(38)
10,700	27,900	26,100	1,430	2,280	2,410	20,000	(39)
11,100	**28,400**	**26,000**	**1,920**	**2,540**	**2,480**	**19,100**	**(40)**
5,190	7,300	6,310	500	520	550	4,740	(41)
4,880	7,150	6,040	460	460	490	4,640	(42)
5,050	7,380	6,050	430	520	490	4,610	(43)
5,030	7,820	6,800	550	750	560	4,950	(44)
5,270	**7,880**	**7,250**	**580**	**910**	**850**	**4,920**	**(45)**
98,800	299,900	276,700	10,100	23,500	24,300	218,800	(46)
104,000	294,900	284,400	12,500	21,700	26,600	223,500	(47)
100,600	307,500	288,300	14,600	24,300	20,500	228,900	(48)
102,700	308,600	295,000	16,100	27,100	23,100	228,800	(49)
106,300	**311,100**	**304,900**	**16,400**	**27,300**	**23,800**	**237,400**	**(50)**
4,520	42,300	42,200	2,660	2,670	2,570	34,300	(51)
4,570	40,350	41,800	2,400	3,160	2,560	33,700	(52)
4,850	40,800	42,600	2,370	3,760	3,940	32,500	(53)
4,490	42,200	43,000	1,870	3,290	3,330	34,500	(54)
5,040	**42,500**	**43,700**	**1,880**	**2,950**	**3,350**	**35,600**	**(55)**
21,300	39,300	32,000	2,100	2,570	2,710	24,600	(56)
19,200	37,480	31,100	1,870	2,790	2,550	23,900	(57)
18,800	37,500	31,600	2,300	3,100	2,990	23,200	(58)
19,000	38,200	33,600	2,140	3,600	3,510	24,300	(59)
19,700	**38,300**	**34,200**	**2,420**	**3,510**	**3,460**	**24,900**	**(60)**
16,400	18,000	11,300	590	950	600	9,200	(61)
16,400	18,020	11,200	530	860	720	9,110	(62)
16,600	18,500	11,200	560	920	660	9,100	(63)
16,800	19,300	11,300	610	970	740	8,990	(64)
17,100	**19,200**	**12,000**	**780**	**1,520**	**840**	**8,890**	**(65)**
16,000	33,600	31,400	1,860	2,600	2,920	24,000	(66)
15,400	33,360	30,900	2,000	2,710	2,960	23,300	(67)
15,800	34,100	30,700	1,820	2,550	2,550	23,800	(68)
15,700	35,700	32,900	1,970	3,030	2,970	25,000	(69)
16,300	**36,300**	**33,300**	**2,490**	**3,450**	**3,330**	**24,000**	**(70)**

2 肉用牛(続き)

(2) 飼養戸数・頭数（全国農業地域別）（平成27年～平成31年）（続き）

年次	飼養頭数（続き）					
	肉用種（続き）				乳用	
	おす				計	
	小計	1歳未満	1歳	2歳以上		交雑種
	(15) 頭	(16) 頭	(17) 頭	(18) 頭	(19) 頭	(20) 頭
中国						
平成 27 年 (36)	24,600	9,580	11,400	3,610	49,500	35,300
28 (37)	23,900	9,510	10,800	3,510	48,900	35,600
29 (38)	23,400	9,380	10,500	3,470	49,500	36,500
30 (39)	24,300	9,760	11,200	3,350	47,700	36,200
31 (40)	24,700	10,600	11,000	3,120	45,900	35,400
四国						
平成 27 年 (41)	9,630	3,350	4,580	1,700	34,200	28,200
28 (42)	9,830	3,060	5,150	1,620	33,700	28,200
29 (43)	9,990	3,060	5,040	1,890	33,300	28,600
30 (44)	10,500	3,250	5,500	1,750	32,300	27,900
31 (45)	11,000	3,520	5,680	1,760	30,900	26,800
九州						
平成 27 年 (46)	286,100	107,400	128,900	49,700	112,400	79,100
28 (47)	281,700	98,500	134,900	48,300	113,300	83,200
29 (48)	280,400	98,700	130,700	51,000	113,800	86,600
30 (49)	288,600	105,700	134,700	48,100	111,300	86,800
31 (50)	296,000	109,400	138,200	48,400	102,200	83,000
沖縄						
平成 27 年 (51)	14,400	7,940	2,320	4,140	790	560
28 (52)	15,800	9,270	2,380	4,120	810	610
29 (53)	16,100	9,600	2,780	3,720	790	690
30 (54)	16,600	9,840	3,050	3,750	650	530
31 (55)	16,700	9,980	2,900	3,820	510	450
関東農政局						
平成 27 年 (56)	71,400	18,700	37,100	15,600	155,200	119,000
28 (57)	70,700	19,500	36,000	15,300	157,200	122,900
29 (58)	72,400	19,300	37,000	16,000	157,500	124,100
30 (59)	73,600	20,200	37,100	16,300	151,300	121,600
31 (60)	74,500	21,500	37,700	15,300	141,500	113,300
東海農政局						
平成 27 年 (61)	21,700	6,500	11,100	4,060	40,000	33,700
28 (62)	21,000	6,570	10,400	3,980	38,300	32,800
29 (63)	21,600	6,870	10,600	4,050	37,900	32,700
30 (64)	21,700	6,890	10,800	3,990	36,500	32,000
31 (65)	21,900	7,130	11,000	3,810	34,000	30,000
中国四国農政局						
平成 27 年 (66)	34,200	12,900	16,000	5,310	83,800	63,500
28 (67)	33,700	12,600	16,000	5,130	82,600	63,800
29 (68)	33,400	12,400	15,600	5,350	82,800	65,100
30 (69)	34,800	13,000	16,700	5,100	80,000	64,100
31 (70)	35,600	14,100	16,600	4,880	76,800	62,200

種		乳用種頭数割合	1戸当たり飼養頭数	対前年比		
めす	交雑種	(19)／(3)	(3)／(1)	飼養戸数	飼養頭数	
(21)	(22)	(23)	(24)	(25)	(26)	
頭	頭	%	頭	%	%	
21,000	20,700	41.4	39.6	93.2	96.8	(36)
21,000	20,600	41.5	40.4	96.7	98.5	(37)
22,100	21,500	41.7	42.1	96.6	100.6	(38)
21,600	21,000	39.9	43.6	97.2	100.7	(39)
20,900	**20,600**	**38.4**	**45.6**	**95.6**	**100.1**	**(40)**
9,460	9,330	57.5	73.5	96.2	94.9	(41)
9,130	8,910	57.8	74.8	96.3	98.0	(42)
9,280	9,100	57.1	78.7	95.1	100.0	(43)
8,960	8,880	55.1	80.9	97.7	100.5	(44)
8,770	**8,650**	**53.2**	**83.6**	**96.0**	**99.1**	**(45)**
35,500	34,400	12.6	37.4	94.8	97.0	(46)
37,600	36,200	12.8	38.9	95.0	98.9	(47)
39,900	38,700	12.8	40.4	96.9	100.7	(48)
42,200	41,300	12.4	42.5	96.4	101.3	(49)
40,400	**39,300**	**11.2**	**44.8**	**96.2**	**101.4**	**(50)**
310	310	1.1	26.0	97.8	98.5	(51)
350	340	1.1	27.0	96.7	100.3	(52)
350	350	1.1	28.5	96.9	102.1	(53)
280	280	0.9	29.8	97.6	102.2	(54)
250	**250**	**0.7**	**31.4**	**96.4**	**101.5**	**(55)**
57,600	56,500	51.5	84.5	92.0	94.5	(56)
59,800	59,300	52.6	86.6	96.6	99.1	(57)
61,400	60,800	52.4	90.2	96.5	100.5	(58)
60,300	59,900	50.9	94.6	94.3	98.9	(59)
56,600	**55,900**	**48.8**	**96.6**	**95.5**	**97.5**	**(60)**
17,800	17,700	38.8	91.3	95.0	96.3	(61)
17,400	17,300	37.9	95.3	93.8	97.9	(62)
17,300	17,200	37.1	98.3	98.1	101.2	(63)
16,900	16,800	35.9	99.8	98.1	99.6	(64)
15,600	**15,500**	**33.8**	**102.5**	**96.2**	**98.8**	**(65)**
30,400	30,000	46.8	46.8	93.9	96.1	(66)
30,100	29,600	46.9	47.6	96.6	98.3	(67)
31,400	30,600	46.8	49.7	96.2	100.5	(68)
30,500	29,900	45.0	51.3	97.5	100.5	(69)
29,700	**29,200**	**43.2**	**53.5**	**95.7**	**99.8**	**(70)**

2　肉用牛(続き)

(3)　総飼養頭数規模別の飼養戸数（全国）（平成12年～平成31年）

区　　分	計	1 ～ 2 頭	3 ～ 4	5 ～ 9	10 ～ 19
平成 12 年 (1)	…	…	…	…	…
13 (2)	109,700	24,500	21,500	26,100	16,700
14 (3)	103,700	21,000	20,900	24,200	17,000
15 (4)	97,700	19,100	18,700	23,200	16,500
16 (5)	93,300	17,500	17,400	22,400	16,200
17 (6)	89,100	17,200	16,100	21,800	14,900
18 (7)	85,100	16,500	14,500	21,000	14,100
19 (8)	82,000	15,000	13,600	20,300	13,800
20 (9)	80,000	1) 26,300	…	19,200	14,600
21 (10)	76,900	1) 26,100	…	17,800	13,300
22 (11)	74,000	1) 24,300	…	18,000	12,400
23 (12)	69,200	1) 22,400	…	16,000	12,100
24 (13)	64,800	1) 21,200	…	14,300	11,500
25 (14)	60,900	1) 19,300	…	13,500	10,600
26 (15)	57,200	1) 18,100	…	12,900	9,680
27 (16)	54,000	1) 16,700	…	11,500	9,610
28 (17)	51,500	1) 13,800	…	11,600	9,510
29 (18)	49,800	1) 13,200	…	10,300	9,970
30 (19)	48,000	1) 12,400	…	9,620	9,480
31 (20)	**46,000**	**1) 11,000**	**…**	**9,520**	**9,120**

注：1　この統計表には学校、試験場等の非営利的な飼養者は含まない（(4)の統計表において同じ。）。
　　2　平成12年は畜産基本調査を休止した（(4)の統計表において同じ。）。
　　3　平成20年調査から階層区分を変更したため、「1～2頭」及び「3～4」を「1～4頭」に、「20～29」及び「30～49」を「20～49」に変更した（(4)の統計表において同じ。）。
　　1)は「3～4」を含む。
　　2)は「30～49」を含む。

(4)　総飼養頭数規模別の飼養頭数（全国）（平成12年～平成31年）

区　　分	計	1 ～ 2 頭	3 ～ 4	5 ～ 9	10 ～ 19
平成 12 年 (1)	…	…	…	…	…
13 (2)	2,776,000	40,000	73,800	175,800	225,300
14 (3)	2,794,000	33,600	73,900	163,500	227,000
15 (4)	2,765,000	30,100	65,500	157,300	215,700
16 (5)	2,755,000	28,600	61,300	153,500	219,700
17 (6)	2,710,000	29,000	59,300	158,800	218,400
18 (7)	2,701,000	26,900	52,700	147,300	201,200
19 (8)	2,775,000	24,500	49,200	136,900	194,800
20 (9)	2,857,000	1) 68,600	…	124,100	198,300
21 (10)	2,891,000	1) 82,400	…	127,800	188,200
22 (11)	2,858,000	1) 72,000	…	127,100	173,600
23 (12)	2,736,000	1) 71,000	…	112,600	162,700
24 (13)	2,698,000	1) 65,000	…	103,600	162,200
25 (14)	2,618,000	1) 58,400	…	100,100	152,200
26 (15)	2,543,000	1) 52,700	…	92,800	141,000
27 (16)	2,465,000	1) 46,300	…	82,000	138,900
28 (17)	2,457,000	1) 36,600	…	79,600	138,000
29 (18)	2,475,000	1) 35,700	…	71,100	136,700
30 (19)	2,490,000	1) 31,200	…	66,400	135,000
31 (20)	**2,478,000**	**1) 29,100**	**…**	**65,200**	**133,300**

注：1)及び2)は(3)の統計表の脚注参照。

単位：戸

20 ～ 29	30 ～ 49	50 ～ 99	100 ～ 199	200 頭 以 上	500 頭 以 上	
…	…	…	…	…	…	(1)
6, 210	5, 120	4, 200	2, 810	2, 560	…	(2)
5, 960	5, 220	4, 150	2, 780	2, 600	…	(3)
5, 710	5, 090	4, 220	2, 750	2, 580	…	(4)
5, 780	4, 740	4, 350	2, 560	2, 400	…	(5)
5, 440	4, 670	4, 100	2, 520	2, 310	…	(6)
5, 420	4, 480	4, 300	2, 520	2, 260	…	(7)
5, 230	4, 680	4, 250	2, 640	2, 420	…	(8)
2) 10, 600	…	4, 400	2, 570	2, 430	706	(9)
2) 10, 500	…	4, 200	2, 570	2, 390	774	(10)
2) 10, 300	…	4, 050	2, 480	2, 510	760	(11)
2) 9, 880	…	4, 170	2, 540	2, 190	780	(12)
2) 9, 050	…	4, 240	2, 340	2, 190	733	(13)
2) 9, 190	…	3, 820	2, 300	2, 190	718	(14)
2) 8, 280	…	3, 870	2, 270	2, 140	715	(15)
2) 8, 260	…	3, 730	2, 130	2, 110	720	(16)
2) 8, 310	…	3, 780	2, 310	2, 280	714	(17)
2) 7, 880	…	4, 200	2, 100	2, 220	741	(18)
2) 8, 070	…	4, 150	2, 090	2, 210	769	(19)
2) 8, 020	**…**	**3, 910**	**2, 180**	**2, 250**	**759**	**(20)**

単位：頭

20 ～ 29	30 ～ 49	50 ～ 99	100 ～ 199	200 頭 以 上	500 頭 以 上	
…	…	…	…	…	…	(1)
147, 200	191, 500	290, 200	386, 800	1, 245, 000	…	(2)
140, 300	192, 000	288, 000	378, 200	1, 298, 000	…	(3)
135, 900	189, 300	284, 600	375, 600	1, 311, 000	…	(4)
140, 000	183, 900	313, 900	372, 800	1, 281, 000	…	(5)
138, 300	185, 400	299, 800	357, 400	1, 263, 000	…	(6)
138, 300	178, 000	301, 300	368, 300	1, 287, 000	…	(7)
130, 500	185, 700	299, 400	378, 700	1, 375, 000	…	(8)
2) 318, 000	…	301, 400	377, 900	1, 469, 000	918, 900	(9)
2) 350, 000	…	302, 400	367, 800	1, 472, 000	972, 500	(10)
2) 335, 500	…	301, 400	355, 100	1, 494, 000	961, 800	(11)
2) 321, 900	…	303, 700	364, 800	1, 399, 000	947, 500	(12)
2) 299, 500	…	310, 300	342, 600	1, 415, 000	934, 700	(13)
2) 307, 700	…	284, 300	333, 300	1, 382, 000	921, 700	(14)
2) 275, 600	…	283, 500	326, 400	1, 371, 000	915, 800	(15)
2) 269, 700	…	274, 900	308, 100	1, 346, 000	907, 100	(16)
2) 257, 100	…	272, 000	334, 300	1, 339, 000	884, 400	(17)
2) 251, 800	…	301, 000	292, 400	1, 386, 000	948, 600	(18)
2) 255, 000	…	294, 100	293, 600	1, 414, 000	977, 200	(19)
2) 260, 600	**…**	**275, 800**	**310, 000**	**1, 404, 000**	**968, 500**	**(20)**

196 肉 用 牛（累年）

2 肉用牛(続き)

(5) 肉用種の出生頭数

ア 月別出生頭数

単位：千頭

年 次	1月	2月	3月	4月	5月	6月	7月	8月	9月	10月	11月	12月
平成 25 年	43	39	46	45	45	42	43	44	39	37	39	40
26	42	38	44	43	44	41	43	42	39	38	38	39
27	42	38	44	43	43	41	44	43	41	38	40	40
28	42	40	45	44	44	43	44	45	41	41	39	43
29	43	39	46	45	46	44	46	**46**	**43**	**41**	**42**	**45**
30	**44**	**40**	**47**	**46**	**46**	**45**	**47**	1) ‥	1) ‥	1) ‥	1) ‥	1) ‥

注：1)は次期調査（令和２年２月１日現在）において対象となる期間である。

イ 期間別出生頭数

単位：千頭

年 次	計	出生頭数 前半期（2月～7月） 小計	出生頭数 前半期（2月～7月） めす	出生頭数 前半期（2月～7月） おす	出生頭数 後半期（8月～翌年1月） 小計	出生頭数 後半期（8月～翌年1月） めす	出生頭数 後半期（8月～翌年1月） おす
平成 25 年	500	259	125	134	241	115	125
26	491	253	121	132	238	115	124
27	497	254	122	132	243	116	127
28	511	260	124	136	251	119	132
29	527	266	127	139	**261**	**123**	**138**
30	1) ‥	**272**	**129**	**143**	1) ‥	1) ‥	1) ‥

注：1)はアの統計表の脚注参照。

3 豚

(1) 飼養戸数・頭数（全国）（昭和35年～平成31年）

年次		飼養戸数	子取り用めす豚のいる戸数	飼養				
				計	子取り用めす豚	種おす豚	肥育豚	その他
		(1)	(2)	(3)	(4)	(5)	(6)	(7)
		戸	戸	頭	頭	頭	頭	頭
昭和 35年	(1)	799,100	…	1,918,000	…	…	…	…
36	(2)	907,800	…	2,604,000	…	…	…	…
37	(3)	1,025,000	…	4,033,000	…	…	…	…
38	(4)	802,600	…	3,296,000	…	…	…	…
39	(5)	711,200	…	3,461,000	…	…	…	…
40	(6)	701,600	…	3,976,000	…	…	…	…
41	(7)	714,300	306,000	5,158,000	…	…	…	…
42	(8)	649,500	298,000	5,975,000	…	…	…	…
43	(9)	530,600	255,900	5,535,000	…	…	…	…
44	(10)	461,000	233,200	5,429,000	…	…	…	…
45	(11)	444,500	255,700	6,335,000	…	…	…	…
46	(12)	398,300	238,700	6,904,000	…	…	…	…
47	(13)	339,700	215,300	6,985,000	…	…	…	…
48	(14)	321,100	223,700	7,490,000	…	…	…	…
49	(15)	277,400	195,800	8,018,000	…	…	…	…
50	(16)	223,400	156,700	7,684,000	…	…	…	…
51	(17)	195,600	147,500	7,459,000	…	…	…	…
52	(18)	178,900	140,600	8,132,000	…	…	…	…
53	(19)	165,200	136,000	8,780,000	…	…	…	…
54	(20)	156,300	130,100	9,491,000	…	…	…	…
55	(21)	141,300	117,800	9,998,000	…	…	…	…
56	(22)	126,700	107,200	10,065,000	…	…	…	…
57	(23)	111,800	95,200	10,040,000	…	…	…	…
58	(24)	100,500	87,400	10,273,000	…	…	…	…
59	(25)	91,500	79,400	10,423,000	…	…	…	…
60	(26)	83,100	73,700	10,718,000	…	…	…	…
61	(27)	74,200	64,800	11,061,000	…	…	…	…
62	(28)	65,100	57,200	11,354,000	…	…	…	…
63	(29)	57,500	50,200	11,725,000	…	…	…	…
平成 元	(30)	50,200	44,100	11,866,000	…	…	…	…
2	(31)	43,400	38,000	11,817,000	…	…	…	…
3	(32)	36,000	31,500	11,335,000	1,111,000	90,100	9,246,000	888,400
4	(33)	29,900	26,500	10,966,000	1,061,000	88,200	8,993,000	823,800
5	(34)	25,300	22,400	10,783,000	1,043,000	86,200	8,867,000	786,900
6	(35)	22,100	19,500	10,621,000	1,008,000	82,000	8,756,000	774,300
7	(36)	18,800	16,600	10,250,000	969,900	80,100	8,473,000	727,100
8	(37)	16,000	14,100	9,900,000	941,300	75,200	8,194,000	689,000
9	(38)	14,400	12,700	9,823,000	933,800	73,600	8,172,000	644,400
10	(39)	13,400	11,900	9,904,000	939,400	72,900	8,268,000	623,400
11	(40)	12,500	11,000	9,879,000	931,400	70,900	8,258,000	618,800
12	(41)	11,700	10,300	9,806,000	929,300	70,600	8,209,000	597,600
13	(42)	10,800	9,450	9,788,000	921,500	67,900	8,214,000	584,900
14	(43)	10,000	8,790	9,612,000	916,400	67,900	8,028,000	599,000
15	(44)	9,430	8,290	9,725,000	929,300	66,000	8,057,000	673,000
16	(45)	8,880	7,770	9,724,000	917,500	63,000	8,052,000	690,900
17	(46)	…	…	…	…	…	…	…
18	(47)	7,800	6,780	9,620,000	907,100	60,000	7,943,000	710,700
19	(48)	7,550	6,560	9,759,000	915,000	58,000	8,119,000	667,100
20	(49)	7,230	6,250	9,745,000	910,100	57,400	8,117,000	660,900
21	(50)	6,890	5,930	9,899,000	936,700	57,100	8,220,000	685,700
22	(51)	…	…	…	…	…	…	…
23	(52)	6,010	5,110	9,768,000	901,800	51,800	8,186,000	628,700
24	(53)	5,840	4,900	9,735,000	900,000	51,900	8,145,000	638,700
25	(54)	5,570	4,620	9,685,000	899,700	49,100	8,106,000	629,500
26	(55)	5,270	4,290	9,537,000	885,300	47,500	8,020,000	583,300
27	(56)	…	…	…	…	…	…	…
28	(57)	4,830	3,940	9,313,000	844,700	42,600	7,743,000	682,500
29	(58)	4,670	3,800	9,346,000	839,300	43,500	7,797,000	666,100
30	(59)	4,470	3,640	9,189,000	823,700	39,400	7,677,000	649,600
31	**(60)**	**4,320**	**3,460**	**9,156,000**	**853,100**	**36,300**	**7,594,000**	**673,200**

注：昭和35年から平成２年までの「子取り用めす豚頭数割合」は、６か月以上の子取り用めす豚頭数の割合である。
1)は平成17年、平成22年及び平成27年は調査を休止したため、平成18年の対前年比は平成16年と、平成23年の対前年比は平成21年と、平成28年の対前年比は平成26年と対比して表章した。

頭数				子取り用めす豚頭数割合	1戸当たり飼養頭数	対前年比		
6か月未満	6か月以上			(4)／(3)	(3)／(1)	飼養戸数	飼養頭数	
	小計	子取り用めす豚	その他					
(8)	(9)	(10)	(11)	(12)	(13)	(14)	(15)	
頭	頭	頭	頭	%	頭	%	%	
1,140,000	777,700	246,200	531,500	12.8	2.4	84.9	85.5	(1)
1,662,000	941,700	419,600	522,100	16.1	2.9	113.6	135.8	(2)
2,395,000	1,638,000	529,100	1,108,000	13.1	3.9	112.9	154.9	(3)
1,925,000	1,371,000	418,000	952,900	12.7	4.1	78.3	81.7	(4)
2,189,000	1,272,000	465,300	806,700	13.4	4.9	88.6	105.0	(5)
2,619,000	1,357,000	535,000	822,300	13.5	5.7	98.7	114.9	(6)
3,456,000	1,702,000	697,600	1,005,000	13.5	7.2	101.8	129.7	(7)
3,995,000	1,979,000	728,800	1,251,000	12.2	9.2	90.9	115.8	(8)
3,793,000	1,742,000	651,000	1,090,000	11.8	10.4	81.7	92.6	(9)
3,776,000	1,653,000	658,900	994,600	12.1	11.8	86.9	98.1	(10)
4,422,000	1,912,000	816,300	1,096,000	12.9	14.3	96.4	116.7	(11)
4,959,000	1,945,000	841,200	1,104,000	12.2	17.3	89.6	109.0	(12)
5,087,000	1,878,000	852,700	1,045,000	12.2	20.6	85.3	101.2	(13)
5,411,000	2,079,000	1,004,000	1,075,000	13.4	23.3	94.5	107.2	(14)
5,878,000	2,140,000	1,009,000	1,130,000	12.6	28.9	86.4	107.1	(15)
5,602,000	2,082,000	911,000	1,171,000	11.9	34.4	80.5	95.8	(16)
5,469,000	1,990,000	958,800	1,031,000	12.9	38.1	87.6	97.1	(17)
5,979,000	2,153,000	1,028,000	1,125,000	12.6	45.5	91.5	109.0	(18)
6,474,000	2,306,000	1,093,000	1,213,000	12.5	53.1	92.3	108.0	(19)
7,009,000	2,482,000	1,168,000	1,314,000	12.3	60.7	94.6	108.1	(20)
7,153,000	2,845,000	1,152,000	1,693,000	11.5	70.8	90.4	105.3	(21)
7,570,000	2,495,000	1,171,000	1,324,000	11.6	79.4	89.7	105.3	(22)
7,564,000	2,480,000	1,164,000	1,316,000	11.6	89.8	88.2	99.8	(23)
7,780,000	2,493,000	1,187,000	1,306,000	11.6	102.2	89.9	102.3	(24)
7,945,000	2,478,000	1,204,000	1,274,000	11.6	113.9	91.0	101.5	(25)
8,261,000	2,457,000	1,226,000	…	11.4	129.0	90.8	102.8	(26)
8,625,000	2,436,000	1,202,000	1,233,000	10.9	149.1	89.3	103.2	(27)
8,966,000	2,388,000	1,218,000	1,170,000	10.7	174.4	87.7	102.6	(28)
9,237,000	2,488,000	1,229,000	1,259,000	10.5	203.9	88.3	103.3	(29)
9,363,000	2,503,000	1,214,000	1,289,000	10.2	236.4	87.3	101.2	(30)
9,337,000	2,479,000	1,182,000	1,298,000	10.0	272.3	86.5	99.6	(31)
…	…	…	…	9.8	314.9	82.9	95.9	(32)
…	…	…	…	9.7	366.8	83.1	96.7	(33)
…	…	…	…	9.7	426.2	84.6	98.3	(34)
…	…	…	…	9.5	480.6	87.4	98.5	(35)
…	…	…	…	9.5	545.2	85.1	96.5	(36)
…	…	…	…	9.5	618.8	85.1	96.6	(37)
…	…	…	…	9.5	682.2	90.0	99.2	(38)
…	…	…	…	9.5	739.1	93.1	100.8	(39)
…	…	…	…	9.4	790.3	93.3	99.7	(40)
…	…	…	…	9.5	838.1	93.6	99.3	(41)
…	…	…	…	9.4	906.3	92.3	99.8	(42)
…	…	…	…	9.5	961.2	92.6	98.2	(43)
…	…	…	…	9.6	1,031.3	94.3	101.2	(44)
…	…	…	…	9.4	1,095.0	94.2	100.0	(45)
…	…	…	…	nc	nc	nc	nc	(46)
…	…	…	…	9.4	1,233.3	1) 87.8	1) 98.9	(47)
…	…	…	…	9.4	1,292.6	96.8	101.4	(48)
…	…	…	…	9.3	1,347.9	95.8	99.9	(49)
…	…	…	…	9.5	1,436.7	95.3	101.6	(50)
…	…	…	…	nc	nc	nc	nc	(51)
…	…	…	…	9.2	1,625.3	1) 87.2	1) 98.7	(52)
…	…	…	…	9.2	1,667.0	97.2	99.7	(53)
…	…	…	…	9.3	1,738.8	95.4	99.5	(54)
…	…	…	…	9.3	1,809.7	94.6	98.5	(55)
…	…	…	…	nc	nc	nc	nc	(56)
…	…	…	…	9.1	1,928.2	1) 91.7	1) 97.7	(57)
…	…	…	…	9.0	2,001.3	96.7	100.4	(58)
…	…	…	…	9.0	2,055.7	95.7	98.3	(59)
…	**…**	**…**	**…**	**9.3**	**2,119.4**	**96.6**	**99.6**	**(60)**

3　豚（続き）

（2）　飼養戸数・頭数（全国農業地域別）（平成27年～平成31年）

年次	飼養戸数	子取り用めす豚のいる戸数	飼　　養				
			計	子取り用めす豚	種おす豚	肥育豚	その他
	(1) 戸	(2) 戸	(3) 頭	(4) 頭	(5) 頭	(6) 頭	(7) 頭
北海道							
平成 27 年 (1)	…	…	…	…	…	…	…
28 (2)	222	181	608,300	55,900	2,380	521,900	28,100
29 (3)	211	176	630,900	54,500	2,340	547,100	27,100
30 (4)	210	173	625,700	53,500	2,320	544,800	25,000
31 (5)	**201**	**161**	**691,600**	**59,600**	**2,340**	**598,800**	**30,900**
都府県							
平成 27 年 (6)	…	…	…	…	…	…	…
28 (7)	4,610	3,750	8,704,000	788,800	40,200	7,221,000	654,400
29 (8)	4,460	3,620	8,715,000	784,800	41,200	7,250,000	639,000
30 (9)	4,260	3,470	8,564,000	770,200	37,100	7,132,000	624,600
31 (10)	**4,120**	**3,300**	**8,465,000**	**793,600**	**34,000**	**6,995,000**	**642,300**
東北							
平成 27 年 (11)	…	…	…	…	…	…	…
28 (12)	609	497	1,557,000	138,400	5,520	1,298,000	115,500
29 (13)	569	462	1,528,000	140,100	4,990	1,289,000	93,200
30 (14)	546	443	1,519,000	142,200	4,640	1,274,000	97,700
31 (15)	**522**	**421**	**1,492,000**	**145,800**	**4,630**	**1,256,000**	**84,900**
北陸							
平成 27 年 (16)	…	…	…	…	…	…	…
28 (17)	167	144	247,100	22,600	1,560	204,900	18,000
29 (18)	166	146	255,400	20,900	1,470	216,100	16,900
30 (19)	163	136	252,700	20,500	1,400	212,800	18,000
31 (20)	**155**	**125**	**235,600**	**20,100**	**1,150**	**199,100**	**15,200**
関東・東山							
平成 27 年 (21)	…	…	…	…	…	…	…
28 (22)	1,300	1,120	2,536,000	236,500	13,200	2,183,000	103,100
29 (23)	1,270	1,080	2,503,000	230,000	12,600	2,152,000	108,200
30 (24)	1,180	996	2,425,000	214,700	10,400	2,098,000	102,200
31 (25)	**1,160**	**940**	**2,352,000**	**218,300**	**9,130**	**1,993,000**	**132,300**
東海							
平成 27 年 (26)	…	…	…	…	…	…	…
28 (27)	409	356	650,700	58,800	3,400	553,100	35,400
29 (28)	401	355	648,200	60,500	3,360	552,600	31,700
30 (29)	386	338	649,300	60,700	3,100	558,300	27,300
31 (30)	**375**	**334**	**672,600**	**62,900**	**3,200**	**587,100**	**19,400**
近畿							
平成 27 年 (31)	…	…	…	…	…	…	…
28 (32)	79	56	59,800	4,400	370	49,400	5,600
29 (33)	74	50	55,800	4,040	300	45,500	5,930
30 (34)	68	48	50,200	3,710	290	41,400	4,800
31 (35)	**71**	**45**	**47,700**	**3,190**	**200**	**41,100**	**3,190**

注：1)は(1)の統計表の脚注参照。

頭	数					対前年比		
	6か月以上			子取り用めす豚頭数割合	1戸当たり飼養頭数			
6か月未満	小計	子取り用めす豚	その他	(4)／(3)	(3)／(1)	飼養戸数	飼養頭数	
(8)	(9)	(10)	(11)	(12)	(13)	(14)	(15)	
頭	頭	頭	頭	%	頭	%	%	
…	…	…	…	nc	nc	nc	nc	(1)
…	…	…	…	9.2	2,740.1	1) 90.2	1) 97.2	(2)
…	…	…	…	8.6	2,990.0	95.0	103.7	(3)
…	…	…	…	8.6	2,979.5	99.5	99.2	(4)
…	…	…	…	8.6	3,440.8	95.7	110.5	(5)
…	…	…	…	nc	nc	nc	nc	(6)
…	…	…	…	9.1	1,888.1	1) 91.7	1) 97.7	(7)
…	…	…	…	9.0	1,954.0	96.7	100.1	(8)
…	…	…	…	9.0	2,010.3	95.5	98.3	(9)
…	…	…	…	9.4	2,054.6	96.7	98.8	(10)
…	…	…	…	nc	nc	nc	nc	(11)
…	…	…	…	8.9	2,556.7	1) 91.9	1) 97.2	(12)
…	…	…	…	9.2	2,685.4	93.4	98.1	(13)
…	…	…	…	9.4	2,782.1	96.0	99.4	(14)
…	…	…	…	9.8	2,858.2	95.6	98.2	(15)
…	…	…	…	nc	nc	nc	nc	(16)
…	…	…	…	9.1	1,479.6	1) 97.7	1) 101.2	(17)
…	…	…	…	8.2	1,538.6	99.4	103.4	(18)
…	…	…	…	8.1	1,550.3	98.2	98.9	(19)
…	…	…	…	8.5	1,520.0	95.1	93.2	(20)
…	…	…	…	nc	nc	nc	nc	(21)
…	…	…	…	9.3	1,950.8	1) 93.5	1) 100.6	(22)
…	…	…	…	9.2	1,970.9	97.7	98.7	(23)
…	…	…	…	8.9	2,055.1	92.9	96.9	(24)
…	…	…	…	9.3	2,027.6	98.3	97.0	(25)
…	…	…	…	nc	nc	nc	nc	(26)
…	…	…	…	9.0	1,591.0	1) 91.7	1) 94.4	(27)
…	…	…	…	9.3	1,616.5	98.0	99.6	(28)
…	…	…	…	9.3	1,682.1	96.3	100.2	(29)
…	…	…	…	9.4	1,793.6	97.2	103.6	(30)
…	…	…	…	nc	nc	nc	nc	(31)
…	…	…	…	7.4	757.0	1) 92.9	1) 102.0	(32)
…	…	…	…	7.2	754.1	93.7	93.3	(33)
…	…	…	…	7.4	738.2	91.9	90.0	(34)
…	…	…	…	6.7	671.8	104.4	95.0	(35)

3 豚（続き）

(2) 飼養戸数・頭数（全国農業地域別）（平成27年～平成31年）（続き）

年次	飼養戸数	子取り用めす豚のいる戸数	飼養				
			計	子取り用めす豚	種おす豚	肥育豚	その他
	(1) 戸	(2) 戸	(3) 頭	(4) 頭	(5) 頭	(6) 頭	(7) 頭
中国							
平成 27 年 (36)	…	…	…	…	…	…	…
28 (37)	101	87	259,800	23,600	790	223,500	11,900
29 (38)	97	80	266,400	19,400	700	234,800	11,500
30 (39)	94	77	280,600	23,800	670	233,700	22,500
31 (40)	**87**	**71**	**280,300**	**27,400**	**830**	**223,600**	**28,400**
四国							
平成 27 年 (41)	…	…	…	…	…	…	…
28 (42)	152	128	299,500	26,200	1,350	251,100	20,800
29 (43)	146	124	293,800	26,000	1,340	247,000	19,500
30 (39)	144	121	293,600	26,300	1,350	250,400	15,500
31 (40)	**136**	**119**	**295,900**	**26,800**	**1,150**	**253,000**	**15,000**
九州							
平成 27 年 (46)	…	…	…	…	…	…	…
28 (47)	1,520	1,180	2,873,000	256,700	12,200	2,311,000	292,900
29 (48)	1,470	1,140	2,948,000	262,800	14,600	2,368,000	302,100
30 (49)	1,420	1,110	2,867,000	256,200	13,300	2,314,000	283,700
31 (50)	**1,370**	**1,060**	**2,879,000**	**269,400**	**12,000**	**2,298,000**	**299,100**
沖縄							
平成 27 年 (51)	…	…	…	…	…	…	…
28 (52)	271	189	221,700	21,500	1,860	147,200	51,100
29 (53)	268	188	217,200	21,100	1,830	144,200	50,000
30 (54)	257	201	225,800	22,200	1,930	148,700	52,900
31 (55)	**237**	**177**	**209,800**	**19,600**	**1,700**	**143,700**	**44,800**
関東農政局							
平成 27 年 (56)	…	…	…	…	…	…	…
28 (57)	1,420	1,220	2,647,000	247,900	14,200	2,266,000	119,300
29 (58)	1,380	1,180	2,614,000	241,200	13,600	2,237,000	122,000
30 (59)	1,280	1,080	2,533,000	225,800	11,100	2,182,000	113,700
31 (60)	**1,260**	**1,030**	**2,462,000**	**228,900**	**10,100**	**2,081,000**	**141,100**
東海農政局							
平成 27 年 (61)	…	…	…	…	…	…	…
28 (62)	298	256	539,500	47,500	2,350	470,400	19,200
29 (63)	293	256	537,400	49,300	2,400	467,800	17,900
30 (64)	287	252	541,300	49,500	2,320	473,800	15,700
31 (65)	**279**	**243**	**563,500**	**52,300**	**2,200**	**498,400**	**10,600**
中国四国農政局							
平成 27 年 (66)	…	…	…	…	…	…	…
28 (67)	253	215	559,300	49,800	2,130	474,600	32,700
29 (68)	243	204	560,100	45,400	2,040	481,800	30,900
30 (69)	238	198	574,200	50,100	2,020	484,100	38,000
31 (70)	**223**	**190**	**576,300**	**54,200**	**1,980**	**476,700**	**43,400**

注：1)は(1)の統計表の脚注参照。

頭	数					対 前 年 比		
6か月未満	6 か 月 以 上			子取り用めす豚頭数割合 (4)／(3)	1戸当たり飼養頭数 (3)／(1)	飼養戸数	飼養頭数	
	小 計	子取り用めす豚	そ の 他					
(8)	(9)	(10)	(11)	(12)	(13)	(14)	(15)	
頭	頭	頭	頭	%	頭	%	%	
…	…	…	…	nc	nc	nc	nc	(36)
…	…	…	…	9.1	2,572.3	1) 85.6	1) 103.8	(37)
…	…	…	…	7.3	2,746.4	96.0	102.5	(38)
…	…	…	…	8.5	2,985.1	96.9	105.3	(39)
…	**…**	**…**	**…**	**9.8**	**3,221.8**	**92.6**	**99.9**	**(40)**
…	…	…	…	nc	nc	nc	nc	(41)
…	…	…	…	8.7	1,970.4	1) 84.9	1) 97.3	(42)
…	…	…	…	8.8	2,012.3	96.1	98.1	(43)
…	…	…	…	9.0	2,038.9	98.6	99.9	(44)
…	**…**	**…**	**…**	**9.1**	**2,175.7**	**94.4**	**100.8**	**(45)**
…	…	…	…	nc	nc	nc	nc	(46)
…	…	…	…	8.9	1,890.1	1) 89.4	1) 95.6	(47)
…	…	…	…	8.9	2,005.4	96.7	102.6	(48)
…	…	…	…	8.9	2,019.0	96.6	97.3	(49)
…	**…**	**…**	**…**	**9.4**	**2,101.5**	**96.5**	**100.4**	**(50)**
…	…	…	…	nc	nc	nc	nc	(51)
…	…	…	…	9.7	818.1	1) 98.2	1) 94.7	(52)
…	…	…	…	9.7	810.4	98.9	98.0	(53)
…	…	…	…	9.8	878.6	95.9	104.0	(54)
…	**…**	**…**	**…**	**9.3**	**885.2**	**92.2**	**92.9**	**(55)**
…	…	…	…	nc	nc	nc	nc	(56)
…	…	…	…	9.4	1,864.1	1) 94.0	1) 100.3	(57)
…	…	…	…	9.2	1,894.2	97.2	98.8	(58)
…	…	…	…	8.9	1,978.9	92.8	96.9	(59)
…	**…**	**…**	**…**	**9.3**	**1,954.0**	**98.4**	**97.2**	**(60)**
…	…	…	…	nc	nc	nc	nc	(61)
…	…	…	…	8.8	1,810.4	1) 93.4	1) 94.6	(62)
…	…	…	…	9.2	1,834.1	98.3	99.6	(63)
…	…	…	…	9.1	1,886.1	98.0	100.7	(64)
…	**…**	**…**	**…**	**9.3**	**2,019.7**	**97.2**	**104.1**	**(65)**
…	…	…	…	nc	nc	nc	nc	(66)
…	…	…	…	8.9	2,210.7	1) 85.2	1) 100.2	(67)
…	…	…	…	8.1	2,304.9	96.0	100.1	(68)
…	…	…	…	8.7	2,412.6	97.9	102.5	(69)
…	**…**	**…**	**…**	**9.4**	**2,584.3**	**93.7**	**100.4**	**(70)**

3　豚（続き）

(3)　肥育豚飼養頭数規模別の飼養戸数（全国）（平成12年～平成31年）

区　分	計	肥育豚飼養				
		小　計	1 ～ 9 頭	10 ～ 29	30 ～ 49	50 ～ 99
平成 12 年 (1)	…	…	…	…	…	…
13 (2)	10,600	8,720	260	380	340	620
14 (3)	9,870	8,190	270	350	300	500
15 (4)	9,190	7,790	(219) 220	(293) 290	(259) 260	(543) 540
16 (5)	8,650	7,420	184	311	233	553
17 (6)	…	…	…	…	…	…
18 (7)	7,600	6,620	157	261	223	473
19 (8)	7,360	6,450	135	256	197	472
20 (9)	7,040	6,210	1) 922	…	…	…
21 (10)	6,710	6,000	1) 927	…	…	…
22 (11)	…	…	…	…	…	…
23 (12)	5,840	5,280	1) 808	…	…	…
24 (13)	5,670	5,180	1) 738	…	…	…
25 (14)	5,400	5,010	1) 734	…	…	…
26 (15)	5,110	4,750	1) 654	…	…	…
27 (16)	…	…	…	…	…	…
28 (17)	4,670	4,400	1) 600	…	…	…
29 (18)	4,510	4,270	1) 560	…	…	…
30 (19)	4,310	4,080	1) 533	…	…	…
31 (20)	**4,170**	**3,950**	**1) 479**	**…**	**…**	**…**

注：1　この統計表には学校、試験場等の非営利的な飼養者は含まない（(4)の統計表において同じ。）。
　　2　平成12年は畜産基本調査、平成17年、平成22年及び平成27年は畜産統計調査を休止した（(4)の統計表において同じ。）。
　　3　平成15年の（　）は、平成16年から、飼養戸数の３桁以下の数値を原数表示することとしたため掲載した原数値である。
　　4　平成20年調査から階層区分を変更したため、「１～９頭」、「10～29」、「30～49」及び「50～99」を「１～99頭」に変更した（(4)の統計表において同じ。）。
　　1)は「10～29」、「30～49」及び「50～99」を含む。

(4)　肥育豚飼養頭数規模別の飼養頭数（全国）（平成12年～平成31年）

区　分	計	肥育豚飼養				
		小　計	1 ～ 9 頭	10 ～ 29	30 ～ 49	50 ～ 99
平成 12 年 (1)	…	…	…	…	…	…
13 (2)	9,728,000	9,339,000	10,100	22,300	24,500	60,900
14 (3)	9,549,000	9,174,000	8,370	18,300	19,800	57,300
15 (4)	9,658,000	9,228,000	9,160	12,800	17,800	53,100
16 (5)	9,639,000	9,197,000	5,100	23,600	17,000	63,800
17 (6)	…	…	…	…	…	…
18 (7)	9,570,000	9,149,000	6,690	19,900	19,000	52,000
19 (8)	9,709,000	9,258,000	9,320	7,440	14,600	48,300
20 (9)	9,695,000	9,278,000	1) 73,300	…	…	…
21 (10)	9,856,000	9,516,000	1) 88,700	…	…	…
22 (11)	…	…	…	…	…	…
23 (12)	9,726,000	9,457,000	1) 86,500	…	…	…
24 (13)	9,692,000	9,397,000	1) 70,300	…	…	…
25 (14)	9,643,000	9,360,000	1) 47,700	…	…	…
26 (15)	9,499,000	9,231,000	1) 51,200	…	…	…
27 (16)	…	…	…	…	…	…
28 (17)	9,273,000	9,015,000	1) 47,000	…	…	…
29 (18)	9,306,000	9,012,000	1) 35,400	…	…	…
30 (19)	9,151,000	8,872,000	1) 43,700	…	…	…
31 (20)	**9,118,000**	**8,819,000**	**1) 34,300**	**…**	**…**	**…**

注：1)は(3)の統計表の脚注参照。

単位：戸

頭数規模						肥育豚なし	
100 ～ 299	300 ～ 499	500 ～ 999	1,000 ～ 1,999	2,000頭以上	3,000 頭以上		
…	…	…	…	…	…	…	(1)
1,780	1,260	1,990	1,260	840	…	1,840	(2)
1,700	1,210	1,800	1,240	840	…	1,590	(3)
1,510	1,170	1,740	1,170	(887) 890	…	1,410	(4)
1,430	1,050	1,640	1,120	897	…	1,230	(5)
…	…	…	…	…	…	…	(6)
1,200	864	1,410	1,130	904	…	981	(7)
1,130	860	1,390	1,080	920	…	910	(8)
969	844	1,390	1,130	962	562	829	(9)
1,060	731	1,230	1,050	1,000	590	712	(10)
…	…	…	…	…	…	…	(11)
841	631	1,050	983	973	600	558	(12)
745	635	1,050	1,020	987	619	490	(13)
724	538	1,090	896	1,030	630	387	(14)
604	521	1,040	915	1,020	640	354	(15)
…	…	…	…	…	…	…	(16)
566	494	909	866	961	630	276	(17)
544	473	897	801	990	663	246	(18)
530	405	798	789	1,030	667	232	(19)
448	**428**	**813**	**756**	**1,030**	**701**	**213**	**(20)**

単位：頭

頭数規模						肥育豚なし	
100 ～ 299	300 ～ 499	500 ～ 999	1,000 ～ 1,999	2,000頭以上	3,000 頭以上		
…	…	…	…	…	…	…	(1)
420,900	538,700	1,621,000	1,950,000	4,690,000	…	389,400	(2)
410,300	576,200	1,468,000	1,885,000	4,730,000	…	375,300	(3)
368,200	515,100	1,440,000	1,758,000	5,054,000	…	430,500	(4)
373,900	476,200	1,363,000	1,722,000	5,152,000	…	442,100	(5)
…	…	…	…	…	…	…	(6)
277,100	391,000	1,151,000	1,720,000	5,512,000	…	421,500	(7)
268,200	385,000	1,145,000	1,668,000	5,711,000	…	451,600	(8)
233,700	365,200	1,106,000	1,712,000	5,788,000	4,633,000	416,500	(9)
270,400	334,200	989,500	1,614,000	6,219,000	4,998,000	340,000	(10)
…	…	…	…	…	…	…	(11)
215,800	288,200	844,600	1,530,000	6,492,000	5,355,000	269,300	(12)
186,200	291,200	876,200	1,580,000	6,394,000	5,294,000	294,700	(13)
188,400	234,600	883,200	1,424,000	6,583,000	5,393,000	283,000	(14)
150,800	224,900	823,900	1,452,000	6,528,000	5,463,000	268,300	(15)
…	…	…	…	…	…	…	(16)
150,800	220,700	790,900	1,497,000	6,309,000	5,447,000	257,900	(17)
147,000	219,600	748,600	1,382,000	6,479,000	5,613,000	294,000	(18)
126,900	179,200	626,400	1,290,000	6,606,000	5,684,000	278,700	(19)
102,900	**190,400**	**646,800**	**1,180,000**	**6,664,000**	**5,821,000**	**298,700**	**(20)**

4 採卵鶏

(1) 飼養戸数・羽数（全国）（昭和40年～平成31年）

年次	飼養戸数	採卵鶏（種鶏のみの飼養者を除く。）	飼養羽 計	採卵鶏 小計	採卵鶏 ひな（6か月未満）
	(1)	(2)	(3)	(4)	(5)
	戸	戸	千羽	千羽	千羽
昭和 40 年 (1)	3,243,000	3,227,000	120,197	114,222	26,129
41 (2)	2,767,000	2,753,000	114,500	109,100	27,850
42 (3)	2,508,000	2,493,000	126,043	119,251	30,221
43 (4)	2,192,000	2,179,000	140,069	132,625	35,123
44 (5)	1,941,000	1,931,000	157,292	149,185	39,275
45 (6)	1,703,000	1,696,000	169,789	160,760	42,559
46 (7)	1,373,000	1,368,000	172,226	162,711	38,805
47 (8)	1,058,000	1,054,000	164,034	154,519	33,193
48 (9)	846,400	842,900	163,512	153,604	32,600
49 (10)	660,700	657,800	160,501	155,549	30,684
50 (11)	509,800	507,300	154,504	145,743	29,323
51 (12)	386,100	384,100	156,534	147,735	29,997
52 (13)	328,700	327,200	160,550	151,929	31,117
53 (14)	278,600	277,100	165,675	156,864	33,046
54 (15)	248,300	247,100	166,222	156,865	33,145
55 (16)	…	…	…	…	…
56 (17)	187,600	186,500	164,716	155,032	33,210
57 (18)	160,600	159,500	168,543	159,340	35,911
58 (19)	145,300	144,200	172,571	162,821	37,442
59 (20)	134,300	133,300	176,581	166,181	39,220
60 (21)	124,100	123,100	177,477	166,710	39,114
61 (22)	117,100	116,100	180,947	170,202	40,553
62 (23)	109,900	109,000	187,911	176,915	41,713
63 (24)	103,000	102,100	190,402	179,372	40,933
平成 元 年 (25)	95,200	94,400	190,616	179,925	40,937
2 (26)	87,200	86,500	187,412	176,980	40,019
3 (27)	10,700	10,100	188,786	177,452	39,154
4 (28)	9,770	9,160	197,639	187,411	42,182
5 (29)	9,070	8,450	198,443	188,704	40,638
6 (30)	8,420	7,860	196,371	186,617	38,965
7 (31)	7,860	7,310	193,854	184,364	37,734
8 (32)	7,310	6,800	190,634	181,221	35,685
9（旧） (33)	7,020	6,530	193,037	183,765	37,613
9（新） (34)	…	5,660	…	…	…
10 (35)	5,840	5,390	191,363	182,644	37,345
11 (36)	5,520	5,070	188,892	179,781	36,633
12 (37)	5,330	4,890	187,382	178,466	38,102
13 (38)	5,150	4,720	186,202	177,396	38,148
14 (39)	4,760	4,530	181,746	177,447	39,729
15 (40)	4,530	4,340	180,213	176,049	38,750
16 (41)	4,280	4,090	178,755	174,550	37,334
17 (42)	…	…	…	…	…
18 (43)	3,740	3,600	180,697	176,955	40,061
19 (44)	3,610	3,460	186,583	183,244	40,479
20 (45)	3,430	3,300	184,773	181,664	39,141
21 (46)	3,220	3,110	180,994	178,208	38,298
22 (47)	…	…	…	…	…
23 (48)	3,010	2,930	178,546	175,917	38,565
24 (49)	2,890	2,810	177,607	174,949	39,472
25 (50)	2,730	2,650	174,784	172,238	39,153
26 (51)	2,640	2,560	174,806	172,349	38,843
27 (52)	…	…	…	…	…
28 (53)	2,530	2,440	175,733	173,349	38,780
29 (54)	2,440	2,350	178,900	176,366	40,265
30 (55)	2,280	2,200	184,350	181,950	42,914
31 (56)	**2,190**	**2,120**	**184,917**	**182,368**	**40,576**

注：1 平成３年から平成９年までの数値は成鶏めす300羽未満の飼養者は含まない。
2 平成10年以降の数値は成鶏めす1,000羽未満の飼養者は含まない（(2)、(3)及び(4)の統計表において同じ。）。
3 平成10年から成鶏めす1,000羽以上の飼養者を調査対象として調査したため、平成９年の数値は、統計の連続性を図るため平成10年の基準を用いて組替集計し９（新）として表記した。なお、従来の方法で調査した平成９年の結果は９（旧）として表記した。

1)は昭和55年、平成17年、平成22年及び平成27年は調査を休止したため、昭和56年の対前年比は昭和54年と、平成18年の対前年比は平成16年と、平成23年の対前年比は平成21年と、平成28年の対前年比は平成26年と対比して表章した。

数			対前年比		
（種鶏を除く。）					
成鶏めす（6か月以上）	種鶏	1戸当たり成鶏めす飼養羽数（採卵鶏）(6)／(2)	飼養戸数（採卵鶏）	成鶏めす羽数（6か月以上）	
(6)	(7)	(8)	(9)	(10)	
千羽	千羽	羽	%	%	
88,093	5,975	27	92.5	110.3	(1)
81,240	5,443	30	85.3	92.2	(2)
89,030	6,792	36	90.6	109.6	(3)
97,502	7,444	45	87.4	109.5	(4)
109,910	8,107	57	88.6	112.7	(5)
118,201	9,029	70	87.8	107.5	(6)
123,906	9,515	91	80.7	104.8	(7)
121,327	9,515	115	77.0	97.9	(8)
121,004	9,908	144	80.0	99.7	(9)
120,865	8,952	184	78.0	99.9	(10)
116,420	8,761	229	77.1	96.3	(11)
117,738	8,799	307	75.7	101.1	(12)
120,812	8,621	369	85.2	102.6	(13)
123,818	8,811	447	84.7	102.5	(14)
123,720	9,357	501	89.2	99.9	(15)
…	…	nc	nc	nc	(16)
121,822	9,684	653	75.5	98.5	(17)
123,429	9,203	774	85.5	101.3	(18)
125,379	9,750	869	90.4	101.6	(19)
126,961	10,400	952	92.4	101.3	(20)
127,596	10,767	1,037	92.3	100.5	(21)
129,649	10,745	1,117	94.4	101.6	(22)
135,202	10,996	1,240	93.9	104.3	(23)
138,439	11,030	1,356	93.7	102.4	(24)
138,988	10,691	1,472	92.5	100.4	(25)
136,961	10,432	1,583	91.6	98.5	(26)
139,298	10,334	13,792	nc	nc	(27)
145,229	10,228	15,855	90.7	104.3	(28)
148,066	9,739	17,523	92.2	102.0	(29)
147,652	9,754	18,785	93.0	99.7	(30)
146,630	9,490	20,059	93.0	99.3	(31)
145,536	9,413	21,402	93.0	99.3	(32)
146,152	9,272	22,382	96.0	100.4	(33)
145,370	…	25,684	nc	nc	(34)
145,299	8,719	26,957	95.2	100.0	(35)
143,148	9,111	28,234	94.1	98.5	(36)
140,365	8,916	28,704	96.4	98.1	(37)
139,248	8,806	29,502	96.5	99.2	(38)
137,718	4,299	30,401	96.0	98.9	(39)
137,299	4,164	31,636	95.8	99.7	(40)
137,216	4,205	33,549	94.2	99.9	(41)
…	…	nc	nc	nc	(42)
136,894	3,742	38,026	1) 88.0	1) 99.8	(43)
142,765	3,339	41,262	96.1	104.3	(44)
142,523	3,109	43,189	95.4	99.8	(45)
139,910	2,786	44,987	94.2	98.2	(46)
…	…	nc	nc	nc	(47)
137,352	2,629	46,878	1) 94.2	1) 98.2	(48)
135,477	2,658	48,212	95.9	98.6	(49)
133,085	2,546	50,221	94.3	98.2	(50)
133,506	2,457	52,151	96.6	100.3	(51)
…	…	nc	nc	nc	(52)
134,569	2,384	55,151	1) 95.3	1) 100.8	(53)
136,101	2,534	57,915	96.3	101.1	(54)
139,036	2,400	63,198	93.6	102.2	(55)
141,792	**2,549**	**66,883**	**96.4**	**102.0**	**(56)**

4 採卵鶏（続き）

(2) 飼養戸数・羽数（全国農業地域別）（平成27年～平成31年）

区分	飼養戸数		飼養羽数					1戸当たり成鶏めす飼養羽数（採卵鶏）(6)／(2)
		採卵鶏（種鶏のみの飼養者を除く。）	計	採卵鶏（種鶏を除く。）			種鶏	
				小計	ひな（6か月未満）	成鶏めす（6か月以上）		
	(1) 戸	(2) 戸	(3) 千羽	(4) 千羽	(5) 千羽	(6) 千羽	(7) 千羽	(8) 羽
北海道								
平成27年	…	…	…	…	…	…	…	nc
28	70	69	6,875	6,786	1,660	5,126	89	74,290
29	64	64	7,021	6,955	1,726	5,229	66	81,703
30	62	62	6,929	6,892	1,649	5,243	37	84,565
31	**60**	**60**	**6,691**	**6,657**	**1,425**	**5,232**	**34**	**87,200**
都府県								
平成27年	…	…	…	…	…	…	…	nc
28	2,460	2,370	168,858	166,563	37,120	129,443	2,295	54,617
29	2,370	2,280	171,879	169,411	38,539	130,872	2,468	57,400
30	2,220	2,140	177,421	175,058	41,265	133,793	2,363	62,520
31	**2,130**	**2,060**	**178,226**	**175,711**	**39,151**	**136,560**	**2,515**	**66,291**
東北								
平成27年	…	…	…	…	…	…	…	nc
28	191	191	24,414	24,322	6,220	18,102	92	94,775
29	196	191	25,632	25,392	6,220	19,172	240	100,377
30	192	185	26,222	25,883	6,230	19,653	339	106,232
31	**181**	**174**	**25,585**	**25,324**	**6,766**	**18,558**	**261**	**106,655**
北陸								
平成27年	…	…	…	…	…	…	…	nc
28	112	106	10,331	10,005	1,840	8,165	326	77,028
29	103	94	10,219	9,887	1,973	7,914	332	84,191
30	99	91	10,141	9,805	1,926	7,879	336	86,582
31	**92**	**84**	**10,085**	**9,527**	**2,015**	**7,512**	**558**	**89,429**
関東・東山								
平成27年	…	…	…	…	…	…	…	nc
28	659	632	43,688	43,086	9,915	33,171	602	52,486
29	636	613	45,100	44,678	10,544	34,134	422	55,684
30	553	539	48,611	48,171	13,430	34,741	440	64,455
31	**532**	**522**	**48,689**	**48,077**	**10,629**	**37,448**	**612**	**71,739**
東海								
平成27年	…	…	…	…	…	…	…	nc
28	411	378	25,075	24,404	4,830	19,574	671	51,783
29	394	362	25,014	24,255	5,100	19,155	759	52,914
30	379	348	25,734	25,069	4,996	20,073	665	57,681
31	**371**	**343**	**26,091**	**25,570**	**5,021**	**20,549**	**521**	**59,910**
近畿								
平成27年	…	…	…	…	…	…	…	nc
28	185	183	8,908	8,874	1,193	7,681	34	41,973
29	179	177	8,526	8,492	1,235	7,257	34	41,000
30	172	171	8,392	8,362	1,219	7,143	30	41,772
31	**171**	**169**	**8,682**	**8,637**	**1,086**	**7,551**	**45**	**44,680**

区分	飼養戸数	飼養戸数 採卵鶏（種鶏のみの飼養者を除く。）	飼養羽数 計	飼養羽数 採卵鶏（種鶏を除く。） 小計	飼養羽数 採卵鶏（種鶏を除く。） ひな（6か月未満）	飼養羽数 採卵鶏（種鶏を除く。） 成鶏めす（6か月以上）	飼養羽数 種鶏	1戸当たり成鶏めす飼養羽数（採卵鶏）(6)／(2)
	(1)	(2)	(3)	(4)	(5)	(6)	(7)	(8)
	戸	戸	千羽	千羽	千羽	千羽	千羽	羽
中　国								
平成 27 年	…	…	…	…	…	…	…	nc
28	195	193	22,777	22,704	6,237	16,467	73	85,321
29	190	189	22,700	22,636	6,082	16,554	64	87,587
30	182	181	23,615	23,554	6,642	16,912	61	93,436
31	**173**	**172**	**23,340**	**23,284**	**6,512**	**16,772**	**56**	**97,512**
四　国								
平成 27 年	…	…	…	…	…	…	…	nc
28	148	147	8,903	8,732	1,827	6,905	171	46,973
29	148	147	9,224	9,061	2,202	6,859	163	46,660
30	139	138	9,141	9,117	1,825	7,292	24	52,841
31	**134**	**133**	**9,140**	**9,115**	**1,799**	**7,316**	**25**	**55,008**
九　州								
平成 27 年	…	…	…	…	…	…	…	nc
28	508	495	23,443	23,126	4,793	18,333	317	37,036
29	481	465	24,122	23,678	4,919	18,759	444	40,342
30	458	443	24,155	23,696	4,760	18,936	459	42,745
31	**432**	**415**	**25,251**	**24,821**	**5,072**	**19,749**	**430**	**47,588**
沖　縄								
平成 27 年	…	…	…	…	…	…	…	nc
28	46	45	1,319	1,310	265	1,045	9	23,222
29	46	45	1,342	1,332	264	1,068	10	23,733
30	45	44	1,410	1,401	237	1,164	9	26,455
31	**47**	**46**	**1,363**	**1,356**	**251**	**1,105**	**7**	**24,022**
関東農政局								
平成 27 年	…	…	…	…	…	…	…	nc
28	728	696	48,319	47,461	10,584	36,877	858	52,984
29	700	672	49,593	48,921	11,229	37,692	672	56,089
30	614	596	53,216	52,635	14,116	38,519	581	64,629
31	**592**	**579**	**53,407**	**52,723**	**11,243**	**41,480**	**684**	**71,641**
東海農政局								
平成 27 年	…	…	…	…	…	…	…	nc
28	342	314	20,444	20,029	4,161	15,868	415	50,535
29	330	303	20,521	20,012	4,415	15,597	509	51,475
30	318	291	21,129	20,605	4,310	16,295	524	55,997
31	**311**	**286**	**21,373**	**20,924**	**4,407**	**16,517**	**449**	**57,752**
中国四国農政局								
平成 27 年	…	…	…	…	…	…	…	nc
28	343	340	31,680	31,436	8,064	23,372	244	68,741
29	338	336	31,924	31,697	8,284	23,413	227	69,682
30	321	319	32,756	32,671	8,467	24,204	85	75,875
31	**307**	**305**	**32,480**	**32,399**	**8,311**	**24,088**	**81**	**78,977**

4 採卵鶏（続き）

(3) 成鶏めす飼養羽数規模別の飼養戸数（全国）（平成12年～平成31年）

単位：戸

区分	計	成鶏めす飼養羽数規模						ひなのみ
		小計	1,000～4,999	5,000～9,999	10,000～49,999	50,000～99,999	100,000羽以上	
平成 12 年	…	…	…	…	…	…	…	…
13	4,670	4,360	1,260	760	1,660	340	340	310
14	4,450	4,120	1,140	710	1,580	340	350	330
15	4,270	3,590	1,060	(691) 690	1,510	(330) 330	(362) 360	(320) 320
16	4,020	3,740	1,010	646	1,400	333	348	287
17	…	…	…	…	…	…	…	…
18	3,530	3,280	886	526	1,200	308	352	250
19	3,420	3,160	825	503	1,170	299	365	255
20	3,240	2,990	769	481	1,090	288	356	249
21	3,060	2,830	716	473	1,010	277	350	233
22	…	…	…	…	…	…	…	…
23	2,880	2,680	712	442	922	263	336	209
24	2,770	2,560	648	410	900	274	327	213
25	2,630	2,430	648	381	817	255	328	196
26	2,540	2,320	622	348	767	260	324	214
27	…	…	…	…	…	…	…	…
28	2,410	2,210	609	324	692	233	347	207
29	2,320	2,110	579	295	670	229	340	203
30	2,180	1,990	536	287	613	226	332	184
31	**2,100**	**1,920**	**508**	**259**	**598**	**230**	**329**	**173**

注：1 この統計表には学校、試験場等の非営利的な飼養者は含まない（(4)の統計表において同じ。）。
2 種鶏のみ飼養者は除く（(4)の統計表において同じ。）。
3 平成12年は畜産基本調査、平成17年、平成22年及び平成27年は畜産統計調査を休止した（(4)の統計表において同じ。）。
4 平成15年の（ ）は、平成16年から、飼養戸数の３桁以下の数値を原数表示することとしたため掲載した原数値である。

(4) 成鶏めす飼養羽数規模別の成鶏めす飼養羽数（全国）（平成12年～平成31年）

単位：千羽

区分	計	1,000～4,999	5,000～9,999	10,000～49,999	50,000～99,999	100,000羽以上
平成 12 年	…	…	…	…	…	…
13	138,830	3,016	5,280	37,995	23,291	69,248
14	137,087	2,929	5,100	35,460	23,635	69,963
15	136,603	2,601	4,784	33,944	22,190	73,084
16	136,538	2,424	4,424	32,378	22,953	74,359
17	…	…	…	…	…	…
18	136,772	2,132	3,674	27,453	21,253	82,260
19	142,646	2,099	3,563	27,460	21,071	88,453
20	142,300	1,899	3,296	25,517	20,045	91,543
21	139,588	1,685	3,246	24,140	19,516	91,001
22	…	…	…	…	…	…
23	137,187	1,826	3,110	22,655	19,513	90,083
24	135,282	1,600	2,764	20,980	19,624	90,314
25	133,032	1,568	2,595	19,276	18,037	91,556
26	133,453	1,489	2,363	17,735	18,390	93,476
27	…	…	…	…	…	…
28	134,519	1,365	2,186	15,528	16,045	99,395
29	135,979	1,428	2,060	15,368	16,075	101,048
30	138,981	1,322	2,048	15,264	15,832	104,515
31	**141,743**	**1,259**	**1,771**	**14,628**	**16,351**	**107,734**

5　ブロイラー

(1)　飼養戸数・羽数（全国）（平成25年～平成31年）

年次	飼養戸数	飼養羽数	1戸当たりの飼養羽数 (2)／(1)	対前年比	
				飼養戸数	飼養羽数
	(1)	(2)	(3)	(4)	(5)
	戸	千羽	千羽	%	%
平成 25 年	2,420	131,624	54.4	…	…
26	2,380	135,747	57.0	98.3	103.1
27	…	…	nc	nc	nc
28	2,360	134,395	56.9	1) 99.2	1) 99.0
29	2,310	134,923	58.4	97.9	100.4
30	2,260	138,776	61.4	97.8	102.9
31	**2,250**	**138,228**	**61.4**	**99.6**	**99.6**

注：1　ブロイラーの飼養戸数・羽数には、ブロイラーの年間出荷羽数3,000羽未満の飼養者を含まない（(5)の統計表において同じ。）。
　2　平成27年は調査を休止した（以下5において同じ。）。
　1)は平成27年は調査を休止したため、平成28年の対前年比は平成26年と対比して表章した。

(2)　出荷戸数・羽数（全国）（平成25年～平成31年）

年次	出荷戸数	出荷羽数	1戸当たりの出荷羽数 (2)／(1)	対前年比	
				出荷戸数	出荷羽数
	(1)	(2)	(3)	(4)	(5)
	戸	千羽	千羽	%	%
平成 25 年	2,440	649,778	266.3	…	…
26	2,410	652,441	270.7	98.8	100.4
27	…	…	nc	nc	nc
28	2,360	667,438	282.8	1) 97.9	1) 102.3
29	2,320	677,713	292.1	98.3	101.5
30	2,270	689,280	303.6	97.8	101.7
31	**2,260**	**695,335**	**307.7**	**99.6**	**100.9**

注：1　ブロイラーの出荷戸数・羽数には、ブロイラーの年間出荷羽数3,000羽未満の飼養者を含まない（以下5において同じ。）。
　2　各年次の2月1日現在で飼養のない場合でも、過去1年間に3,000羽以上の出荷があれば出荷戸数に含めた（以下5において同じ。）。
　1)は(1)の統計表の脚注参照。

(3)　出荷羽数規模別の出荷戸数（全国）（平成25年～平成31年）

単位：戸

区分	計	3,000～49,999羽	50,000～99,999羽	100,000～199,999羽	200,000～299,999羽	300,000～499,999羽	500,000羽以上
平成 25 年	2,440	316	401	795	401	298	225
26	2,410	331	345	776	415	310	230
27	…	…	…	…	…	…	…
28	2,360	276	374	706	396	339	266
29	2,310	270	323	698	422	333	268
30	2,270	240	313	673	431	338	272
31	**2,250**	**236**	**319**	**692**	**363**	**362**	**282**

注：この統計表には学校、試験場等の非営利的な飼養者は含まない（(4)の統計表において同じ。）。

(4)　出荷羽数規模別の出荷羽数（全国）（平成25年～平成31年）

単位：千羽

区分	計	3,000～49,999羽	50,000～99,999羽	100,000～199,999羽	200,000～299,999羽	300,000～499,999羽	500,000羽以上
平成 25 年	649,765	8,167	29,880	121,803	102,059	117,078	270,778
26	652,429	9,234	26,577	119,596	103,977	122,074	270,971
27	…	…	…	…	…	…	…
28	667,422	8,483	28,710	109,947	97,404	128,740	294,138
29	677,697	7,580	24,637	109,596	105,645	133,662	296,577
30	689,263	6,506	23,188	104,604	103,702	139,034	312,229
31	**695,294**	**6,516**	**23,431**	**106,534**	**90,821**	**146,439**	**321,553**

5　ブロイラー（続き）

(5)　飼養・出荷の戸数・羽数（全国農業地域別）（平成27年～平成31年）

区分	飼養戸数	飼養羽数	1戸当たりの飼養羽数 (2)/(1)	対前年比 飼養戸数	対前年比 飼養羽数	出荷戸数	出荷羽数	1戸当たりの出荷羽数 (7)/(6)	対前年比 出荷戸数	対前年比 出荷羽数
	(1) 戸	(2) 千羽	(3) 千羽	(4) %	(5) %	(6) 戸	(7) 千羽	(8) 千羽	(9) %	(10) %
北海道										
平成27年	…	…	nc	nc	nc	…	…	nc	nc	nc
28	8	4,639	579.9	1) 100.0	1) 95.7	8	34,903	4,362.9	1) 100.0	1) 101.1
29	10	4,693	469.3	125.0	101.2	10	36,645	3,664.5	125.0	105.0
30	10	4,993	499.3	100.0	106.4	10	38,280	3,828.0	100.0	104.5
31	**10**	**4,920**	**492.0**	**100.0**	**98.5**	**10**	**37,750**	**3,775.0**	**100.0**	**98.6**
都府県										
平成27年	…	…	nc	nc	nc	…	…	nc	nc	nc
28	2,350	129,756	55.2	1) 98.7	1) 99.1	2,350	632,535	269.2	1) 97.9	1) 102.4
29	2,300	130,230	56.6	97.9	100.4	2,310	641,068	277.5	98.3	101.3
30	2,250	133,783	59.5	97.8	102.7	2,260	651,000	288.1	97.8	101.5
31	**2,240**	**133,308**	**59.5**	**99.6**	**99.6**	**2,250**	**657,585**	**292.3**	**99.6**	**101.0**
東北										
平成27年	…	…	nc	nc	nc	…	…	nc	nc	nc
28	500	32,113	64.2	1) 97.1	1) 101.0	500	164,567	329.1	1) 96.9	1) 102.5
29	489	32,854	67.2	97.8	102.3	489	169,937	347.5	97.8	103.3
30	487	33,267	68.3	99.6	101.3	487	170,875	350.9	99.6	100.6
31	**481**	**32,210**	**67.0**	**98.8**	**96.8**	**485**	**170,029**	**350.6**	**99.6**	**99.5**
北陸										
平成27年	…	…	nc	nc	nc	…	…	nc	nc	nc
28	16	792	49.5	1) 94.1	1) 125.5	16	3,942	246.4	1) 94.1	1) 108.3
29	14	714	51.0	87.5	90.2	16	4,137	258.6	100.0	104.9
30	13	957	73.6	92.9	134.0	14	5,387	384.8	87.5	130.2
31	**13**	**977**	**75.2**	**100.0**	**102.1**	**13**	**5,056**	**388.9**	**92.9**	**93.9**
関東・東山										
平成27年	…	…	nc	nc	nc	…	…	nc	nc	nc
28	166	6,396	38.5	1) 101.2	1) 85.4	166	26,869	161.9	1) 101.2	1) 92.8
29	160	6,047	37.8	96.4	94.5	161	27,103	168.3	97.0	100.9
30	142	6,765	47.6	88.8	111.9	142	29,104	205.0	88.2	107.4
31	**139**	**6,037**	**43.4**	**97.9**	**89.2**	**139**	**26,926**	**193.7**	**97.9**	**92.5**
東海										
平成27年	…	…	nc	nc	nc	…	…	nc	nc	nc
28	76	3,760	49.5	1) 85.4	1) 98.4	76	18,677	245.8	1) 85.4	1) 107.5
29	71	3,469	48.9	93.4	92.3	71	17,376	244.7	93.4	93.0
30	75	3,914	52.2	105.6	112.8	75	17,513	233.5	105.6	100.8
31	**71**	**3,610**	**50.8**	**94.7**	**92.2**	**71**	**17,698**	**249.3**	**94.7**	**101.1**
近畿										
平成27年	…	…	nc	nc	nc	…	…	nc	nc	nc
28	108	3,493	32.3	1) 99.1	1) 97.4	108	16,792	155.5	1) 96.4	1) 96.7
29	103	3,532	34.3	95.4	101.1	103	16,852	163.6	95.4	100.4
30	97	3,511	36.2	94.2	99.4	98	16,753	170.9	95.1	99.4
31	**95**	**3,434**	**36.1**	**97.9**	**97.8**	**95**	**17,123**	**180.2**	**96.9**	**102.2**

注：1）は(1)の統計表の脚注参照。

区分	飼養戸数	飼養羽数	1戸当たりの飼養羽数 (2)/(1)	対前年比 飼養戸数	対前年比 飼養羽数	出荷戸数	出荷羽数	1戸当たりの出荷羽数 (7)/(6)	対前年比 出荷戸数	対前年比 出荷羽数
	(1) 戸	(2) 千羽	(3) 千羽	(4) %	(5) %	(6) 戸	(7) 千羽	(8) 千羽	(9) %	(10) %
中国										
平成 27 年	…	…	nc	nc	nc	…	…	nc	nc	nc
28	77	7,427	96.5	1) 97.5	1) 108.5	77	41,442	538.2	1) 91.7	1) 103.4
29	77	7,750	100.6	100.0	104.3	78	42,190	540.9	101.3	101.8
30	77	8,114	105.4	100.0	104.7	78	43,654	559.7	100.0	103.5
31	**73**	**8,412**	**115.2**	**94.8**	**103.7**	**74**	**44,495**	**601.3**	**94.9**	**101.9**
四国										
平成 27 年	…	…	nc	nc	nc	…	…	nc	nc	nc
28	241	7,783	32.3	1) 104.8	1) 96.0	241	35,475	147.2	1) 98.8	1) 105.2
29	239	7,808	32.7	99.2	100.3	239	34,434	144.1	99.2	97.1
30	235	7,821	33.3	98.3	100.2	235	33,631	143.1	98.3	97.7
31	**231**	**7,800**	**33.8**	**98.3**	**99.7**	**232**	**34,274**	**147.7**	**98.7**	**101.9**
九州										
平成 27 年	…	…	nc	nc	nc	…	…	nc	nc	nc
28	1,150	67,350	58.6	1) 99.1	1) 99.0	1,150	321,564	279.6	1) 99.1	1) 102.6
29	1,130	67,408	59.7	98.3	100.1	1,130	325,800	288.3	98.3	101.3
30	1,110	68,750	61.9	98.2	102.0	1,110	330,734	298.0	98.2	101.5
31	**1,120**	**70,121**	**62.6**	**100.9**	**102.0**	**1,120**	**338,615**	**302.3**	**100.9**	**102.4**
沖縄										
平成 27 年	…	…	nc	nc	nc	…	…	nc	nc	nc
28	16	642	40.1	1) 100.0	1) 109.4	16	3,207	200.4	1) 100.0	1) 110.9
29	16	648	40.5	100.0	100.9	16	3,239	202.4	100.0	101.0
30	16	684	42.8	100.0	105.6	16	3,349	209.3	100.0	103.4
31	**15**	**707**	**47.1**	**93.8**	**103.4**	**15**	**3,369**	**224.6**	**93.8**	**100.6**
関東農政局										
平成 27 年	…	…	nc	nc	nc	…	…	nc	nc	nc
28	197	7,683	39.0	1) 100.0	1) 90.3	197	33,361	169.3	1) 100.0	1) 98.9
29	187	7,074	37.8	94.9	92.1	188	32,681	173.8	95.4	98.0
30	173	8,128	47.0	92.5	114.9	173	34,982	202.2	92.0	107.0
31	**168**	**7,201**	**42.9**	**97.1**	**88.6**	**168**	**32,779**	**195.1**	**97.1**	**93.7**
東海農政局										
平成 27 年	…	…	nc	nc	nc	…	…	nc	nc	nc
28	45	2,473	55.0	1) 80.4	1) 88.4	45	12,185	270.8	1) 80.4	1) 96.8
29	44	2,442	55.5	97.8	98.7	44	11,798	268.1	97.8	96.8
30	44	2,551	58.0	100.0	104.5	44	11,635	264.4	100.0	98.6
31	**42**	**2,446**	**58.2**	**95.5**	**95.9**	**42**	**11,845**	**282.0**	**95.5**	**101.8**
中国四国農政局										
平成 27 年	…	…	nc	nc	nc	…	…	nc	nc	nc
28	318	15,210	47.8	1) 102.9	1) 101.7	318	76,917	241.9	1) 97.0	1) 104.2
29	316	15,558	49.2	99.4	102.3	317	76,624	241.7	99.7	99.6
30	312	15,935	51.1	98.7	102.4	313	77,285	246.9	98.7	100.9
31	**304**	**16,212**	**53.3**	**97.4**	**101.7**	**306**	**78,769**	**257.4**	**97.8**	**101.9**

[付]　調　査　票

秘
農林水産省

政府統計

統計法に基づく国の統計調査です。調査票情報の秘密の保護に万全を期します。

【職員記入欄】
（この項目は農林水産省の職員が記入します。）

階層区分	1	2

畜産統計調査

乳用牛調査票

（平成３１年２月１日現在）

＜畜産統計調査とは＞

主要家畜（乳用牛、肉用牛、豚、採卵鶏及びブロイラー）に関する規模別・経営タイプ別飼養戸数及び飼養頭（羽）数等を把握し、我が国の畜産生産の現況を明らかにするとともに、畜産行政推進のための基礎資料を整備することを目的として実施しています。

＜調査結果の秘密の保護＞

この調査で得られる調査結果は、統計を作成するためだけに使われ、課税等の資料に用いることは、法律で固く禁じられており、調査結果を他に漏らしたりすることはありません。

＜＜ 記入に当たっては、以下のことに注意してください ＞＞

○ 黒の鉛筆又はシャープペンシルを使用してください。

○ ［　　］で囲まれた記入欄は集計項目ですので、必ず記入してください。
ご記入に当たっては記入見本を参考に、数字は枠からはみ出さないように記入してください。

記入見本	0	1	2	3	4	5	6	7	8	9

○ ［　　］で囲まれた記入欄は補助欄ですので、必ずしも記入の必要はありませんが、飼養実態などを調査票に正しく御記入いただくために活用してください。

○ 調査票の記入及び提出は、オンラインでも可能です。

～ 調査や調査票の記入の仕方などに関するお問い合わせは、
下記の「連絡先」までお問い合わせください。 ～

【連絡先】

入力方向

【職員記入欄】（この項目は農林水産省の職員が記入します。）

	調査年	都道府県	管理番号	市区町村	整理番号	抽出階層
基本指標番号						

4611

法人番号（法人番号を確認いただき、記入してください。）

1　状態別飼養頭数

2月1日現在、飼っている乳用牛の頭数を記入してください。

乳用牛計 (2)＋(5)	経産牛 小計 (3)＋(4)	経産牛 搾乳牛	経産牛 乾乳牛	未経産牛
(1)	(2)	(3)	(4)	(5)

未経産牛のうち、２歳(24か月齢)未満の頭数を記入してください。

(6)

同じ値が入ります

記入のポイント

経産牛 小計(2)（搾乳牛(3)と乾乳牛(4)の計）
経産牛には、分べん経験のある牛の頭数を記入してください(初産牛も含みます。)。

搾乳牛(3)
現在、搾乳中の牛の頭数を記入してください。

乾乳牛(4)
現在、搾乳を行っていない牛の頭数を記入してください。また、搾乳経験のある牛で、肉用として肥育中の乳廃牛乾乳牛に含んでください。

未経産牛(5)
将来搾乳する予定の牛で、まだ分べん経験のない牛の頭数を記入してください。

2　月別経産牛頭数

過去1年間について、各月１日現在の経産牛の飼養頭数を記入してください。

経産牛頭数（各月1日現在）	３０年３月	４　月	５　月	６　月	７　月	８　月
	(7)	(8)	(9)	(10)	(11)	(12)
	９　月	１０　月	１１　月	１２　月	３１年１月	２　月 =(2)
	(13)	(14)	(15)	(16)	(17)	(18)

以下の３の項目については、表紙の階層区分が「１」の場合のみ記入してください。

3　飼料作物の作付実面積状況

過去１年間について、飼料作物の作付実面積を記入してください。

飼料作物の作付実面積
(19) ha　a

記入のポイント

飼料作物の作付実面積(19)
飼料作物を作付けした実面積を記入してください。
飼料作物とは、飼料とするための飼料米、牧草、青刈りとうもろこし、ソルゴー、青刈り麦類などをいいます。

◎　調査に御協力いただき、大変ありがとうございました。
調査事項はここまでですが、お手数でなければ【記事欄】にも御記入願います。

【記事欄】
差支えなければ、飼養頭数の増減理由等について御記入願います。

秘
農林水産省

政府統計

統計法に基づく国の統計調査です。調査票情報の秘密の保護に万全を期します。

【職員記入欄】
（この項目は農林水産省の職員が記入します。）

階層区分	1	2

畜産統計調査

肉用牛調査票

（平成３１年２月１日現在）

＜畜産統計調査とは＞

主要家畜（乳用牛、肉用牛、豚、採卵鶏及びブロイラー）に関する規模別・経営タイプ別飼養戸数及び飼養頭（羽）数等を把握し、我が国の畜産生産の現況を明らかにするとともに、畜産行政推進のための基礎資料を整備することを目的として実施しています。

＜調査結果の秘密の保護＞

この調査で得られる調査結果は、統計を作成するためだけに使われ、**課税等の資料に用いることは、法律で固く禁じられており、調査結果を他に漏らしたりすることはありません。**

<< 記入に当たっては、以下のことに注意してください >>

○ 黒の鉛筆又はシャープペンシルを使用してください。

○ ［　　］で囲まれた記入欄は集計項目ですので、必ず記入してください。
ご記入に当たっては記入見本を参考に、数字は枠からはみ出さないように、また、○印は点線に沿うように記入してください。

記入見本	0	1	2	3	4	5	6	7	8	9	①	②	③

○ ［　　］で囲まれた記入欄は補助欄ですので、必ずしも記入の必要はありませんが、飼養実態などを調査票に正しく御記入いただくために活用してください。

○ 調査票の記入及び提出は、オンラインでも可能です。

～ 調査や調査票の記入の仕方などに関するお問い合わせは、
下記の「連絡先」までお問い合わせください。 ～

【連絡先】

入力方向

【職員記入欄】（この項目は農林水産省の職員が記入します。）

	調査年	都道府県	管理番号	市区町村	整理番号	抽出階層
基本指標番号						

4621

法人番号（法人番号を確認いただき、記入してください。）

1　目的別飼養頭数

２月１日現在、飼っている肉用牛の頭数を種類別に記入してください。

肉用牛計 (2)＋(3)＋(4)	肉用種	交雑種（Ｆ１・Ｆ１クロス）	乳用種
(1)	(2)	(3)	(4)

乳用種のうち、めすの頭数を記入してください。

(5)

(2)と同じ値が入ります

記入のポイント

肉用種(2)

肉用種には、主に以下の牛が含まれます。

- ○　和牛（黒毛、褐毛など）
- ○　外国系の肉専用種（ﾍﾚﾌｫｰﾄﾞ、ｱﾊﾞﾃﾞｨｰﾝｱﾝｶﾞｽなど）
- ○　和牛同士の交雑
- ○　外国系同士の交雑
- ○　和牛と外国系の交雑
- ○　ＥＴ（受精卵移植）によって生産された牛

交雑種(3)

交雑種には、以下の牛が含まれます。

- ○　Ｆ１牛（乳用種のめすに、肉用種のおすを交配して生産された牛）
- ○　Ｆ１クロス牛（Ｆ１牛のめすに、肉用種のおすを交配して生産された牛）

乳用種(4)

ここでいう乳用種とは、肉用を目的として飼っている乳用種の牛をいいます。

- ○　乳用種のおす
- ○　未経産の乳用種のめす（搾乳を行わずに肥育する予定のめす牛）
- ○　ＥＴ専用の母牛として飼養している乳用種のめす

注：搾乳経験のある牛を肉用として肥育中の乳廃牛及び将来搾乳する目的で飼養している子牛はこの調査票の**乳用種**(4)**には含みません。**→ 乳用牛調査票で把握しています。

肉用種について、目的別に頭数を記入してください。

肉用種計 (7)＋(8)＋(9)　(＝(2))	育成牛（出荷予定の子牛）	肥育牛（種おす牛含む）	子取り用めす牛（繁殖予定の子牛含む）
(6)	(7)	(8)	(9)

(9)と同じ値が入ります

記入のポイント

育成牛(7)

もと牛（おおむね、８か月齢～10か月齢）として出荷する予定の子牛で、ほ育中又は育成中のものをいいます。

注：ほ育中又は育成中の子牛であっても、引き続き自家で肥育を行う予定のものは**育成牛**(7)**には含みません。**→ 肥育牛(8)となります。

肥育牛(8)

肉用として出荷する予定の牛をいいます。

- ○　肥育中の牛
- ○　ほ育中又は育成期間中の子牛のうち、引き続き自家で肥育まで行う予定のもの。
- ○　種おす牛

子取り用のめす牛(9)、(10)

繁殖目的で飼養しているめす牛のほか、今後繁殖用とする予定でほ育中又は育成中の子牛をいいます。

注：繁殖牛であっても、今後繁殖を行う予定がなく既に肉用として肥育中の牛は**子取り用めす牛**(9)(10)**には含みません。**→ 肥育牛(8)となります。

子取り用のめす牛について、年齢区分別に頭数を記入してください。

子取り用めす牛計 (11)+(12)+(13)+(14)(=(9))	(10)	
１歳未満（～11か月齢）	(11)	
１歳（12か月齢～23か月齢）	(12)	
２歳（24か月齢～35か月齢）	(13)	
３歳以上（36か月齢～）	(14)	

以下の２～３の項目については、表紙の階層区分が「１」の場合のみ記入してください。

２　経営タイプ

２月１日現在の該当する経営タイプを、番号１～７から<u>一つ選択</u>し、点線に沿って○で囲んでください。

肉用種経営				乳用種経営		
子取り	肥育	一貫	その他	育成	肥育	一貫
(15)	(16)	(17)	(18)	(19)	(20)	(21)
1	2	3	4	5	6	7

記入のポイント

肉用種経営 (15)～(18)
肉専用種の飼養を主とする経営をいいます。
- ○　種おすのみの飼養を行っている場合は、肥育経営となります。
- ○　育成のみを行っている場合は、その他の経営となります。

乳用種経営 (19)～(21)
肉用を目的とした乳用種及び交雑種（Ｆ１、Ｆ１クロス）の飼養を主とする経営をいいます。
- ○　育成：生後１～２週間の牛を導入し、肥育用のもと牛として農家等へ出荷するまで飼養
- ○　肥育：もと牛を導入し、肉向けとして出荷するまで飼養

３　飼料作物の作付実面積状況

過去１年間について、飼料作物の作付実面積を記入してください。

飼料作物の作付実面積					
(22)		ha			a

記入のポイント

飼料作物の作付実面積 (22)
飼料作物を作付けした実面積を記入してください。
飼料作物とは、飼料とするための飼料米、牧草、青刈りとうもろこし、ソルゴー、青刈り麦類などをいいます。

◎　調査に御協力いただき、大変ありがとうございました。
調査事項はここまでですが、お手数でなければ【記事欄】にも御記入願います。

【記事欄】
差支えなければ、飼養頭数の増減理由等について御記入願います。

⇦⇦⇦ 入力方向

秘
農林水産省

畜 産 統 計 調 査

豚　調　査　票

（平成３１年２月１日現在）

政府統計

統計法に基づく国の統計調査です。調査票情報の秘密の保護に万全を期します。

【職員記入欄】（この項目は農林水産省の職員が記入します。）

4631

	調査年	都道府県	管理番号	市区町村	整理番号	抽出階層
基本指標番号						

<< 記入に当たっては、以下のことに注意してください >>

○　記入は、黒の鉛筆又はシャープペンシルを使用してください。

○　[　　] で囲まれた記入欄は集計項目ですので、必ず記入してください。
ご記入に当たっては記入見本を参考に、数字は枠からはみ出さないように、また、○印は点線に沿うように記入してください。

記入見本	0	1	2	3	4	5	6	7	8	9	①	②	③

○　[　　] で囲まれた記入欄は補助欄ですので、必ずしも記入の必要はありませんが、飼養実態を調査票に正しく御記入いただくために活用してください。

○　調査票の記入及び提出は、オンラインでも可能です。

～　調査や調査票の記入の仕方などに関するお問い合わせは、裏面の「連絡先」までお問い合わせください。　～

法人番号（法人番号を確認いただき、記入してください。）

1　飼養頭数

２月１日現在で飼っている頭数を記入してください。

		十万	万	千	百	十	頭
子取り用めす豚	(1)						
種おす豚	(2)						
肥育豚	(3)						
肥育用もと豚・その他	(4)						
合計 ((1)+(2)+(3)+(4))	(5)						

記入のポイント

子取り用めす豚　(1)
６か月齢以上の繁殖用のめす豚（予定のものを含む。）をいいます。

種おす豚　(2)
６か月齢以上の種付け用のおす豚（予定のものを含む。）をいいます。

肥育豚　(3)
肉用に出荷する目的で肥育中の豚をいいます。
一貫経営などにおいて、自家で肥育する予定の子豚も肥育豚に含みます。

肥育用もと豚・その他　(4)
上記(1)～(3)以外の豚で、肥育用や繁殖用などのもと豚として出荷する予定の子豚、肉用に出荷する目的で肥育中の繁殖めす豚や種おす豚の廃豚などをいいます。

以降の「２ 経営タイプ」及び「３ 経営組織」の項目については、学校、畜産試験場等の非営利飼養者の方は記入不要です。

2　経営タイプ

該当する経営タイプの番号を一つ選択し、点線に沿って○で囲んでください。

	経営タイプ		
	子取り経営	肥育経営	一貫経営
	(6)	(7)	(8)
番号	①	②	③

3　経営組織

該当する経営組織の番号を一つ選択し、点線に沿って○で囲んでください。

	経営組織		
	農家	会社	その他
	(9)	(10)	(11)
番号	①	②	③

◎　調査に御協力いただき、大変ありがとうございました。調査事項はここまでですが、お手数でなければ裏面の【記事欄】にも御記入願います。

【記事欄】
差支えなければ、飼養頭数の増減理由等について御記入願います。

【連 絡 先】

入力方向

秘
農林水産省

畜産統計調査

採卵鶏調査票

（平成３１年２月１日現在）

政府統計　統計法に基づく国の統計調査です。調査票情報の秘密の保護に万全を期します。

【職員記入欄】（この項目は農林水産省の職員が記入します。）

4641

	調査年	都道府県	管理番号	市区町村	整理番号	抽出階層
基本指標番号						

＜＜ 記入に当たっては、以下のことに注意してください ＞＞

○　記入は、黒の鉛筆又はシャープペンシルを使用してください。

○　［　　］で囲まれた記入欄は集計項目ですので、必ず記入してください。
ご記入に当たっては記入見本を参考に、数字は枠からはみ出さないように、また、○印は点線に沿うように記入してください。

記入見本	0	1	2	3	4	5	6	7	8	9	①	②	③

○　［　　］で囲まれた記入欄は補助欄ですので、必ずしも記入の必要はありませんが、飼養実態を調査票に正しく御記入いただくために活用してください。

○　調査票の記入及び提出は、オンラインでも可能です。

～　調査や調査票の記入の仕方などに関するお問い合わせは、裏面の「連絡先」までお問い合わせください。　～

法人番号（法人番号を確認いただき、記入してください。）

1　飼養羽数

２月１日現在で飼っている羽数を100羽単位で記入してください。

				百万	十万	万	千	百	十	羽
採卵鶏	成鶏めす（６か月以上）	(1)							0	0
	ひな（６か月未満）	(2)							0	0
	採卵鶏計（(1)＋(2)）	(3)							0	0
採卵鶏の種鶏（おす、ひなを含む）		(4)							0	0
合計（(3)+(4)）		(5)							0	0

記入のポイント

○　**採卵鶏(3)＝成鶏めす(1)＋ひな(2)**
鶏卵を生産するために飼養している鶏
成鶏めす(1)
ふ化後６か月以上の鶏
ひな(2)
ふ化後６か月未満の鶏

○　**採卵鶏の種鶏(4)**
鶏卵鶏の種卵採取を目的とした鶏
・めすの種鶏
・おすの種鶏
・種鶏とする予定のひな（おす、めす）

２月１日現在で「オールアウト」中の場合は、今後飼養する予定の羽数（「オールイン」する予定の羽数を含めて）を記入してください。

◎　調査に御協力いただき、大変ありがとうございました。
調査事項はここまでですが、お手数でなければ裏面の【記事欄】にも御記入願います。

【記事欄】

差支えなければ、飼養羽数の増減理由等について御記入願います。

【連 絡 先】

⇦⇦⇦ 入力方向

秘
農林水産省

畜産統計調査

ブロイラー調査票

（平成３１年２月１日現在）

政府統計

統計法に基づく国の統計調査です。調査票情報の秘密の保護に万全を期します。

【職員記入欄】（この項目は農林水産省の職員が記入します。）

4651

	調査年	都道府県	管理番号	市区町村	整理番号	抽出階層
基本指標番号						

<< 記入に当たっては、以下のことに注意してください >>

○　記入は、黒の鉛筆又はシャープペンシルを使用してください。

○　［太枠］で囲まれた記入欄は集計項目ですので、必ず記入してください。
記入見本を参考に、数字は枠からはみ出さないように記入してください。

記入見本	0	1	2	3	4	5	6	7	8	9

○　［細枠］で囲まれた記入欄は補助欄ですので、必ずしも記入の必要はありませんが、飼養実態などを調査票に正しく御記入いただくために活用してください。

○　調査票の記入及び提出は、オンラインでも可能です。

～　調査や調査票の記入の仕方に関する問合せは、
裏面の「連絡先」までお願いします。　～

法人番号（法人番号を確認いただき、記入してください。）

調査票に御記入いただく鶏の範囲

ふ化後3か月未満の間に肉用として出荷する鶏であれば、地鶏や銘柄鶏も含まれます（下図参照）。

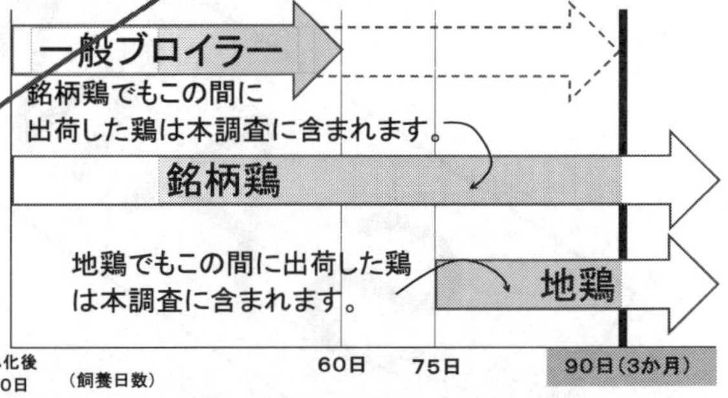

銘柄鶏：　一般社団法人日本食鳥協会の定義により、出荷時に「銘柄鶏」の表示がされる鶏

地　鶏：　特定JAS規格の認定を受けた鶏（ふ化後75日以後に出荷）

1　出荷羽数

平成３１年２月１日現在で、過去１年間に出荷した羽数を百羽単位で記入してください。

		千万	百万	十万	万	千	百	十	羽
出荷羽数	(1)							0	0

出荷羽数のうち、地鶏及び銘柄鶏の羽数を百羽単位で記入してください。

地鶏・銘柄鶏	(2)							0	0

2　飼養羽数

平成３１年２月１日現在で飼っている羽数を百羽単位で記入してください。

		千万	百万	十万	万	千	百	十	羽
飼養羽数	(3)							0	0

飼養羽数のうち、地鶏及び銘柄鶏の羽数を百羽単位で記入してください。

地鶏・銘柄鶏	(4)							0	0

２月１日現在で「オールアウト」中の場合は、今後飼養する予定の羽数（「オールイン」する予定の羽数を含めて）を記入してください。

記入のポイント

出荷羽数(1)、飼養羽数(3)
最初から肉用目的で飼養している鶏（採卵鶏の廃鶏は含まない）であれば、「肉用種」「卵用種」の種類を問いません。

出荷羽数(1)
平成30年2月2日～平成31年2月1日までの１年間に出荷した羽数をいいます。

◎　調査に御協力いただき、大変ありがとうございました。
調査事項はここまでですが、お手数でなければ裏面の【記事欄】にも御記入願います。

【記事欄】
差支えなければ、出荷羽数及び飼養羽数の増減理由等について御記入願います。

【連 絡 先】

平成31年　畜産統計

令和２年２月　発行　　　　　　　　定価は表紙に表示してあります。

編集　〒100-8950　東京都千代田区霞が関１－２－１
　　　　　　　　　農林水産省大臣官房統計部

発行　〒153-0064　東京都目黒区下目黒3-9-13　目黒・炭やビル
　　　　　　　　　一般財団法人　農林統計協会
　　　　　　　　　振替　00190-5-70255　TEL 03(3492)2987

ISBN978-4-541-04310-8　C3061